Dr. Anna Laukner
Dr. Christoph Beitzinger
Dr. Petra Kühnlein

Die Genetik der Fellfarben beim Hund

© 2017 KYNOS VERLAG Dr. Dieter Fleig GmbH
2. aktualisierte Auflage 2021
Konrad-Zuse-Straße 3, D-54552 Nerdlen/Daun
Telefon: 06592 957389-0
www.kynos-verlag.de

Grafik & Layout: Kynos Verlag
Gedruckt in Lettland

ISBN 978-3-95464-261-8

Bildnachweis:

Alle Fotos **Dr. Anna Laukner** außer:

Beedham, Patty: S. 132 Kasten o.; 242 u. li.; **Bezdicek**, Anne: S. 103 u. re.; **Bill**, Carina: S. 123 u. re.; **Bögli**, Cornelia: S. 246; **Buckisch-Urbanke**, Elke: S. 134 o.; **Czolgoszewski**, Martina: S. 33 zweites Bild von unten; 76 u. li.; 102 Mitte re.; 236 o. li.; 238 u. li.; **Doktor**, Iris: S. 43; S. 256 u. re.; **Endres**, Jennifer: S. 204 alle außer o. li.; **Englichova**, Jarmila : S. 241 o. li., u. re.; **Fleischer**, Birk: S. 103 u. li.; **Feustel**, Sandra: S. 69 linke Spalte, zweites u. drittes Bild von oben; **Goerke**, Jennifer: S. 108; **Holderegger-Walser**, Eva: S. 27; 55 o. re.; 160; 163; 165 u.; 166; 233; **Jarosch**, Susanne: S. 69, li. zweites Bild von unten; **Jurrack**, Anke: S. 242 o. li.; **Kitsche**, Annett: S. 169; **Kitsche**, Falko: S. 192 u. re.; **Koller**, Barbara: S. 203 o.; **Kolozsi-Kecskés**, Zsófia: S. 197 Tabelle o. li. und o. Mitte; **Koslowski**, Lea: S. 241 u.; **Krämer**, Eva Maria: S. 22 u. re.; 23 u. li.; 65 o. re.; 67 o. li., u. li.; 99; 122; 130 o. re.; 176; **Laboklin**: S. 48 Mitte li.; 90 u. re.; 105 o. re.; 114 u.; 180 o. re und u. re.; 235 alle außer Mitte li. und re.; 261; **Lange**, Josephine: S. 133 u.; **Laukner**, Margrit: S. 23 u. re.; **Massini**, Michelle: S. 238 o. li.; **Müller**, Maike: S. 12; **Müller**, Prof. Ralf. S., LMU München: S. 227; **Nievoll**, Regina: S. 220 u. li., u. re.; **Offer**, Katrin: S. 64 Mitte u. unten; **Ostermayr**, Carolin: S. 129; **Palm**, Andreas: S. 182 o.; **Potthin**, Petra: S. 182 u.; **Prenner**, Milla Jade: S. 61 o.; 69 o. re.; **Rau**, Gisela: S. 104; **Ruoff**, Ute: S. 204 o. li.; **Scheidig**, Janet: S. 245 o. re., Mi. li., Mi. re.; **Schlenther**, Michael/misch-art.de S. 153 u. li.; **Schröder**, Kristin: S. 66 o. re.; **Schulze**, Heidi: S. 63 o. re., 68 o. li. und re.; **Southwest Collie Rescue**, USA: S. 247; **Stahl**, Alexa: S. 240 u.; **Titus-Langer**, Bianka: S. 61 unten, S. 62, S. 65 Mitte re.; 190 u. re., **Viljoen**, Marisha: S. 132 o.; **Ziefle**, Carolin: S. 67 u. re.

Gemälde S. 171: https://commons.wikimedia.org/wiki/File:Charles_Christian_Nahl,_Sacramento_Indian_with_Dogs_1867.jpg

Abbildung S. 181: https://gallica.bnf.fr/ark:/12148/btv1b8451571j/f45.item

KYNOS STIFTUNG

Mit dem Kauf dieses Buches unterstützen Sie die
Kynos Stiftung Hunde helfen Menschen
www.kynos-stiftung.de

Inhaltsverzeichnis

Vorwort

„...pigment is not merely decorative; pigment has structural and protective functions, and pigment cells have other duties beyond color.“

Zitat: J.P. Yousha (aus: Coat Color in the Great Dane:
History & current genetics,
Dane World, 2006, Vol. 15, Issue 5)

Ein umfassendes Buch über die Fellfarben beim Hund ... das war seit Jahren der Traum der Tierärztin und Autorin Anna Laukner. Doch erst durch die Zusammenarbeit mit den Molekulargenetikern Petra Kühnlein und Christoph Beitzinger wurde aus dem Traum ein konkretes Projekt. Dabei ergänzten sich die Expertise der praktischen Tierärztin, Kynologin und Autorin und die Expertise der beiden Labor-erfahrenen Genetiker geradezu ideal. Herausgekommen ist ein (so hoffen wir) breit gefächertes Kompendium der Hundefarben, das von der biologischen Entstehung der Farben über deren Bedeutung für den Hund (und seine Menschen), die Nomenklatur, Vererbung und die gesundheitlichen Aspekte bis hin zu praktischen Tipps zu Gentests so ziemlich alles abdeckt, was man schon immer über Fellfarben wissen wollte. Ein Schwerpunkt ist dabei der gesundheitliche Aspekt. Fellfarben sind nicht nur schön und faszinierend, sie können auch krank machen: Zum einen, wenn ihre genetische Grundlage auch Auswirkungen auf wichtige Körperfunktionen hat. Und zum anderen, wenn sie in der Zucht als wichtigstes Selektionskriterium gewertet werden. Dann nämlich besteht die Gefahr, dass Merkmale wie Gesundheit und Wesen an zweite oder dritte Stelle rücken. So faszinierend die Fellfarbe auch ist: Wir alle sollten nie vergessen, dass die Fellfarbe nicht nur schmückendes Beiwerk ist, sondern auch wichtige Funktionen hat. In diesem Sinne wünschen wir Ihnen viel Vergnügen und neue Erkenntnisse bei der Lektüre dieses Buches! Möge es Ihnen beim Lesen ebenso viel Freude bereiten wie uns beim Schreiben.

Dr. Anna Laukner, Dr. Petra Kühnlein, Dr. Christoph Beitzinger
September 2017

– Vorwort zur zweiten Auflage –

Vor vier Jahren erschien unser Buch über Farbgenetik beim Hund zum ersten Mal. Seitdem gab es viele neue Erkentnisse, bislang unbekannte Farbgene konnten molekulargenetisch identifiziert werden. Und so haben wir im Zuge der zweiten Auflage diese neuen Informationen mit in das Buch aufgenommen, haben Tabellen, Grafiken und Fotos ergänzt. Somit halten Sie mit diesem Buch das gesammelte aktuell verfügbare Wissen zur Farbgenetik beim Hund in den Händen.

Wir wünschen Ihnen viel Spaß beim Lesen!

Dr. Anna Laukner, Dr. Petra Kühnlein, Dr. Christoph Beitzinger
Juli 2021

Einleitung

Vielleicht sind Sie ein Hundebesitzer, der schon immer mehr über Farbgenetik beim Hund wissen wollte, sich sein Wissen aber bisher mühsam aus dem Internet zusammensuchen musste. Vielleicht sind Sie ein Züchter, der sich speziell über die Genorte, die bei seiner Rasse relevant sind, informieren möchte. Vielleicht sind Sie ein Zuchtrichter, der sich über die unterschiedliche Farb-Nomenklatur in den verschiedenen Rassen Gedanken macht. Oder vielleicht sind Sie ein Tierarzt, der die Hundezüchter unter seinen Kunden besser beraten möchte, vor allem über die gesundheitlichen Auswirkungen bestimmter Farbschläge oder Verpaarungen. All diesen Lesern soll das vorliegende Buch Antworten geben.

Das erste Kapitel geht darauf ein, wie Pigmente, Pigmentzellen und damit die unterschiedlichen Fellfarben überhaupt aufgebaut sind. Auch die Bedeutung der verschiedenen Fellfarben – unter unterschiedlichen Gesichtspunkten – wird hier dargestellt.

Weiterhin beschäftigt sich Kapitel 1 mit der Nomenklatur (also der Benennung) der verschiedenen Farben. Bei den vielen hundert Hunderassen ist die Vielfalt der Farbbezeichnungen nahezu unerschöpflich. Darum wird an dieser Stelle kein Anspruch auf Vollständigkeit erhoben, es soll lediglich diese Vielfalt dargestellt und der Versuch einer rasseübergreifenden Nomenklatur dargestellt werden, der sich an den aktuellen Erkenntnissen der Molekulargenetik orientiert.

Kapitel 2 behandelt die Grundlagen der Genetik. Mancher erfahrene Züchter oder mit der Genetik vertraute Tierarzt kann dieses Kapitel überspringen, aber für viele Neuzüchter und interessierte Hundebesitzer stellt es die Grundlage zum Verständnis des folgenden Kapitels dar.

In Kapitel 3 (das den größten Umfang des Buches ausmacht) werden die einzelnen Genorte ausführlich vorgestellt. Dabei werden die

Genorte, die bereits molekulargenetisch identifiziert werden konnten (für die also Gentests kommerziell verfügbar sind) ebenso vorgestellt wie die Genorte, von denen man noch nicht genau weiß, wo und in welcher Form sie lokalisiert sind.

Kapitel 4 behandelt die gesundheitlichen Aspekte der Fellfarben und in Kapitel 5 werden die Zusammenhänge zwischen der Fellfarbe und dem Verhalten von Hunden näher beleuchtet.

Kapitel 6 schließlich geht näher auf den Ablauf von Gentests im Labor ein, hier finden Sie auch praktische Tipps, wie Sie Proben optimal entnehmen und versenden.

Abgerundet wird das Buch durch zahlreiche Fotos (die übrigens zum Großteil exklusiv für dieses Buch gemacht wurden), Grafiken, Tabellen, ein Glossar zum schnellen Nachschlagen und ein ausführliches Literaturverzeichnis.

Die einzelnen Kapitel bauen zwar inhaltlich aufeinander auf, sind aber so formuliert, dass man auch einzelne Abschnitte lesen und verstehen kann, ohne unbedingt auf Seite 1 beginnen zu müssen. Zahlreiche Querverweise erleichtern es, inhaltlich zusammenhängende Textstellen schnell zu finden und bestimmte Themen zu vertiefen.

Doch nun genug der Vorrede ... auf der nächsten Seite geht es los!

Kapitel 1: Entstehung und Bedeutung der Fellfarben

Kein anderes Haustier und erst recht kein Wildtier hat eine dem Hund vergleichbare Farbpalette. Kaum vorstellbar, dass sich alle Farben und Zeichnungsmuster, die wir heute beim Hund kennen, aus dem Wolfsgrau entwickelt haben.

Ein genauerer Blick aufs Wolfsfell verrät, wie sich dieses perfekte Tarnkleid zusammensetzt: Wölfe haben ein dichtes Stockhaar mit längerem Deckhaar und – je nach Jahreszeit – mehr oder weniger dicht ausgeprägter Unterwolle. Die Unterwolle ist bei Wölfen heller als das Deckhaar. Es gibt – je nach Herkunftsgebiet – auch beim Wolf unterschiedliche Fellfarben. So sind Wölfe aus der Arktis oft weiß, Wölfe aus gemäßigten Klimazonen graubraun. Es kommen aber auch silberfarbene, hellgraue und rötliche Farbvarianten vor.[1] Der Äthiopische Wolf ist intensiv orangerot mit deutlich abgesetzen hellen Wildfarbigkeitsabzeichen. Schwarze Wölfe kommen in Nordamerika vor. Bei ihnen wurde nachgewiesen, dass die Erbinformation für das schwarze Fell durch Einkreuzungen von Hunden stammt.[2] Die Farbe des Deckhaares setzt sich aus zwei Pigmentarten zusammen: Eumelanin (schwarzes Pigment) und Phäomelanin (gelbliches Pigment).

Diese beiden Pigmentarten verteilen sich zu unterschiedlichen Anteilen im Einzelhaar (und bilden dadurch so genannte Banden). Außerdem gibt es Bereiche am Wolfskörper, in denen ausschließlich Phäomelanin ins Haar eingelagert wird. Diese Bereiche sind die so genannten Wildfarbigkeitsabzeichen oder Marken. Diese vier Merkmale (also die beiden Pigmentarten Eumelanin und Phäomelanin sowie die Einzelhaarbänderung und die Verteilung der beiden Pigmentarten über den gesamten Körper) sind die Ansatzpunkte für eine Vielzahl von Mutationen, die schließlich zu den heute bekannten Fellfarben beim Hund geführt haben.

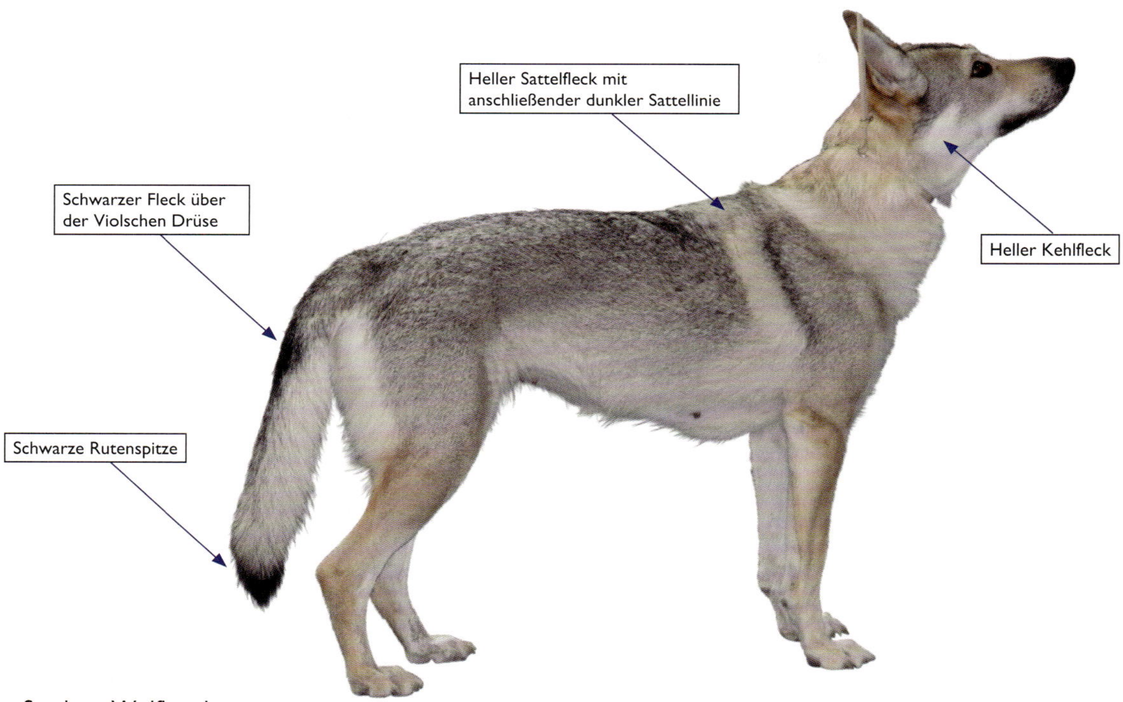

Saarloos Wolfhund

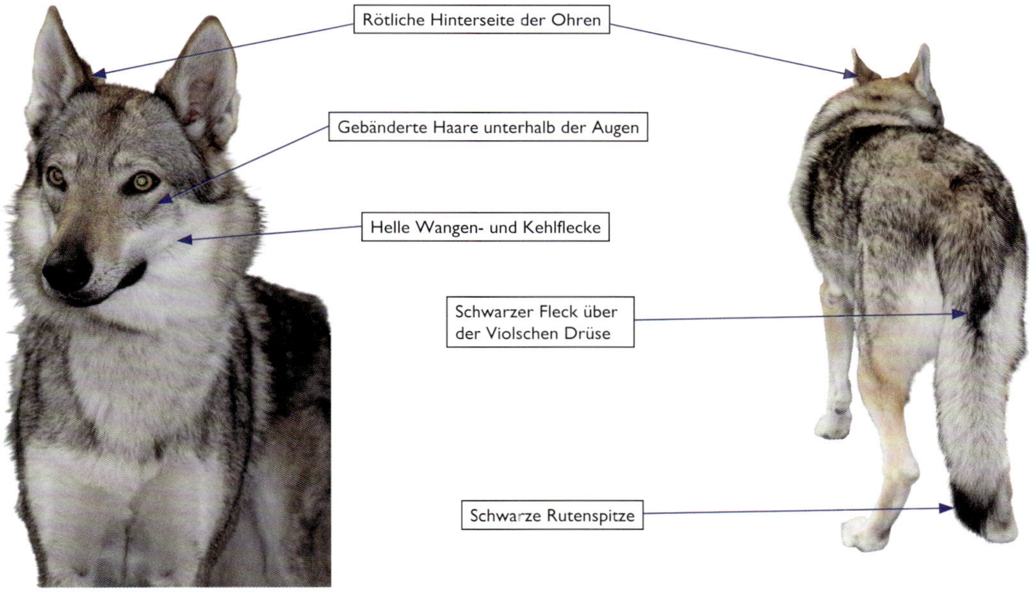

Pigmentbildung

Pigment besteht aus kleinen Körnchen (Granula), dem Melanin. Gebildet wird dieses Pigment in den Pigmentzellen (Melanozyten), die in der Haut und in den Haarfollikeln sitzen. Die Pigmentzellen in der Haut und diejenigen in den Haarfollikeln unterscheiden sich in verschiedenen Merkmalen voneinander. Melaningranula, die in die Haut abgegeben werden, zersetzen sich meist vollständig, während Melaningranula, die ins Haar abgegeben werden, dort so gut wie gar nicht abgebaut werden.[3]

Die Pigmentzellen entstammen der embryonalen Struktur der so genannten Neuralleiste im Inneren des Embryos. Im Laufe der Embryonalentwicklung wandern die Vorläufer der Pigmentzellen (so genannte Melanoblasten) dann nach außen, bis sie ihr Zielgebiet in Haut und Haarfollikeln erreicht haben. Entwicklungsge-

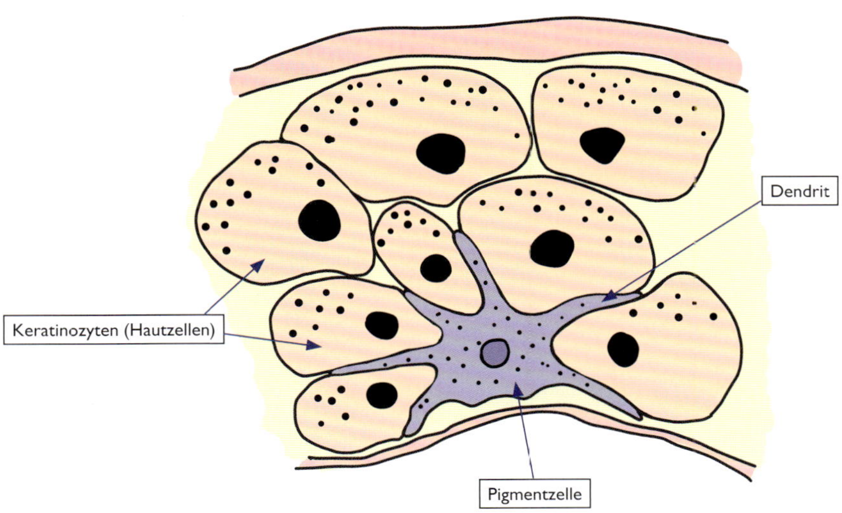

schichtlich sind Pigmentzellen verwandt mit Nervenzellen, dies wird später noch wichtig, wenn es darum geht, welche gesundheitlichen Probleme durch bestimmte Pigmentierungsstörungen entstehen können (siehe Seite 225 ff.). In den Pigmentzellen wird das Melanin über mehrere Stoffwechselschritte aus der Aminosäure Tyrosin zu Melanin synthetisiert. Eine wichtige Rolle dabei spielt das kupferhaltige Enzym Tyrosinase. Fehlt dieses, kann kein Pigment gebildet werden, das Resultat ist der so genannte Albinismus (siehe Seite 243 ff.). Das in der Pigmentzelle gebildete Melanin wird in Melanosomen gespeichert und schließlich über verästelte Ausläufer (Dendrite) der Pigmentzellen an die so genannten Keratinozyten, die ein Bestandteil der obersten Hautschicht sind, abgegeben. Das Pigment in den Haaren gelangt auf gleiche Weise von den Pigmentzellen der Haarfollikel in die Haarwurzel und wird hier in die verhornten Zellen der Haarrinde eingelagert. Auch im Haarmark kann sich etwas Pigment befinden, dieses hat jedoch wenig Einfluss auf die Fellfarbe.

Neben den Pigmentzellen in Haut und Haarfollikeln gibt es noch Pigmentzellen in der Netzhaut (Retina) und der Regenbogenhaut (Iris) des Auges, in der Maulschleimhaut und in modifizierter Form im Innenohr.

Die Melaninproduktion wird durch UV-Strahlung angeregt, außerdem durch ein Hormon, das so genannte MSH (Melanozyten-stimulierendes Hormon oder Melanotropin).

Man unterscheidet bei der Hautpigmentierung zwischen konstitutiver (grundlegender) Pigmentierung und fakultativer Pigmentierung:[4] Als konstitutive Pigmentierung bezeichnet man die genetisch vorgegebene Pigmentierung. Als fakultative Pigmentierung bezeichnet man die Pigmentierung, die durch andere Auslöser erzeugt wird, also etwa durch die UV-Strahlung, durch Hormone oder durch Entzündungen. Auch mit der Nahrung aufgenommene Karotinoide (gelbliche bis rötliche Farbstoffe aus Pflanzenzellen) können in die Zellen der Oberhaut eingelagert werden.

Melaninsynthese

Eumelanin besteht aus größeren Granula und sorgt für schwarze Farbe, Phäomelanin hingegen liegt in kleineren und feineren Granula vor und ist für Schattierungen zwischen creme, gelb und rot zuständig. Beide Pigmentarten (Eumelanin und Phäomelanin) werden in den so genannten Melanosomen innerhalb der Pigmentzellen aus Tyrosin synthetisiert. Die Synthese der beiden Pigmentarten unterscheidet sich nur durch wenige Schritte, so wird etwa beim Phäomelanin aus der Zwischenstufe Dopachinon durch Anlagerung einer weiteren Aminosäure, des Cysteins, und einer nachfolgenden Oxidation und Polymerisation das Phäomelanin erzeugt. Eumelanin hingegen wird durch andere Syntheseschritte aus Dopachinon hergestellt. In den Melanosomen werden die Pigmentgranula außerdem gelagert und transportiert.

Eumelanin ist verantwortlich für schwarzes, blaues, braunes oder lilac Pigment; Phäomelanin ist verantwortlich für gelbes, cremefarbenes oder rötliches Pigment.

Tabelle 1: Unterschiede von Eumelanin und Phäomelanin

Merkmal	Eumelanin	Phäomelanin
Fellfarbe	Schwarz oder Braun	Gelb bis Rot
Einfluss des Dilute-Faktors	Blau oder Lilac	Sandfarben bis Zimtfarben
Schwefelgehalt	0 – 1 %	9 – 12 %
Form der Melanosomen	Oval	Rund
Struktur der Melanosomen	Blättchen oder Fasern	Bläschen

(aus: MILLER 2013[4])

An der Außenwand der Pigmentzellen befinden sich Rezeptoren. Das sind „Andockstellen", die man sich wie eine Art Türschloss vorstellen kann. Man nennt diese Pigmentzell-Rezeptoren MC1R (Melanocortinrezeptor 1). Setzt sich der passende Agonist („Schlüssel") an diesen Rezeptor, so wird die Pigmentproduktion gestartet. Dockt MSH an, so wird Eumelanin produziert, dockt hingegen ASIP (Agouti signaling protein) an, so wird Phäomelanin produziert.[5]

Mutationen

Mutationen können auf allen Ebenen und in allen Phasen der Pigmentzellentwicklung, Pigmentsynthese und Pigmenteinlagerung entstehen. Mutationen in der Pigmentzellentwicklung können etwa dazu führen, dass die Auswanderung der Pigmentzellvorläufer im Embryonalstadium vorläufig gestoppt wird. Hunde mit mehr oder weniger ausgedehnten unpigmentierten Bereichen sind die Folge – landläufig auch als Schecken bekannt (siehe Seite 136 ff.). Andere Mutationen greifen in die Pigmentsynthese ein, wie etwa eine Mutation des TYRP1 (Tyrosinase related protein 1), die dazu führt, dass statt schwarzem braunes Eumelanin gebildet wird (siehe Seite 104 ff.).[6] Eine andere Mutation wiederum führt dazu, dass die Pigmentgranula kleiner und verklumpter ausfallen, was den optischen Farbeindruck von schwarz zu blau und von braun zu lilac verändert (siehe Seite 112 ff.). Viele der Mutationen sind heute bereits molekulargenetisch entdeckt und können in kommerziell erhältlichen Tests nachgewiesen werden. Andere Mutationen sind noch nicht identifiziert, hier ist noch viel Forschungsarbeit nötig, um das Wissen, das bislang Züchter über Beobachtungen zusammen getragen haben, wissenschaftlich zu untermauern.

Fall 1: Schwarzes Eumelanin und Phäomelanin können produziert werden

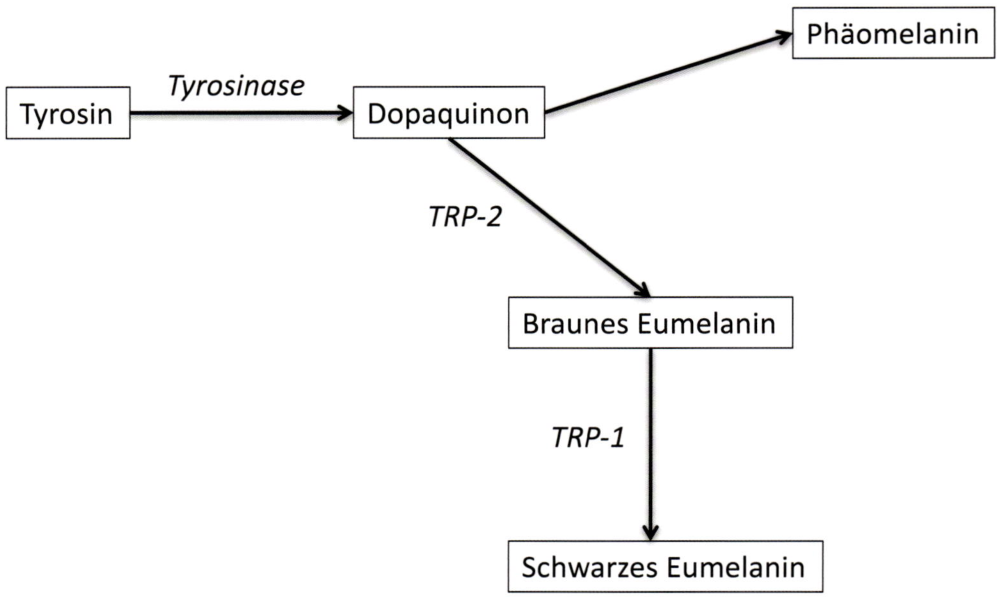

Fall 2: Braunes Eumelanin und Phäomelanin können produziert werden

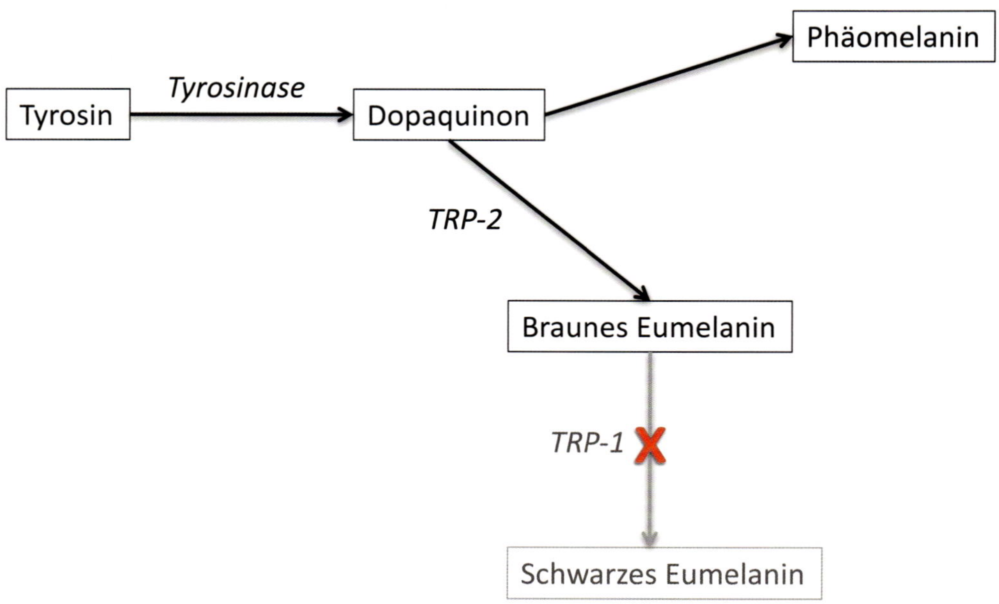

Fall 3: Es kann nur Phäomelanin produziert werden

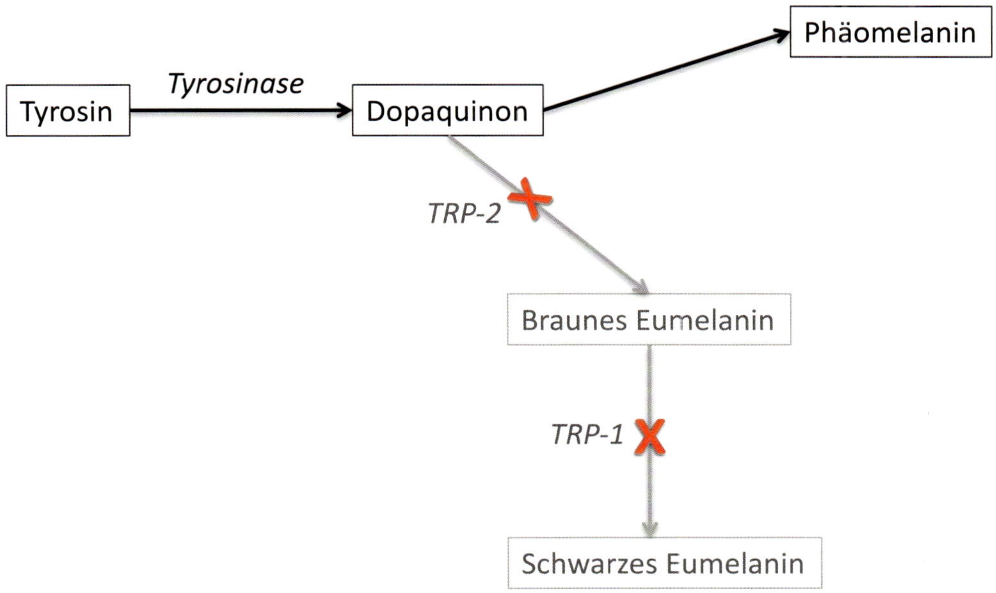

Fall 4: Es kann – je nach Mutation – kein oder kaum Pigment produziert werden

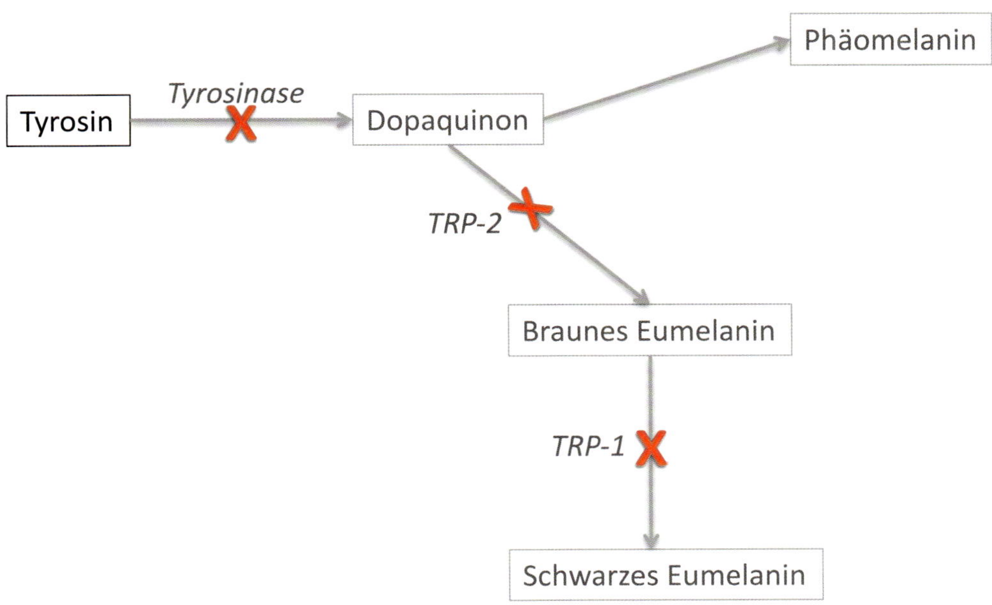

Unter Mutationen versteht man dauerhafte Veränderungen des Erbguts, der DNA, die je nach Art und Lage Auswirkungen auf den Phänotyp des Hundes haben können.

Häufig sind Punktmutationen, bei denen eine Base in der DNA gegen eine andere ausgetauscht ist (Substitutionsmutation). Insertions-, Deletions- oder Duplikationsmutationen sind dagegen Mutationen, bei denen eine oder mehrere Basen eingefügt sind, fehlen oder verdoppelt sind.

Nicht alle Mutationen haben zwangsläufig Auswirkungen und führen zu Veränderungen auf Proteinebene wie beispielweise zu einem veränderten Enzym oder Strukturprotein. Die Auswirkungen sind jeweils abhängig vom Mutationstyp. In Form eines Leserasters werden immer drei Basen der Erbinformation in eine Aminosäure übersetzt, wobei meist nur die ersten beiden Basen die Auswahl der Aminosäure bedingen. Die dritte Base hat dagegen oft keinen Einfluss auf die Aminosäure. Mutationen werden daher auch nach ihrer Auswirkung auf die gebildete Aminosäure eingeteilt.

Man unterscheidet dabei:

Stille Mutation: Genmutation, die keine Auswirkung auf die gebildete Aminosäure hat. Ursache ist meist der Austausch der dritten Base des Codons, der aufgrund des Degeneration des genetischen Codes und der dadurch bedingten Fehlertoleranz nicht zu einem Aminosäureaustausch führt.

Missense-Mutation (Fehlsinn-Mutation): Genmutation, die Auswirkung auf die gebildete Aminosäure hat. Anstelle der ursprünglichen Aminosäure wird eine andere Aminosäure gebildet. Der Aminosäurenaustausch führt im allgemeinen zur Störung der Funktion des betreffenden Proteins.

Nonsense-Mutation (Sinnentstellende Mutation): Genmutation, die zu einem Stoppcodon führt, das die Proteinsynthese stoppt, wodurch ein verkürztes Protein entsteht.

Beispiele für eine Substitutionsmutation wären die Mutationen für den B- und den E-Lokus (siehe S. 104 ff. und 47 ff.), ein Beispiel für eine größere Insertion wäre Merle (siehe S. 120 ff.).

(s. S. 46 Tabelle 5: Genorte Fellfarben)

Bedeutung der Fellfarben

Der Mensch als „Augentier" beurteilt sein Gegenüber zuerst einmal nach dem Aussehen – ob er möchte oder nicht. Die Farbe eines Hundes spielte also schon immer eine Rolle.

Mythologische und religiöse Bedeutung

Besonders gefärbten Tieren wurde schon früh eine bestimmte Bedeutung oder Fähigkeit zugeordnet.[7] In manchen christlichen Darstellungen wird von einem weißen Hund Treue und Güte symbolisiert, während ein schwarzer Hund (als Sinnbild der teuflischen Mächte) den Unglauben verkörpert.[8] Der heilige Bernhard von Clairvaux wird oft mit einem weißen Hündchen dargestellt (seine Mutter soll während der Schwangerschaft geträumt haben, sie brächte einen weißen Hund mit rötlichem Rücken zur Welt). Dem heiligen Domenikus (Gründer des Dominikaner-Ordens) wird als Attribut ein schwarz-weiß gefleckter Hund zugeordnet. Diese Färbung soll möglicherweise die Tracht des Heiligen widerspiegeln, die

Roter Do Khyi (Tibetmastiff) in einer Zuchtanlage in Tibet.

aus einer weißen Tunika und einem schwarzen Übergewand bestand.[9] Der berühmteste „Teufelshund" ist wohl der schwarze Pudel aus Goethes Faust. Im englischen Volksglauben kennt man die „schwarzen Hunde", die gespensterähnlich sind und als Todesboten gelten. Auch in der schweizerischen Sagenwelt gibt es viele Geschichten von unheimlichen, zumeist schwarzen „Dorfhunden". Einer davon, ein schwarzer Hund mit Feueraugen, hatte den Namen „Feuerbrand" und strich auf der Suche nach seinem ermordeten Herrn ruhelos umher.[10] Eine andere unheimliche Sagengestalt ist der schwarze Klushund aus dem österreichischen Vorarlberg. Anders im tibetischen Buddhismus: Hier verkörpern schwarze Hunde die Reinkarnation eines Lamas (also eines religiösen Lehrers) (mündl. Mitteilung Hofheinz). In Amerika gab es einen Brauch, nach dem im Stamm der Irokesen zum neuen Jahr ein weißer Hund geopfert wurde, damit dieser die Gebete ins Jenseits bringen sollte.[8]

In China gilt Rot als Glücksfarbe, darum sind hier rote Hunde besonders begehrt. Ein Beispiel ist der „five-point-red" Shar Pei, ein anderes Beispiel ist der Do Khyi, der besonders in einem dunkelroten Farbschlag zu den gefragtesten vierbeinigen Statussymbolen in China gehört.

In der walisischen Mythologie gibt es unheimliche weiße Geisterhunde mit roten Ohren, die so genannten Cŵn Annwn.

In der griechischen Mythologie soll ein goldener Hund Zeus als Kind beschützt haben und später zum Bewacher des Zeusheiligtums auf Kreta geworden sein. Bei diesem Hund soll es sich um „Lailaps" handeln, den unsterblichen Hund, den Zeus Europa zum Geschenk machte. Ebenfalls aus der griechischen Mythologie kennt man den Hund „Melanchaetes" (zu deutsch „Schwarzhaar"), der zu den Hunden gehörte, die sich auf der Jagd gegen ihren Herrn Aktaion wenden und diesen zerreißen.

Auch heute werden schwarze Hunde mitunter mit unangenehmen Empfindungen in Verbindung gebracht: So werden Depressionen auch als „Der schwarze Hund" bezeichnet. Und in vielen Tierheimen und Tierschutzorganisationen scheinen schwarze Hunde schlechtere Chancen auf Adoption zu haben als heller gefärbte. Man bezeichnet das im englischsprachigen Raum sogar als „Black Dog Syndrome".[11,12] (Siehe dazu auch die Fotos auf S. 256)

Praktische Bedeutung

In der Natur hat die Fellfarbe eines Wolfes oder anderer Wildcaniden (Schakal, Koyote, Fuchs) verschiedene Funktionen: Zum einen soll die Farbe das Raubtier für sein Beutetier so unsichtbar wie möglich machen (weißer Polarwolf, rötlicher Äthiopischer Wolf etc.), zum anderen vermutet man, dass die Wildfarbigkeitsabzeichen der innerartlichen Kommunikation dienen. So wirken etwa die hellen Überaugenflecken wie ein starr blickendes Augenpaar und könnten so einschüchternde Wirkung auf Konkurrenten haben. Über die Anziehungskraft der Fellfarbe auf das jeweils andere Geschlecht wissen wir beim Hund nicht allzuviel; bei anderen Tierarten ist aber zu beobachten, dass Männchen mit einem besonders auffälligen und farbenprächtigen Haar- oder Federkleid beim anderen Geschlecht besonders gut ankommen.

Haushunde begleiten den Menschen schon seit vielen tausend Jahren, möglicherweise bereits seit über 30.000 Jahren.[5] Vielfältige Einsatzgebiete haben sich seitdem entwickelt, etwa als Jagdhelfer: Hier kann es zum Beispiel sinnvoll sein, dass der Hund sich optisch möglichst wenig von seiner Umgebung abhebt, damit er vom Wild nicht zu früh erkannt wird. Bei Hunden, die dem Wild sehr nahe kommen, werden wiederum oft Farben bevorzugt, die den Hund zum einen stark von der Umgebung und zum anderen stark vom bejagten Wild unterscheiden, damit es nicht zum versehentlichen Erschießen des Hundes kommt[13] (das ist übrigens auch der Grund, warum der Weiß-Anteil beim Parson Russell Terrier möglich hoch sein soll und warum eine Rasse wie der (weiße) West Highland White Terrier aus dem Cairn Terrier gezüchtet wurde).

Schwarze Labrador Retriever stellten übrigens früher, als die Rasse noch vorrangig jagdlich geführt wurde, die weitaus beliebtere Farbvariante dar, denn solche Hunde waren im gelben Schilf für die Jäger gut zu sehen. Erst seit der Labrador mehr und mehr zum beliebten Familienhund avancierte, setzte sich der gelbe Farbschlag mit seinem freundlicheren Aussehen durch.[14,15]

Herdenschutzhunde haben die Aufgabe, Schafherden vor großen Beutegreifern wie Wölfen oder Bären, aber auch vor menschlichen Viehdieben zu schützen. Bei diesen Hunden wurde Wert darauf gelegt, dass sie sich farblich nicht zu stark von den Herdentieren unterschieden. Bei weißen Schafen wurden also weiße Hunde bevorzugt, bei farbigen Schafen farbige Hunde. Hierzu gibt es eine interessante Theorie: In Gegenden, in denen das Färben von Wolle möglich war, wurden hauptsächlich weiße Schafe gehalten, da deren Wolle sich gut einfärben ließ. In abgelegenen und schwer zugänglichen Regionen bevorzugte man Schafe, deren Wol-

Parson Russell Terrier sollen laut FCI-Standard vollständig oder vorwiegend weiß sein.

Italienischer Herdenschutzhund: Cane da Pastore Maremmano-Abruzzese.

Ein stahlblauer Hund wirkt Respekt einflößender als ein cremefarbener oder blonder Hund (Mastino Napoletano).

le bereits farbig (also einfarbig braun, schwarz, grau oder auch gescheckt) ist. In solchen Regionen waren daher auch die Herdenschutzhunde eher farbig.[16] Wach- und Schutzhunde haben oft Respekt einflößende Farben. Das Black and Tan der Rottweiler, Dobermänner und Hovawarts, die schwarze Farbe von Hovawart und Riesenschnauzer, die gestromte Zeichnung und das Blaugrau vieler doggenartiger Hunde verstärken deren imposante Erscheinung noch zusätzlich.

Schlittenhunde werden meist in helleren Farben bevorzugt – rein schwarze Schlittenhunde sind jedenfalls sehr selten, der Grund ist vermutlich, dass dunkel gefärbte Hunde eher dazu neigen, bei großer Anstrengung zu überhitzen.[16]

Mit der Zucht von Gesellschafts- und Begleithunden erwachte auch das Interesse an ausgefallenen und aparten Fellfarben und –zeichnungen. Sobald sich eine Rasse vom reinen Leistungshund zum Ausstellungshund wandelt (oder sich zwei Linien entwickeln), ändert sich meist auch die Bedeutung der Farbe. Man sieht dies etwa am Beispiel des English Cocker Spaniel: Früher wurde der jagdlich geführte Hund

Portugiesischer Cão da Serra da Estrela (Kurzhaar)

Grönländischer Schlittenhund

hauptsächlich in braun oder braunfaktorierten Farben gezüchtet; mit zunehmender Bedeutung als Familienhund kamen auch andere Farben in Mode.[13] Seit Beginn der organisierten Hundezucht (der britische Kennel Club als weltweit ältester Hundezüchter-Dachverband wurde 1873 gegründet) werden offizielle Rassestandards aufgestellt, in denen auch die Fellfarbe einer Rasse beschrieben wird. Der internationale Dachverband FCI (Fédération Cynologique Internationale, erstmals gegründet 1911) erkennt derzeit (Stand 2021) 354 verschiedene Rassen an. Für jede dieser Rassen gibt es einen eigenen Rassestandard. Bei den allermeisten Rassen ist die Fellfarbe an bestimmte Vorgaben gebunden. Nur eine Handvoll Rassen kennt keine Farbvorgaben; hierzu gehören Whippet, Afghane, Sibirischer Husky, Tibet Spaniel, Löwchen, Polnischer Niederungshütehund und Shih Tzu. Bei ein paar Rassen gibt es nur geringe Einschränkungen, so ist etwa beim Tibet Terrier und beim Pekingesen lediglich schokoladenbraun unerwünscht (beim Pekingesen wird außerdem der Albino als unerwünscht mit aufgelistet). Beim Saluki sind alle Farben außer brindle (gestromt) zulässig. Bei wieder anderen Rassen gibt es klare Vorgaben, welche Farben erwünscht sind (oft werden davon abweichende Farben dann explizit ausgeschlossen); Beispiele hierfür sind der Cavalier King Charles Spaniel, der Hovawart, die Deutsche Dogge, der English Cocker Spaniel. Und dann gibt es Rassen, die nur in zwei (etwa Dalmatiner, Appenzeller Sennenhund, Dobermann) oder sogar nur in einer Farbvariante anerkannt werden (Rottweiler, Gordon Setter, Affenpinscher, Schipperke, Kooikerhondje, Weimaraner etc.). Etliche Rassen führen sogar eine Farbbezeichnung in ihrem Rassenamen (ein besonders eindrückliches Indiz für den Stellenwert der Farbe):

Viele Rassenamen leiten sich von der Fellfarbe ab, so z. B. bei der Brandlbracke (oben), dem Grand Bleu de Bretagne (S. 25 links) und dem Golden Retriever (S. 25 rechts).

Akbaş („Weißkopf", nicht FCI anerkannt), Karabaş („Schwarzkopf"), Épagneul Bleu de Picardie, Black and Tan Toy Terrier (veraltet, heute: English Toy Terrier), Black and Tan Coonhound, Bluetick Coonhound (nicht FCI anerkannt), Basset Bleu de Gascogne, Catahoula Leopard Dog (nicht FCI anerkannt), Grand Bleu de Bretagne, Basset Fauve de Bretagne, Brandlbracke, Griffon Fauve de Bretagne, Berger Blanc Suisse (Weißer Schäferhund), Black and Tan Coonhound, Français Blanc et Noir, Français Blanc et Orange, Français Tricolore, Golden Retriever, Grand Bleu de Gascogne, Irish Red and White Setter, Irish Red Setter, Irish Soft Coated Wheaten Terrier, Kerry Blue Terrier, Porcelaine, Russischer Schwarzer Terrier, West Highland White Terrier. Bei manchen Rassen oder Rassengruppen haben sich regionale Bezeichnungen eingebürgert, wie etwa „Bläss" oder „Blässli" (weiße Blesse), „Ringgi" (weißer Halsring), „Vieräugli" und „Gelbbäckler" (gelbe Wildfarbigkeitsabzeichen) für entsprechend gezeichnete Sennenhunde. Weitere Beispiele sind der „Blue Lacy" (der Lacey ist eine nicht FCI anerkannte Rasse aus den USA), „Blue Heeler" (Australian Cattle Dog), „Bas Rouge" („Rotstrumpf", offizieller Rassename: Berger de Beauce), „Vieräugl" (Brandlbracke). Bei den (nicht FCI-anerkann-

Grand Bleu de Gascogne

Golden Retriever

ten) altdeutschen Hütehund-Schlägen gibt es ebenfalls eine Vielzahl an Bezeichnungen, die sich von der Fellfarbe ableiten: Fuchs (z. B. Harzer Fuchs oder Westerwälder Fuchs), Gelbbacke (z. B. mitteldeutsche oder süddeutsche Gelbbacke), Schwarzer (z. B. mitteldeutscher oder süddeutscher Schwarzer) und Tiger.

Farbverteilung bei einem English Springer Spaniel aus amerikanischen Show-Linien (in den USA ist das Kupieren noch erlaubt).

Ästhetische Bedeutung

Spätestens seit es Hundeausstellungen gibt, rückte eine möglichst attraktive oder auffällige Fellfarbe bei vielen Rassen in den Vordergrund. Dabei entwickelten sich bei manchen Rassen auch unterschiedliche Zuchtrichtungen: Leistungszucht und Hochzucht („Show-Zucht" oder „Standard-Zucht"). Während in der Leistungszucht die Farbe nur die Bedeutung hatte, dass sie für den Verwendungszweck des Hundes nicht störend sein sollte, entstanden in der Hochzucht bestimmte farbliche Selektionskriterien.

Farbverteilung bei einem europäischen English Springer Spaniel aus Arbeitslinien.

Im Folgenden seien zwei Beispiele angeführt. Zum einen der English Springer Spaniel (ESS) in den USA: In der Leistungszucht werden Hunde mit einem relativ hohen Weiß-Anteil bevorzugt, da diese für den Jäger besser sichtbar sind.[17] Viele jagdlich gezogene ESS haben zudem mehr oder weniger stark ausgeprägtes Ticking in den weißen Bereichen (bei Ticking handelt es sich um

Die beiden oberen Hunde zeigen die „typische“ schwarz-gelbe Grundfarbe. Daneben gibt es aber – vor allem in Leistungszuchten – viele weitere Farbschläge beim Deutschen Schäferhund. Die beiden unteren Hunde sind langstockhaarig, seit einigen Jahren ist diese Varietät neben den stockhaarigen Hunden auch offiziell zugelassen.

eine Tüpfelung bzw. Sprenkelung, mehr dazu auf S. 155 ff.). English Springer Spaniel aus Showlinien hingegen haben einen möglichst ausgedehnte dunkle Decke („blanket") und kein Ticking. [18] Das zweite Beispiel ist der Deutsche Schäferhund: Hier sind praktisch alle Hunde der Hochzucht schwarzgelb (also saddle-tan mit kräftigem Phäomelanin und schwarzer Maske), Hunde aus Leistungszucht sind hingegend häufig grau (wildfarben), auch schwarz und schwarz mit gelben Abzeichen kommt hier häufiger vor.

Der Appenzeller ist als einzige der vier Schweizer Sennenhund-Rassen auch in braun zugelassen.

Es gibt auch Modeströmungen, die dazu führen, dass die vorherrschende Fellfarbe sich ändert. Dabei kann es Unterschiede zwischen Ländern oder Kontinenten geben. Ein Beispiel hierfür ist der Golden Retriever. Seit etlichen Jahren ist zu beobachten, dass es mehr und mehr sehr helle Golden Retriever gibt. Es scheint, als habe diese Tendenz zum cremeweißen Golden Retriever ihren Ursprung in Europa. In Nordamerika (also den USA und Kanada) sieht man tendenziell eher goldgelbe Rassevertreter. Allerdings scheint die Beliebtheit der helleren Hunde dort auch zuzunehmen, und so sah sich der „Golden Retriever Club of Canada" im Jahr 2014 veranlasst, auf seiner Homepage ein Statement abzugeben, dass die cremefarbenen Goldies den goldgelben in keiner Weise überlegen seien, geschweige denn, dass es sich um eine separate Rasse handele. Weiter wurde darauf hingewiesen, dass die cremeweißen Hunde aus Marketing-Gründen im Internet als „English Cream Golden Retriever" oder „Seltene Weiße Europäische Golden Retriever" oder gar „Exquisite Platinum Import Golden Retriever" angepriesen würden. [19] Es kommt immer wieder vor, dass neue Farbschläge anerkannt und in den jeweiligen Rassestandard mit aufgenommen werden. Zwei Beispiele sind „Fauve" bei der Französischen Bulldogge und „Havannabraun" beim Appenzeller Sennenhund. Bei Drucklegung dieses Buches stand außerdem die offizielle Anerkennung das Farbschlags „Schwarzsilber" beim Riesenschnauzer kurz bevor.

Gesundheitliche Bedeutung

Auch wenn die gesundheitliche Bedeutung hier am Schluss steht, so ist sie doch mit die wichtigste Bedeutung für den Hund. Pigmente haben vor allem Schutzfunktion (Schutz vor UV-Strahlung und vor freien Radikalen), sie fungieren außerdem als „Aasfresser" bei der Beseitigung giftiger Radikale und Zwischenprodukten. Außerdem sind sie wichtig für die Funktion des Gehörs und des Sehens. Mehr zu den wichtigen Aufgaben des Pigments und Pigmentierungs-assoziierten Erkrankungen, siehe S. 225 ff.

Eine gesundheitliche Bedeutung ganz anderer Art hat die Tatsache, dass die Selektion auf bestimmte Fellfarben oder die Einteilung der Zuchtpopulation in getrennte Farbschläge zu einer Verengung des Genpools führen kann und einen künstlichen „Flaschenhalseffekt" erzeugt. Außerdem kann die (übertriebene) Selektion auf rein ästhetische Merkmale wie bestimmte Fellfarben dazu führen, dass andere (eigentlich wichtigere Merkmale) in den Hintergrund rücken oder sogar verloren gehen. Auch die Selektion gegen bestimmte Fellfarben kann zu einer unnötigen Einschränkung des Genpools führen. Werden – zumal in seltenen Rassen – gesunde Hunde mit „Fehlfarben" ausgeschlossen, so verengt man dadurch den Genpool.[20,21,22] Manche „Fehlfarben" unterscheiden sich nur durch ein einziges Gen von standardgerechten Farben (etwa Braun oder rezessives Gelb), sodass es mit dem heutigen Wissen und der heutigen Labortechnik ein Leichtes wäre, auch bestimmte Hunde mit unerwünschten Farben zur Zucht einzusetzen. Die Aufhebung der getrennten Farbzucht wäre ein geeignetes Instrument, um einer künstlichen Einengung des Genpools entgegenzuwirken. Dies würde aber implizieren, dass auch Farben, die durch die Verpaarung unterschiedlicher Farbschläge entstehen können, anerkannt werden sollten.

Ein Beispiel ist der Großspitz: Hier gibt es (anders als bei Mittel-, Klein- und Zwergspitz) nur drei anerkannte Farbschläge, nämlich schwarz, braun und weiß. Der grau gewolkte Wolfsspitz wird als separate Varietät gezüchtet. Laut Zuchtordnung des Vereins für Deutsche Spitze e.V. von 2018 dürfen schwarz und braun sowie schwarz und weiß miteinander verpaart werden. Verpaarungen von schwarz mit weiß führen immer wieder zur Geburt andersfarbiger Welpen. Somit wäre der nächste konsequente Schritt auf dem Weg zu einem breiteren Genpool, auch andersfarbige Großspitze anzuerkennen (wie es ja auch bei den kleineren Größenschlägen schon praktiziert wird) sowie auch die Verpaarung von Wolfsspitzen mit anderen Farbschlägen zu gestatten.[23–26]

Nomenklatur

Die Vielfalt der Fellfarben beim Hund ist schier unerschöpflich – und ebenso vielfältig sind die Bezeichnungen für die unterschiedlichen Fellfarben, Zeichnungsmuster und deren Kombinationen. Anders als bei Katzen und Pferden ist es bisher nicht gelungen, die Nomenklatur (also die Benennung) der verschiedenen Fellfarben und Zeichnungsmuster beim Hund zu vereinheitlichen, auch wenn die FCI 2009 eine standardisierte Nomenklatur der Fellfarben beim Hund veröffentlicht hat.

Die FCI Nomenklatur geht auf die Einteilung nach DENIS[27] zurück. Diese Nomenklatur bedarf mittlerweile aufgrund molekulargenetischer Erkenntnisse der Überarbeitung. Eine modifizierte Nomenklatur (inklusive einer Vielzahl mehr oder weniger verbreiteter deutscher und englischer Synonyme) finden Sie in der Nomenklatur-Tabelle auf Seite 34 ff. Diese Tabelle ist an die derzeitigen molekulargenetischen Erkenntnisse angepasst und berücksichtigt auch Fellfarben und –zeichnungen, deren molekulargeneetische Grundlage derzeit noch nicht bekannt ist, möglicherweise aber in näherer Zukunft aufgedeckt wird. Die Sammlung der synonymen Bezeichnungen erhebt keinen Anspruch auf Vollständigkeit und umfasst sowohl Farbbezeichnungen, die in den FCI-Standards zu finden sind als auch solche Bezeichnungen, die sich in und außerhalb der FCI in den verschiedenen Rassen bzw. Farbschlägen eingebürgert haben. Mit dieser Auflistung soll keine der genannten Farbbezeichnungen offiziell legitimiert werden, es soll lediglich die Bandbreite der synonymen Bezeichnungen dargestellt werden. Eine für alle Rassen verbindliche Nomenklatur durchzusetzen, ist in der Hundezucht schwierig. Wahrscheinlich sind die traditionell gebräuchlichen Bezeichnungen in den einzelnen Rassen bereits zu stark verankert; außerdem kann sich die genetisch gleiche Farbe bei den unterschiedlichen Haartypen (Kurzhaar, Langhaar, Stockhaar, Rauhaar, gelocktes Haar etc.) phänotypisch so stark unterscheiden, dass es offensichtlich schwer fällt, einheitliche Bezeichnungen für optisch so unterschiedliche Farben zu benutzen.

Seit einigen Jahren kann man auf viele Fellfarben testen und hätte somit ein Werkzeug, um dem jeweiligen Genotyp eine eindeutige Farbbezeichnung zuzuordnen. Eine solche eindeutige Zuordnung ist aber bisher in vielen Rassen noch nicht üblich, und so findet man in den Rassestandards und Ahnentafeln vieler Rassen Bezeichnungen, die lediglich einen Phänotyp beschreiben und nicht den heutigen genetischen Erkenntnissen entsprechen.

Manche Fellfarben und -zeichnungen sind molekulargenetisch (noch) nicht zu unterscheiden und sollten – aus wissenschaftlicher Sicht – darum auch nicht zu differenziert bei der „offiziellen" Farbbezeichnung benannt werden (etwa sandfarben, champagner, lemon, zironenfarben, fawn, dürrlaubfarben, apricot, blond, golden, honigfarben, semmelgelb, strohgelb, weizenfarben oder lohfarben statt gelb). Dies gilt nicht für Farben bzw. Zeichnungen, die zwar molekulargenetisch noch nicht identifiziert sind, die aber einem klaren Muster folgen bzw. sich eindeutig voneinander abgrenzen lassen, wie etwa Schimmel gegenüber Schecken oder gestromt gegenüber nicht gestromt. Bis heute gibt es eine fast unüberschaubare Zahl an Farbbezeichnungen, die oft zu Verwirrung und Verwechslungen führt, zumal die gleiche Bezeichnung bei unterschiedlichen Rassen oft ganz unterschiedliche Genotypen bezeichnet.

Bei manchen Rassen sind die Farbbezeichnungen klar definiert, lassen sich auch genetisch gut zuordnen und werden entsprechend eindeutig in die Ahnentafeln bzw. Zuchtbücher eingetragen (ein Beispiel ist die Nomenklatur beim Cocker Spaniel innerhalb der VDH-Zuchtverbände, ein weiteres Beispiel ist der Border Collie innerhalb des Clubs für Britische Hütehunde, bei dem 2014 die Nomenklatur den aktuellen genetischen Erkenntnissen angepasst wurde).

Shiba Inu müssen laut FCI-Standard immer „Urajiro" haben (auch der Schwarzloh-Farbschlag).

Tabelle 2: Zwölf unterschiedliche Arten von Grau

Progressive Ergrauung

Deerhound

Wildfärbung

Riesenschnauzer

Merle

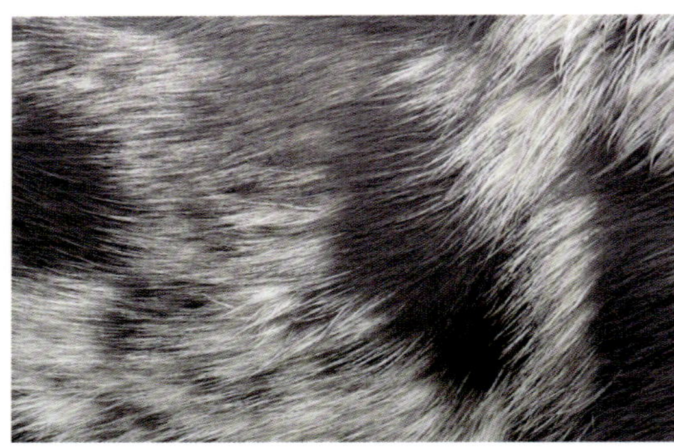

Beauçeron

Sable

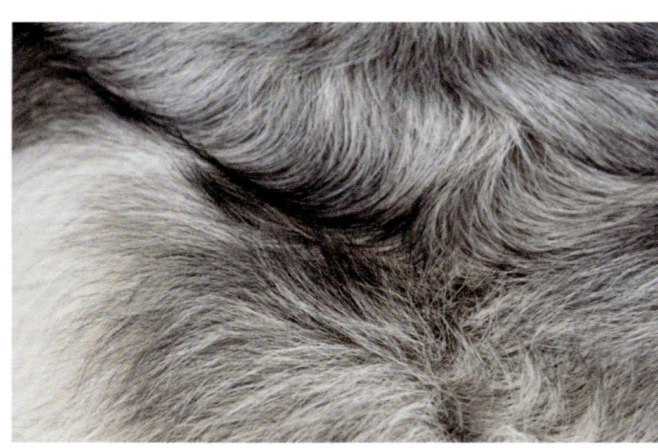

Kleinspitz

Lilac

Weimaraner

Silbergrau/Seal

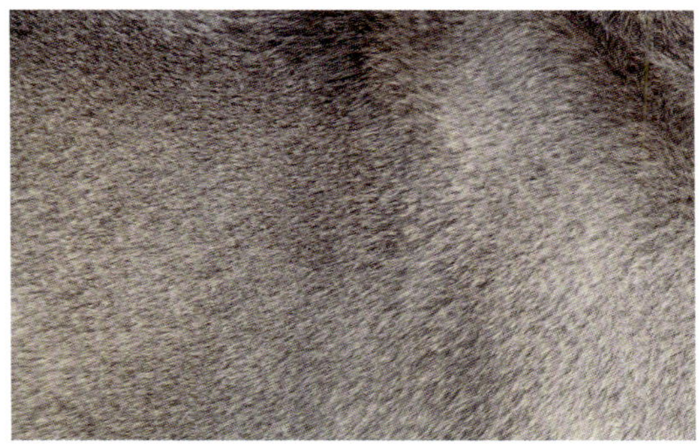

Shar Pei

Ticking

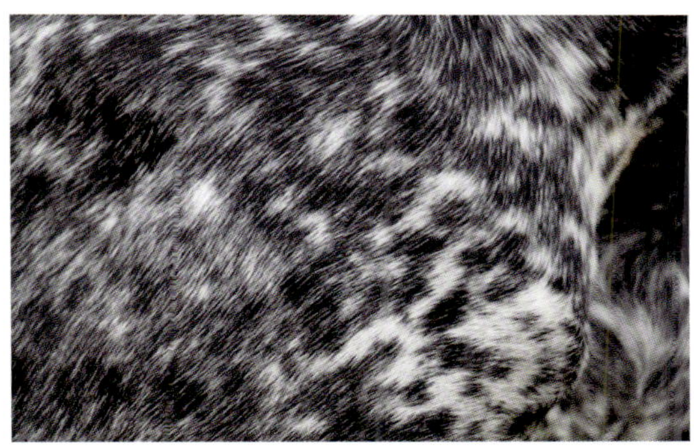

Deutsch Kurzhaar

Deutsch Drahthaar

Gestromt

Bouvier

Blau

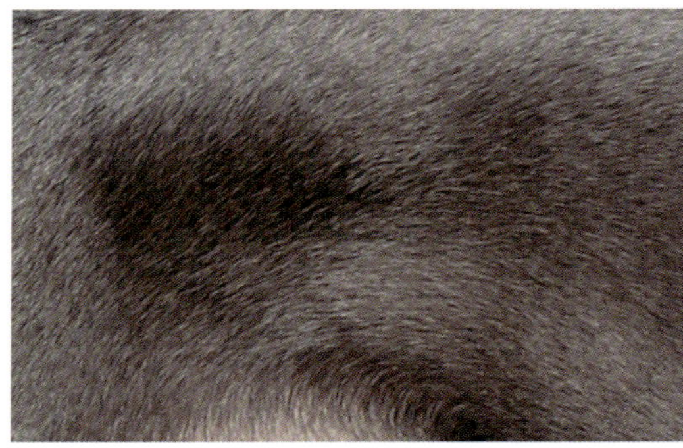

Italienisches Windspiel

Domino Schwarz

Barsoi

Atypisches Merle

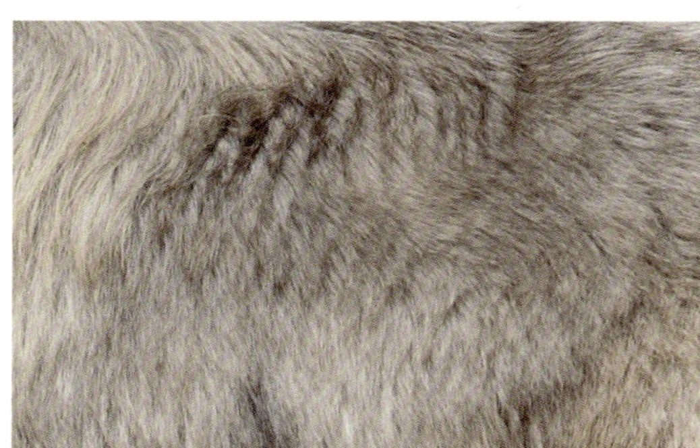

Australian Shepherd

Tabelle 3: Unterschiedliche Ursachen für „braunes“ Fell

Farb-bezeichnung	Gentest	Synonyme
Braun	B-Lokus	
Cocoa	Cocoa-Lokus	
Dominantes Rot	A-, K- und E-Lokus	
Rezessives Rot	E-Lokus	
Seal	–	
Rot-stichigkeit	–	
OCA2	C-Lokus	

Zur Verwirrung kann es auch kommen, wenn der Original-Standard einer Rasse übersetzt wird.

Eine große sprachliche Vielfalt herrscht bereits innerhalb der großen Hundezuchtorganisationen (so gibt es alleine zehn verschiedene Bezeichnungen für die Fellfarbe braun (genetisch b/b), s. S. 104. Die Farbbezeichnung „braun“ wiederum wird für mindestens fünf unterschiedliche Genotypen verwendet (s. Tabelle links). Mittlerweile veraltet sind so blumige Farbbezeichnungen wie „lie de vin“ (zu deutsch: „weinrot“), „lilas passe“ (zu deutsch: „altlila“) und „fleur de pêcher“ (zu deutsch: „Pfirsichblüten“). So nannte man bei der Braque du Bourbonnais Braunschimmel und Orangeschimmel.

Zu dieser nomenklatorischen Vielfalt kommen zusätzlich noch phantasievolle neue Farbbezeichnungen, unter denen außerhalb des VDH „besondere“ Farben angeboten werden, wie etwa „blueberry Yorkshire Terrier“, „Ocean Pearl Yorkshire Terrier“, „champagner“ Labrador Retriever, „platinum“ Möpse, „confetti“ Schnauzer oder „blueline“ Pit Bull Terrier. Fantasievolle Farb-Bezeichnungen sind übrigens keine Erfindung der Neuzeit: Bereits die Chinesen kannten blumige Umschreibungen für die verschiedenen Fellzeichnungen des Shih Tzu; so nannte man etwa schwarz-weiße Shih Tzu „Wu Yun Kai Hsueh“ (zu deutsch: „schwarze Wolke über Schnee“). Eine Übersicht über mehr oder weniger verbreitete Bezeichnungen unterschiedlicher Farben und Zeichnungsmuster entnehmen Sie den Nomenklatur-Tabellen 34 ff. (ohne Anspruch auf Vollständigkeit).

Tabelle 4: Nomenklatur

		Pigmentart	einheitliche Bezeichnung	Genotyp	Synonyme
Grundfarbe	Einfarbige Haarkleider (solid)	Eumelanin	Schwarz	KB/- E/- B/- D/- m/m oder a/a E/- m/m	kohlschwarz
			Braun	KB/- E/- b/b D/- m/m oder a/a E/- m/m	kastanienbraun, bronze, havanna, zimt (wenn hell), rot, kupfer/copper, bärenbraun, barna (Mudi), Kapuzinerkutte (Bracco), liver/ leberfarben/leberbraun, schokoladenbraun, chocolate
			Blau/Dilute	KB/- E/- B/- d/d- m/m oder a/a E/- m/m	rauchfarben, rauchgrau, rauchblau, schieferfarben, grau, stahlblau/ stahlgrau, anthrazit, grau, aschfarben, hamvas (Mudi), slate, malteserblau/maltese blue, blueline, bleigrau, charcoal
			Lilac	KB/- E/- b/b d/d m/m oder a/a E/- m/m	sandfarben, café au lait, beige, isabell, fawn, silber/silbergrau, ash, taubenblau, mausgrau, rehgrau, double dilute, aschbraun, pearl, lavender, taupe
		Phäomelanin	rezessives Rot	e/e	kastanienbraun/kastanienrot, bronze, braun, orange, kupfer/copper, sedge, Berliner Blond (Hovawart), foxred (Labrador), fuchsrot, mahagoni, rostbraun/rostrot/rostfarben, rotbraun, ruby, ziegelrot, hirschrot, Mahagony, Australian Red (Border Collie), ee-red, red fawn (Pudel)
			rezessives Gelb	e/e	sandfarben, champagner, lemon, zitronenfarben, fawn, dürrlaubfarben, apricot, deadgrass, fahlgelb, blond, gold/golden, honigfarben, cognac, semmelfarben/semmelgelb, strohgelb, weizenfarben, loh/tan, American Wheaten (Scotch Terrier), pink (Cardigan Corgi), Australian Red (Border Collie), ee-red, fawn (Pudel)
			rezessives Creme	e/e	sandfarben, beige, isabell, buff, deadgrass, fahlgelb, fakó (Mudi), silver (bei Wildfarbigkeitsabzeichen), biscuit, elfenbein, milchkaffeeweiß, fawn
			Weiß	e/e	
	Mehrfarbige Haarkleider (self coloured)	Eumelanin und Phäomelanin	dominantes Rot/ Gelb/Creme mit/ ohne Maske ohne Overlay	Ay/- ky/ky E/- bzw. EM/-	rehfarben, falb/fawn/fauve, clear sable, dürrlaubfarben (gelb), silber (creme); apricot (gelb), English Cream, English Wheaten (gelb), wheaten (gelb mit hellerer Haarbasis und dunklerer Spitze), weizenfarben, goldrot, hirschrot
			Rot/Gelb/Creme mit Maske	Ay/- ky/ky EM/-	buckskin (gelb), steingrau (creme), smut
			dominantes Rot/ Gelb/Creme mit leichtem Overlay (mit/ohne Maske)	Ay/- ky/ky E/- bzw. EM/-	falb/fawn/fauve, hasenfarben (gelb); zobel, sable, silber (creme); löwengelb, mechelfarbig (gelb mit Maske), blondmarken (Hovawart unerwünscht), sashige (Shiba)
			dominantes Rot/ Gelb/Creme mit mäßigem Overlay (mit/ohne Maske)	Ay/- ky/ky E/- bzw. EM/-	zobel, (tipped) sable, sesam (Hokkaido, Kishu), grizzle, löwengelb, mechelfarbig (gelb mit Maske), eisengrau (creme, mit Maske); chinchilla (creme)
			dominantes Rot/ Gelb/Creme mit starkem Overlay (mit/ohne Maske)	Ay/- ky/ky E/- bzw. EM/-	zobel, (shaded) sable, sesam (Shiba, Shikoku), grizzle, wildschweinfarben, mechelfarbig (gelb mit Maske), smut, umbrous
			Agouti (mit/ohne Maske)	aw/- ky/ky E/- bzw. EM/-	sesam (Shiba, Shikoku), grizzle, grau, Wildfärbung/wildfarben, silbergrau, wildschweinfarben, saufarben, eisengrau (mit creme, mit Maske), wildmarken, Dachsfarbe, graugewolkt (Spitz), pfeffersalz (Schnauzer), wolfsgrau (auf creme), wolfsfarben (auf gelb oder rot)
			Rot/Gelb/Creme mit (Eumelaninfarbe) Sattel (mit/ ohne Maske)	at/- ky/ky E/- bzw. EM/-	bicolor/bicolour, schwarz und loh, schwarz... (schwarzgelb, schwarzbraun), ...-and-tan (...and-silver etc.), saddle-back, saddle tan
			(Eumelaninfarbe) mit Rot/Gelb/ Creme Abzeichen	at/- ky/ky E/- bzw. EM/-	bicolor/bicolour, King Charles, schwarz- und lohfarben, Schwarz mit Loh, ... and tan, ... tanpoint, orito, schwarz... (schwarzloh, schwarzsilber, schwarzgelb, schwarzbraun), ...with points, phantom (US Pudel)
Stromung	Stromung (brindle)	Eumelanin und Phäomelanin	gestromt (mit/ ohne Maske)	Brindle-Gen noch nicht identifiziert	Kurotora (dunkelgestromt bei Kai und Akita), Akatora (rotgestromt bei Kai und Akita), sealed brindle (sehr dunkelgestromt), Flammung/ geflammt, Onyx (dunkelgestromt), reverse brindle (dunkelgestromt), rotgestromt, silbergestromt, goldgestromt, hellgestromt

		Pigmentart	einheitliche Bezeichnung	Genotyp	Synonyme
Modifizierte Haarkleider	progressive Ergrauung (greying)	Eumelanin	ergraut (schwarz geboren)	G/G oder G/g (Gen noch nicht identifiziert) B/- D/-	rauchfarben, rauchgrau, rauchblau, grau, grizzle, stahlblau/stahlgrau, silber/silbergrau, meliert, blaugrau, blauschwarz, smoke
Modifizierte Haarkleider	progressive Ergrauung (greying)	Eumelanin	ergraut (braun geboren)	G/G oder G/g (Gen noch nicht identifiziert) b/b D/-	café au lait/milchcafé, dürrlaubfarben, silver beige, champagne
Modifizierte Haarkleider	progressive Ergrauung (greying)	Eumelanin	ergraut (blau geboren)	G/G oder G/g (Gen noch nicht identifiziert) B/- d/d	
Modifizierte Haarkleider	progressive Ergrauung (greying)	Eumelanin	ergraut (lilac geboren)	G/G oder G/g (Gen noch nicht identifiziert) b/b d/d	silver beige, fawn
Modifizierte Haarkleider	progressive Ergrauung (greying)	Phäomelanin	ergraut (rot/gelb geboren)	G/G oder G/g (Gen noch nicht identifiziert) Ay/- ky/ky E/- bzw. e/e (?)	schlammfarben, mustard/senffarben (Dandie Dinmont)
Modifizierte Haarkleider	Merle	Wirkung nur auf Eumelanin	Merle	M/m E/-	harlekin, Tiger, grau, gefleckt, cifra (Mudi), Norwegian Blue, Russian Blue, marmoriert/Marmorierung, blue merle (Eumelanin schwarz), Grautiger (Eumelanin schwarz), dapple (Dachshund engl.), leopard (Catahoula), marble, mottle
Modifizierte Haarkleider	Merle+ (harlekin)	Wirkung auf Eumelanin und Phäomelanin	Harlekin	M/m H/h	harlekin, Tiger, gefleckt, Porzellantiger (wenn Flecken dilute oder andere Farbe als schwarz), fawnequin, brindlequin
Modifizierte Haarkleider	Weiß-scheckung	Wirkung auf Eumelanin und Phäomelanin	kleine weiße Abzeichen	Gen/e noch nicht identifiziert	mismarked (wenn unerwünscht), abstract (US Pudel, unerwünscht), Stern (Brust oder Stirn), (white) trim, Stiefel (deutlich über Fußwurzel reichend), Strümpfe (hohe weiße Abzeichen an den Läufen), Brackenstern (Brust), Chinese Markings (Brust und Füße), White Trim, Socken, Bolo Pads, Schulterfleck, Nackenfleck/Genickfleck, Krawatte (von der Kehle bis zum Brustbein), Schnippe (Nasenrücken), Nasenband, Blesse (Stirn, Stop und Nasenrücken), Halsring/Halsband
Modifizierte Haarkleider	Weiß-scheckung	Wirkung auf Eumelanin und Phäomelanin	Irische Scheckung (Irish pattern)	Gen/e noch nicht identifiziert	Tuxedo (US Pudel, Am. Rat Terrier); mismarked (wenn unerwünscht); bicolor/bicolour, (white) trim, Stiefel (deutlich über Fußwurzel reichend), Brackenabzeichen (durchgehende Blesse, weißer Fang mit Halsring, weiße Brust, Läufe und Rutenspitze), flashy, Boston (schwarze Grundfrabe), Manteltiger (Dogge), blanket tri (Beagle), white trim (?)
Modifizierte Haarkleider	Weiß-scheckung	Wirkung auf Eumelanin und Phäomelanin	pseudo-irische Scheckung	S/S oder S/N in Komb. mit Irish pattern (?)	splash coat (Husky), open tri (?), pinto (American Akita)
Modifizierte Haarkleider	Weiß-scheckung	Wirkung auf Eumelanin und Phäomelanin	Piebald-Scheckung	S/S	harlekin (schwarz-weiß), gefleckt, pied, bicolor/bicolour, Schecke, open tri und broken tri (Beagle), flowered (Shar Pei), pinto (American Akita), parti/particolour, pattern white (Aussie)
Modifizierte Haarkleider	Weiß-scheckung	Wirkung auf Eumelanin und Phäomelanin	Extremscheckung	S/S	High-Piebald, open tri (Beagle), Colour Headed White (CHW) (Collie, Shetland Sheepdog), excessive white
Modifizierte Haarkleider	Ticking	Wirkung auf Eumelanin und Phäomelanin, prägt sich nur in Verbindung mit Weiß-scheckung aus	Tüpfelung	Gen/e noch nicht identifiziert	Tiger (Deutscher Wachtel), ...schimmel, Spritzer, Ticking, ... Belton (English Setter), Forellenschimmel (deutlich vereinzelte Tupfen auf Extremscheckung), Rußflecken (eher unerwünscht, Landseer), Sprenkelung, mottle, speckle
Modifizierte Haarkleider	Ticking	Wirkung auf Eumelanin und Phäomelanin, prägt sich nur in Verbindung mit Weiß-scheckung aus	Stichelung	Gen/e noch nicht identifiziert	grau, meliert, ...schimmel, roan, ...Belton (English Setter)

Bezeichnung	Genotyp	Synonyme
Gelb/Rot mit brauner Nase	e/e b/b	five point red (Shar Pei); lemon, rednose
Gelb/Rot mit schwarzer Nase	e/e B/-	orange
dilute Phäomelanin	e/e d/d oder Ay/-ky/ky E/- d/d	sandfarben, isabell
dilute dominantes Gelb/Rot	Ay/- ky/ky E/- d/d	rehfarben, zimtfarben/Cinnamon, fawn, Silberspitze (Collie, unerwünscht), drappfarben (Dogge)
dilute rezessives Gelb/Rot	e/e d/d	Champagner; apricot (Shar Pei)
lilac rezessives Gelb/Rot	e/e b/b d/d	Platin/Platinum
rezessives Gelb/Rot mit Weißscheckung	e/e S/S oder Irish pattern	Golddust, Blenheim
gelbe Tupfen mit schwarzer Nase (Dalmatiner)	e/e B/- D/- S/S T/T	lemon
gelbe Tupfen mit brauner Nase	e/e b/b D/- S/S T/T	orange
Rotstichigkeit	genetische Ursache noch nicht bekannt (s. S. 199 ff.)	bronze, havanna, tabakfarben
Seal	genetische Ursache noch nicht bekannt (s. S. 184 ff.)	bronze, havanna, schlammfarben, tabakfarben, Silber/Silver, Silver sable, Fula (Basenji)
Overlay	genetische Ursache noch nicht restlos bekannt (s. S. 82 ff. und Tabelle auf S. 83)	Stichelung, Charbonnage/charbonnée, umbrous, Ruß, Wolkung, Überflug
schwarze Ohrspitzen	genetische Ursache noch nicht bekannt (s. S. 86)	Ohrringe (Kooiker)
Domino	at/at eh/- (Cocker Spaniel) bzw. at/at eg/- (Afghane, Saluki, Barsoi)	zobelfarben/sable (Cocker, Barsoi); grizzle (Saluki), Huskyzeichnung/huskyfarben
dunkle Kopfabzeichen bei Creeping Tan	at/at ky/ky E/- S/S	Calico
Piebald Black and Tan	(Eumelaninfarbe) mit rot/gelb/creme Abzeichen	Calico; Schilt (Sennenhunde), Broken Tri (Beagle)
Irish Pattern Saddle Tan	at/at ky/ky E/- S/S oder Irish pattern	blanket tri (Beagle)
Saddle Tan mit zurückgedrängtem Eumelanin		grizzle (Lakeland); shaded tri (Beagle), faded tri (Beagle); pied/hare-pied/badger-pied (Beagle);
Wildfarbigkeits-abzeichen	at/at ky/ky E/-	Points, trim, ... and tan, tanpoint, Melonenkerne (Basenji), Überaugenflecke, Vieräugelfleck, Brand, Jungklaus´sche Abzeichen (KIM), Marken
Tricolour	at/at ky/ky E/- mit Weißscheckung	dreifarbig, Prince Charles, Black Headed Tri (BHT, black-and-tan mit weiß, Corgi); Red Headed Tri (RHT, Saddle Tan oder Creeping Tan mit weiß, Corgi)
Tricolour Chocolate	at/at ky/ky E/-b/b D/- mit Weiß-scheckung	Biro (Yorkie)
Tricolour Lilac	at/at ky/ky E/- b/b d/d mit Weiß-scheckung	wildberry rose, khaki, mocha
Tricolour Brindle	at/at ky/ky E/- mit Stromung und Weißscheckung	trindle
Schwarz mit Abzeichen und progr. Ergrauung	at/at ky/ky E/- G/-	pepper (Dandie Dinmont), blau und loh (Lakeland), wildschweinfarben
Schwarz mit Abzeichen und Maske	at/at ky/ky EM/-	pseudo black
Braun Agouti	aw/- ky/ky E/- b/b	waldbraun (Saarloos Wolfhund), beaver/biber (Pomeranian)
Brindle Merle	Ay/- ky/ky E/- M/m mit Stromung	ginger merle
Urajiro	Genetische Ursache noch nicht bekannt (s. S. 191)	Deer, Countershading
Extremschecke mit farbigem Kopf	S/S	Colour Headed White (CHW), hooded (American Akita)
Farbflecken bei Piebald/Extremscheckung		check, Platte, Lozenge-Fleck, Monokel, patch, Fleck
Weißtiger	z. B. M/M, Mh/M oder Mh/Mh	double dapple

Kapitel 2: Grundlagen der Vererbung

Auch wenn in den letzten Jahren bahnbrechende Erkenntnisse auf dem Gebiet der Molekulargenetik gewonnen wurden, sind auch heute noch längst nicht alle Farbgene identifiziert worden. Für die Fellfarben beim Hund sind unterschiedliche Allele (Varianten eines bestimmten Genabschnittes) auf vielen verschiedenen Genorten zuständig. Die altbekannten Vererbungsregeln nach Gregor Mendel gelten dabei nach wie vor (s. S. 40 ff.).

Zunächst ist es wichtig, sich daran zu erinnern, dass in den Körperzellen jedes Gen in doppelter Ausführung vorliegt: Das bedeutet, jeder Hund hat jeweils zwei Allele, also Genvarianten für jeden einzelnen Genort. Eines dieser Allele wurde vom Vater und eines von der Mutter weitergegeben. Dabei spielt es für die Ausprägung einer Farbe oder eines Merkmals keine Rolle, welcher Elternteil ein Allel vererbt hat. Die verschiedenen Allele eines Merkmals stehen dennoch in Beziehung zueinander. Viele der bekannten Farben werden von nur zwei Varianten eines Gens gesteuert.

Genotyp und Phänotyp

Als Phänotyp bezeichnet man das Aussehen eines Hundes. Als Genotyp bezeichnet man die Gene und Allele, die ein Hund besitzt – unabhängig, ob sich diese Gene/Allele auf den Phänotyp ausprägen oder nicht.

Am E-Lokus findet man zum Beispiel die Allele E (normal oder wildtypisch) und e (mutiert für Gelb, Rot, ...), die die Ausprägung von Phäomelanin beim Hund steuern. Diese beiden Allele stehen in einer dominant-rezessiven Beziehung zueinander, was bedeutet, dass sich das E-Allel gegenüber dem e-Allel durchsetzt, sofern ein Tier beide Allele und somit den mischerbigen (heterozygoten) Genotyp E/e besitzt. Tiere, die reinerbig (homozygot) für ein Allel sind, können, unabhängig davon, ob dieses Allel dominant oder rezessiv ist, auch nur dieses Merkmal ausprägen. Eine allelische Reihe für die zwei Allele des E-Lokus würde E > e lauten. Aus den zwei Allelen lassen sich drei Genotypen bilden: E/E, E/e (gleichbedeutend mit e/E) und e/e. Nur im Fall des Genotyps e/e setzt sich dieses Merkmal durch und der Hund kann nur Phäomelanin ins Haar einlagern.

Es existieren auch Genorte mit mehr als zwei Allelen. Ein Beispiel ist der A-Lokus, für den man bisher die vier Allele Ay, Aw, at und a nachweisen konnte. Diese Allele stehen ebenfalls in einer dominant-rezessiven Beziehung zueinander mit folgender allelischer Reihe: Ay > Aw > at > a. Auch hier kann ein Tier nur zwei dieser Genvarianten gleichzeitig besitzen, was dennoch zu einer großen Vielfalt an möglichen Genotypen führt: Ay/Ay, Ay/Aw, Ay/at, Ay/a, Aw/Aw, Aw/at, Aw/a, at/at, at/a und a/a. Durch die dominant-rezessive Beziehung der Allele setzt sich das Merkmal Ay bei den ersten vier Genotypen durch. Das Allel a hingegegen, das sich rezessiv zu allen anderen Allelen verhält, kann nur dann als Phänotyp zum Vorschein kommen, wenn der Genotyp a/a lautet.

Die Beziehung zwischen den verschiedenen Varianten eines Gens zueinander bestimmt also, welcher Genotyp einen bestimmten Phänotyp eines Hundes zum Ausdruck bringen kann. Das schlussendliche Aussehen eines einzelnen Tieres ist dann das Ergebnis aller möglichen Phänotypen zusammengenommen.

Neben der bereits beschriebenen dominant-rezessiven Vererbung existieren weitere Formen der Allel-Beziehung. Bei einer unvollständigen Dominanz setzt sich das eigentlich dominante Merkmal nicht in allen bekannten Fällen vollständig über das rezessive Merkmal durch. Dieses Phänomen vermutet man zum Beispiel beim S-Lokus, an dem das N-Allel (ungescheckt)

Jeder Hund hat an jedem Genort zwei Allele – auch dieser Catahoula Leopard Dog in „red leopard saddleback“: Seine Grundfarbe ist Saddle Tan, das Eumelanin ist braun, und er zeigt eine Mer e-Zeichnung (Genotyp E/- ky/ky at/- b/b D/- M/m).

über das S-Allel (weiß-gescheckt) dominiert. Für den Genotyp N/S würde man im Phänotyp keine Weißscheckung erwarten, es sind jedoch Hunde diesen Genotyps mit unterschiedlich starken Formen der Scheckung (Brustfleck bis Plattenscheckung) bekannt. Geht man davon aus, dass auch diese Scheckung vom S-Allel ausgelöst wird, so wäre das Verhältnis von "N" und "S" unvollständig dominant.

Zu Mischformen zweier Merkmale kommt es bei einer intermediären Vererbung. Hier ergibt sich aus zwei (oder mehr) verschiedenen Allelen für den heterozygoten Genotypus phänotypisch eine Mischung der „reinen“ Merkmale. Ein Beispiel wäre die bisher nicht wissenschaftlich beschriebene Ursache für die progressive Ergrauung mit zu Dunkelgrau aufgehelltem Schwarz bei mischerbigen Tieren und zu Hellgrau aufgehelltem Schwarz bei reinerbigen Tieren.

Allele können auch kodominant sein. Der Phänotyp eines Tieres wird dann zu gleichen Teilen aus den möglichen Phänotypen der beiden Allele gebildet. Im Unterschied zum intermediären Erbgang entsteht hier jedoch keine Mischform, sondern beide Merkmale werden gleichzeitig nebeneinander ausgeprägt.

Epistasie vs. Dominanz

Der Unterschied zwischen Epistasie und Dominanz soll hier an einem Beispiel verdeutlicht werden: Hat ein Hund den Genotyp e/e auf dem E-Lokus, so „unterdrückt“ diese Information die Information des Genorts K. Ein Hovawart mit e/e ist also immer gelb, egal welche Allele er auf dem Genort K hat. Diese Genort-übergreifende „Überlegenheit“ nennt man nicht Dominanz, sondern Epistasie (der Genotyp e/e ist also epistatisch über die Genotypen des K-Lokus). Ein Dominanzverhältnis hingegen besteht nur zwischen Allelen desselben Genortes. Das Allel E auf dem E-Lokus ist dominant über das Allel e des E-Lokus.

Traditionell werden Allele mit Buchstaben bezeichnet. Früher war es üblich, dominante Allele eines Genortes mit Großbuchstaben und rezessive Allele mit Kleinbuchstaben zu bezeichnen (etwa B und b am B-Lokus). Befinden sich mehr als zwei Allele an einem Genort, wird dem Buchstaben ein weiterer Buchstabe beigefügt, dieser kann hochgestellt werden (also etwa A^y oder a^t auf dem A-Lokus). Davon ist man heute etwas abgekommen, man schreibt also üblicherweise nur noch Ay (manchmal sogar ay) statt A^y und at statt a^t. Seit man in der Lage ist, Gene molekulargenetisch zu identifizieren, bezeichnet man oft auch das mutierte Allel mit einem Kennbuchstaben und das nicht mutierte Allel (also das so genannte Wild-Allel) mit N (etwa N und S auf dem S-Lokus).

Der Genotyp eines Genortes wird dargestellt, indem man die beiden Allel-Kürzel (meist durch einen Schrägstrich getrennt) nacheinander aufführt. In der Regel steht das dominante Allel vorne. Ein Genotyp auf dem A-Lokus könnte also lauten: Ay/at. Ist ein Allel an einem Genort bekannt, und spielt das zweite Allel für den Phänotyp keine Rolle, so wird das unbekannte Allel oft durch einen Strich oder ein Sternchen dargestellt. Ein Beispiel: E/- oder E/. Das bedeutet, dass es bei einem Hund mit diesem Genotyp für seinen Phänotyp keine Rolle spielt, welches zweite Allel er auf dem E-Lokus hat.*

Die Mendelschen Gesetze

Diese Erbgesetze gelten auch heute noch unverändert für dominant-rezessive, einfache Erbgänge. Gregor Mendel fand ab der Mitte des 19. Jahrhunderts heraus, dass die Nachkommen von zwei reinerbigen Eltern alle gleich aussehen – auch wenn sie unterschiedliche Erbanlagen tragen. Ein Beispiel: Verpaart man einen reinerbig schwarzen Neufundländer (B/B) mit einem reinerbig braunen Neufundländer (b/b), so sehen die Welpen alle gleich aus – nämlich schwarz. Da sie jeweils ein Gen von ihrem Vater und ein Gen von ihrer Mutter geerbt haben, sind sie alle mischerbig (B/b). Diese Erbregel nannte Mendel das **Uniformitätsgesetz**.

Verpaart man nun diese mischerbigen Kinder untereinander, so spalten deren Nachkommen in einem charakteristischen Verhältnis untereinander auf. Ihre Kinder bekommen auch wieder je ein Gen vom Vater und ein Gen von der Mutter mit. Das bedeutet, die Kinder können jeweils entweder ein B oder ein b von Vater und Mutter erben. Da es hier schon etwas schwieriger wird, sich das Ganze bildlich vorzustellen, erfand man so genannte Kreuzungstabellen oder Punnett-Quadrate:

Punnett-Quadrat der möglichen Geno- und Phänotypen einer Träger-Träger Verpaarung bei einem einfach rezessiven Merkmal (B-Lokus). Die Aufspaltung der Genotypen erfolgt nach dem 2. Mendelschen Gesetz (Spaltungsregel).

Kreuzt man also zwei dieser mischerbigen Neufundländer, so spalten die Nachkommen in einem charakteristischen Zahlenverhältnis auf. Betrachtet man nur ein Merkmal (also den Genort B mit seinen zwei möglichen Allelen B und b), so ist das Zahlenverhältnis der Nachkommen 3:1 (drei schwarze zu einem braunen Hund). Diese Regel nannte Mendel das **Spaltungsgesetz.**

Dieses Verhältnis ist übrigens rein statistisch; das heißt, in der Realität können in einem Wurf aus zwei mischerbigen Hunden theoretisch auch die Hälfte oder sogar alle Welpen braun sein. Die statistischen Zahlenverhältnisse bestätigen sich erst bei sehr hohen Zahlen; also wenn man etwa die Neufundländer-Würfe in ganz Deutschland über ein oder mehrere Jahre hinweg auswerten würde.

Schließlich kommen wir zur dritten Mendelschen Regel. Dazu noch eine kurze Vorerklärung: Wie wir schon wissen, haben Neufundländer einen Genort B, der – je nach den dort befindlichen Allelen – für die schwarze bzw. braune Fellfarbe zuständig ist. Sie haben aber auch noch einen Genort namens S. Die Gene auf diesem Genort entscheiden, ob der Hund überall Pigment bilden kann oder ob er unpigmentierte Körperbereiche hat, also weiß gescheckt ist. An diesem Genort gibt es das dominante Allel N, das für vollständig pigmentiertes Fell sorgt. Außerdem gibt es das rezessive Allel S, das in reinerbigem Genotyp für eine Weißscheckung verantwortlich ist.

Und hier kommen wir zur dritten Mendelschen Regel: Die beiden Genorte vererben ihre Gene unabhängig voneinander. Das bedeutet ganz einfach, dass die Allele B und b des Genortes B und die Allele N und S des Genortes S nicht miteinander verbunden, sondern frei kombinierbar sind. Auch hier benutzt man gerne eine Kreuzungstabelle, um das ganze etwas bildhafter darzustellen (in unserem Beispiel sind beide Eltern mischerbig am Genort B und mischerbig am Genort S).

Auch bei dieser Kreuzungstabelle kommt man übrigens auf ein charakteristisches Zahlenverhältnis (das sich aber auch erst bei sehr hohen Wurfzahlen einstellt; ein einzelner Wurf kann

Aufteilung der möglichen Geno- und Phänotypen einer doppelten Träger-Verpaarung über ein Punnett-Quadrat. Sämtliche Merkmale können in allen denkbaren Kombinationen mit unterschiedlicher Wahrscheinlichkeit auftreten.

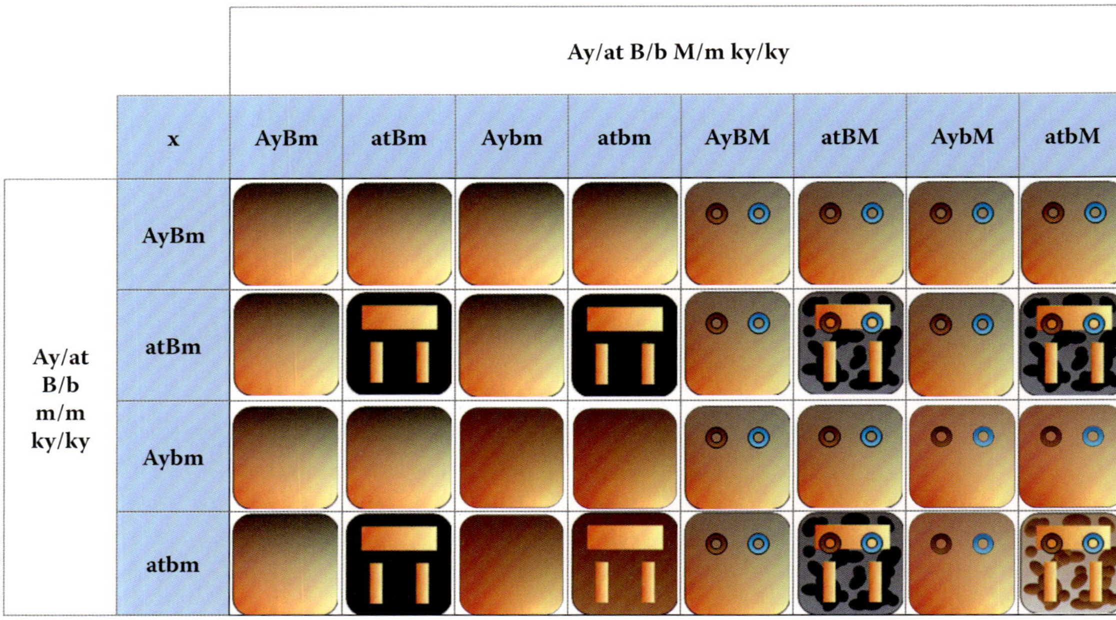

Punnett-Quadrat zur Aufteilung möglicher Geno- und Phänotypen der Welpen bei vier unabhängigen Merkmalen und bekannten Genotypen der Elterntiere. Die unterschiedliche Häufigkeit bestimmter Kombinationen kann direkt in eine statistische Wahrscheinlichkeit für das Auftreten eine Färbung bei den Welpen umgerechnet werden.

natürlich immer davon abweichen). Es lautet bei der Verpaarung von zwei Eltern, die an zwei Genorten jeweils mischerbig sind 9:3:3:1 (bei 16 Welpen also 9 schwarze, 3 braune, 3 schwarz-weiße und ein braun-weißer).

Die Gene werden absolut unabhängig voneinander vererbt, deshalb heißt diese Regel das **Unabhängigkeitsgesetz.**

Man kann solche Kreuzungstabellen übrigens für jede Verpaarung aufstellen, wenn man weiß, welche Gene die Eltern tragen. So hat man eine ungefähre Vorstellung davon, welche Farben die Nachkommen haben können und man kann sicher sagen, welche Farben sie auf keinen Fall haben können (zwei braune Hunde können keine schwarzen Welpen miteinander zeugen). Allerdings werden solche Kreuzungstabellen unübersichtlich, wenn man mehr als drei Merkmale zugleich betrachten möchte.

Wie weiter oben bereits erwähnt, stehen für viele Rassen und Farbschläge heute Gentests zur Verfügung. In den folgenden Kapiteln erfahren Sie mehr darüber.

Die Grundfarbe

Als Grundfarbe bezeichnet man die Farbe, die durch das Zusammenspiel von Eumelanin und Phäomelanin entsteht. Die Grundfarbe kann einfarbig schwarz bzw. einfarbig gelb sein oder aus einem Zeichnungsmuster aus schwarz und gelb entstehen (etwa bei sable, black and tan etc.). Weitere Faktoren für Zeichnungsmuster, Farbverdünnungen oder sonstige Modifikatoren können zusätzlich auf die Grundfarbe einwirken.

Die Fotos auf S. 95 ff. zeigen, welche unterschiedlichen Phänotypen z. B. die Grundfarbe Black and Tan haben kann.

Die Grundfarbe eines Hundes entsteht durch das Zusammenspiel von drei verschiedenen

Von links nach rechts: Drei Hunde der unterschiedlichen Genotypen E/- ky/ky at/at (Grundfarbe schwarz mit gelben Abzeichen), e/e (Grundfarbe rezessives Gelb) und E/- KB/- (dominantes Schwarz). Erläuterungen dazu siehe Text (Hovawarte).

„Zwiebel" von außen

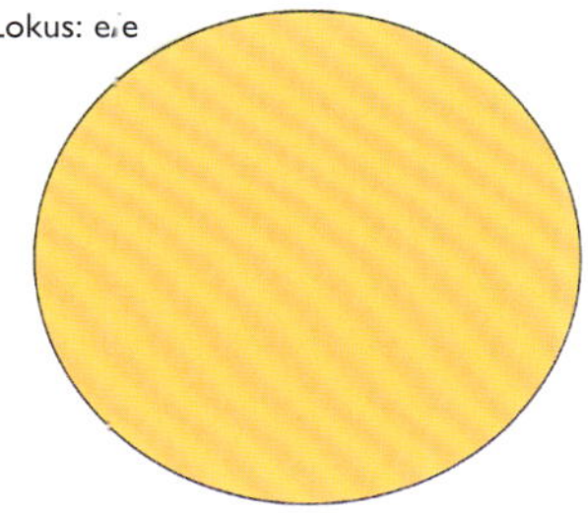

„Zwiebel" Querschnitt

Genorten. Am E-Lokus wird entschieden, ob ein Hund ausschließlich Phäomelanin ins Haar einlagern kann (Genotyp e/e) oder ob auch Eumelanin ins Haar eingelagert werden kann (Genotyp E/- oder EM/-).

Am K-Lokus wird entschieden, ob ein Hund ein „Schwärzling" ist (Genotyp KB/-, der Hund kann nur Eumelanin produzieren) oder ob er die Allele des A-Lokus ausprägen kann.

Am A-Lokus schließlich wird entschieden, wie sich Eumelanin und Phäomelanin auf dem Hundekörper verteilen.

Zusammenspiel E-, K- und A-Lokus – das „Zwiebelschalenmodell"

Man kann sich diese drei Genorte auch wie eine Zwiebel vorstellen: Die äußerste Zwiebelschale ist der E-Lokus, die mittlere Schale ist der K-Lokus und die innere Schale ist der A-Lokus. Hat der Hund hier den Genotyp e/e, so ist die äußere Schale durch Phäomelanin bestimmt (die Grundfarbe ist in dem Fall also gelb, rot oder creme). Ist der Genotyp auf dem E-Lokus hingegen E/-, so ist die äußere Schale durchsichtig. In diesem Fall kommt es auf den Genotyp des K-Lokus an. Die mittlere Zwiebelschale ist der K-Lokus. Hat der Hund hier den Genotyp KB/-, so kann er nur Eumelanin produzieren. Die Grundfarbe dieses Hundes ist also schwarz. Hat er den Genotyp ky/ky, so ist auch diese Zwiebelschale durchsichtig. Die Allele des A-Lokus werden nun sichtbar. Der A-Lokus stellt die innere Zwiebelschale dar.

Steht die Grundfarbe fest, so beeinflussen die restlichen Farbgene, ob und wie diese Grundfarbe modifiziert wird. Der Genotyp d/d am D-Lokus (der sogenannte Dilute-Faktor) etwa bewirkt, dass das Eumelanin sich von schwarz zu graublau verdünnt. Ist der Hund also in der Grundfarbe Black and Tan, so modifiziert der Blaufaktor die Farbe zu Blue and Tan. Weitere Faktoren wie die Progressive Ergrauung und der Merle-Faktor modifizieren ebenfalls die Grundfarbe. Ein Scheckungsfaktor bewirkt, dass der Hund nicht in jedem Körperbereich Pigmentzellen hat, es entstehen mehr oder weniger ausgedehnte unpigmentierte Bereiche, eine Weißscheckung. Wirkt dieser Scheckungsfaktor auf einen Hund der Grundfarbe Black and Tan, so entsteht der Phänotyp tricolour (mehr dazu in den jeweiligen Kapiteln).

„Zwiebel" Querschnitt

Die einzigen drei von der FCI anerkannten Hunderassen, bei denen im Standard die „genetische Farbe" erwähnt wird, sind übrigens der Kaukasische Schäferhund (FCI-Standard Nr. 328), der Mittelasiatische Schäferhund (FCI-Standard 335) und der Perro sin pelo del Peru (FCI-Standard Nr. 310). Beim Kaukasen heißt es unter Farbe: *„Jede einheitliche Farbe, gescheckte oder getüpfelte Farbe. Ausser einfarbig schwarz; verwässertes schwarz oder schwarz in jeglicher Kombination,* ***genetisch*** *blau oder leberbraune Farbe."* Hiermit ist der Genotyp d/d B/- KB/- E/- (genetisch blau) bzw. D/- b/b KB/- E/- (leberbraune Farbe) gemeint. Beim Mittelasiaten heißt es: *„Farbe: Jede Farbe ist erlaubt, ausgenommen* ***genetisch*** *blau und genetisch braun in jeglicher Kombination und schwarzer Mantel auf loh."*

„Zwiebel" Querschnitt

Beim Perro sin pelo del Peru (eine Nackthunderasse) heißt es in der englischen Fassung unter Farbe: *The colour of the skin in the hairless variety can vary from black, slate black, elephant black, bluish black, the whole scale of greys (diluted black),* ***all nuances of genetic blue****, dark brown going to light blond. (...)*

Praktische Tipps für Züchter

Hunde, die die Allele des A-Lokus ausprägen, müssen den Genotyp E/- auf dem E-Lokus und ky/ky auf dem K-Lokus haben.

Kapitel 3: Genorte

Ein Genort ist der Ort auf einem Chromosom, an dem sich ein bestimmtes Gen (bzw. Mutationen dieses Gens) befinden. Das lateinische Wort für Ort ist Locus oder Lokus, darum werden die Genorte auch als Gen-Lokus bezeichnet. Je nach Buchstabenkürzel spricht man deshalb auch von A-Lokus, B-Lokus, S-Lokus etc.

Tabelle 5: Genorte Fellfarben

Name des Genorts	Art der Variante	Chromosom	Gen bzw. kodiertes Protein	ursächliche Allele (Wildtyp in [ ] angegeben sonst N)
A-Lokus klassisch	Punktmutationen (Ay, a) Insertion (at)	24	ASIP (Agouti Signal Peptid)	Ay, [Aw], at, a
A-Lokus detailliert	Haplotypen: VP und HCP	24	ASIP (Agouti Signal Peptid)	siehe Tabelle 9 (ASIP-Haplotypen) auf S. 83
A-Lokus RALY Saddle-tan	Insertion (Duplikation)	24	RALY	St, bt
B-Lokus	Punktmutationen, Deletion (bd)	11	TYRP1 (Tyrosinase Related Protein)	bc, bd, bs, b4, be, bh
Cocoa(-Lokus)	Punktmutation	23	HPS3	cocoa
C-Lokus OCA2	Punktmutation	3	OCA2	oca2 (Großspitz)
C-Lokus SLC45A2	Deletionen, Punktmutation (caL)	4	SLC45A2	OCA (Dobermann), caL (Lhasa Apso, Pekingese, Zwergspitz), OCA4 (Bullmastiff)
C-Lokus Himalayan (Siam)	Punktmutation	21	TYR	ch (Dackel)
D-Lokus	Punktmutationen, Insertion (d3)	25	MLPH (Melanophilin Gen)	d1, d2, d3
E-Lokus-Komplex	Punktmutationen	5	MC1R (Melanocyte Stimulating Hormone bzw. Melanocortin Receptor 1 Gen)	EM, eh, eg, eA, e1, e2, e3
G-Lokus	-	-	-	Bisher kein Gen entdeckt (vermutet werden G, [g])
H-Lokus	Punktmutation	9	PSMB7 (Proteasome subunit beta-type 7)	H, [h]
I-Lokus	Punktmutation	20	MFSD12	[I], i
K-Lokus	Insertion	16	CBD103 (Beta-Defensin 103)	KB, (kbr), [ky]
M-Lokus	Insertionen verschiedener Länge	10	PMEL17 (Premelanosome Protein, syn. SILV)	Mh, M, Ma+, Ma, Mc+, Mc, [m]
Panda(-Lokus)	Insertion	13	KIT	P (Deutscher Schäferhund), (Deletion beim Weimaraner noch ohne Gentest)
S-Lokus	nicht veröffentlicht	20	MITF (Microphtalmia-associated transcription factor)	S
T-Lokus	Punktmutationen, Haplotypen	38	USH2A	T, TR, [t]

Der E-Lokus-Komplex – Die Extensions-Serie

Grafik: Darstellung des Abstands der Mutationen am E-Lokus zueinander

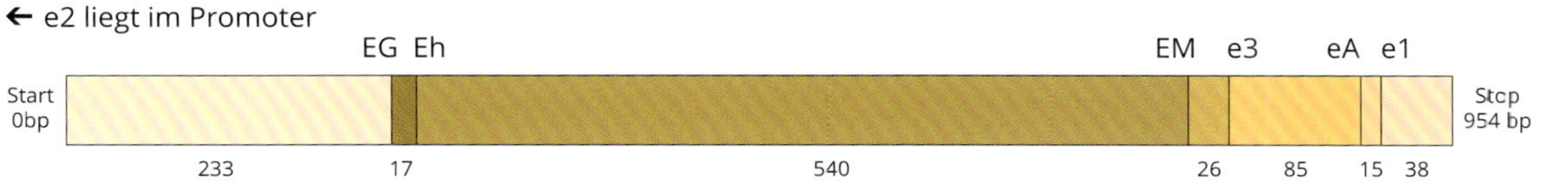

Das E in E-Lokus leitet sich vom englischen „Extension" (Ausdehnung) ab. Dies bezieht sich auf die Ausdehnung des Eumelanins (also des dunklen Pigmentes). Das Allel EM leitet sich vom englischen Wort „mask" (auf deutsch „Maske") ab und bezieht sich auf die dunkle Maske am Fang, die durch dieses Allel erzeugt wird. Auf dem E-Lokus wird entschieden, ob bzw. in welcher Ausdehnung ein Hund Eumelanin ins Haar einlagern kann oder nicht. Ist ein Hund reinerbig für das rezessive Allel e, so befindet sich an seinem ganzen Körper kein einziges schwarzes Haar. Die Dominanzfolge am E-Lokus-Komplex ist EM > E > eA (bzw. eg bzw. eh) > e (e1 bzw. e2 bzw. e3).

Genetische Grundlage

Auf dem E-Lokus befindet sich das so genannte Melanocortin Rezeptor 1 Gen (MC1R). Es handelt sich hier übrigens um eines der ersten Farbgene, das beim Hund bereits im Jahr 2000 molekulargenetisch identifiziert wurde. Es ist auf dem Chromosom Nummer 5 des Hundes lokalisiert und hat drei Allele: E ist dominant und lässt die Eumelanin-Produktion gemäß der Genausstattung des K- und A-Lokus zu. Hunde mit einem oder zwei Allelen E können also schwarzes Pigment bilden und im Haar einlagern. Das Allel e führt in doppelter Ausführung (e/e) zu einer vollständigen Unterdrückung der Eumelanin-Bildung und -Einlagerung im Haar. Solche Hunde können kein Eumelanin (also schwarz, braun, blau oder lilac) ins Haar einlagern, ihre Fellfarbe beruht lediglich auf Phäomelanin. In die Haut und Schleimhaut können solche Hunde auch Eumelanin einlagern. Interessant ist in diesem Zusammenhang, dass Hunde mit dem e/e-Genotyp zur Entwicklung einer so genannten Wechselnase oder Winternase neigen. Das bedeutet, dass das Pigment des Nasenspiegels ab dem Zeitpunkt der ersten Läufigkeit (bei Rüden im analogen Alter) zunächst saisonal, bei vielen Hunden mit zunehmendem Alter dann auch dauerhaft verblasst (s. S. 212 ff.). Typische e/e-Hunde sind etwa Samojede, Golden Retriever, Magyar Vizsla und Irish Setter. Die Farbintensität des Phäomelanins wird von anderen Faktoren bestimmt, die bisher nur zum Teil molekulargenetisch identifiziert werden konnten (siehe Seite 194 ff.). Zwischen E und e konnten eine Reihe Varianten identifiziert werden, die durch die Verdrängung von Eumelanin je nach vorliegender Grundfarbe am K- und A-Lokus zu unterschiedlichen Phänotypen führen (s. S. 60 ff.).

Rezessiv Gelb oder dominant Gelb?

Rezessiv gelber Labrador Retriever (Genotyp e/e)

Hunde mit dem Genotyp e/e haben keine schwarzen Haare. Und doch kann es ziemlich schwierig sein, solche Hunde von anderen gelben Hunden zu unterscheiden. Es gibt auf dem A-Lokus das Allel Ay, verantwortlich für das so genannte dominante Gelb (siehe Seite 84 ff.). Bei diesen Hunden wird die Einlagerung von Eumelanin in die Haare mehr oder weniger stark unterdrückt, es zeigt sich aber fast immer an bestimmten Körperstellen: So haben dominant gelbe Hunde oft ein paar schwarze Haare an der Rutenspitze oder an den Ohrspitzen. Auch über der so genannten „Violschen Drüse“, einer Drüse auf der Oberseite der Rute im oberen Drittel, sind sehr oft dunkle Haare zu sehen. Die Sinushaare („Tasthaare“ im Bereich der Schnauze, Wange und über den Augen) sind bei dominant gelben Hunden durch Eumelanin pigmentiert, bei rezessiv gelben Hunden hingegen durch Phäomelanin (siehe S. 206 ff.).

Im Zweifelsfall kann es aber schwierig sein, einen Hund nur aufgrund seiner optischen Erscheinung als „dominant gelb bzw. rot“ (Ay) oder als „rezessiv gelb bzw. rot“ (e/e) zu identifizieren. Noch weiter erschwert wird es, wenn Weißscheckung (siehe Seite 136 ff.) und/oder der Braunfaktor (siehe Seite 104 ff.) und/oder Blauverdünnung (siehe Seite 112 ff.) hinzukommen. Solche Hunde sind dann etwa rot mit weißen Abzeichen (z. B. Pembroke Welsh Corgi, hellzobel Collie) oder weiß mit roten Flecken (z. B. Parson Russell Terrier, Papillon).

Trichogramm E-Lokus: Lichtmikroskopische Aufnahme der Haare eines e/e Hundes bei 100-facher Vergrößerung. Die „gelbe“ Färbung des Haar-Cortex entsteht durch Pigmenteinlagerung des Phäomelanins ins Haar (Trichogramm des oben abgebildeten Hundes).

Dunkle Haare im Bereich der Rute bei dominant gelben/roten Hunden:

Mischling

Azawakh

Greyhound

Braun- und/oder Blauverdünnung modifizieren das schwarze Pigment zu braun, blau oder lilac, sodass sich das Eumelanin bei solchen Hunden schwieriger von Phäomelanin abgrenzen läßt als bei entsprechenden Hunden mit schwarzem Eumelanin.

Dominantes Gelb in Verbindung mit dem Genotyp eg/- oder eA/- kann zu einer Verdrängung der dunklen Haarspitzen führen, sodass solche Hunde optisch kaum noch von e/e Hunden zu unterscheiden sind (s. Foto auf S. 69, oben links).

Das rezessive Gelb kommt bei vielen Rassen vor. Viele Jagdhunde sind „klassische" e/e-Hunde: Golden und Labrador Retriever, Cocker und Welsh Springer Spaniel, aber auch viele Vorstehhunde wie Vizsla, Spinone Italiano, diverse französische Braques und Laufhunde sowie Irish und English Setter und Pointer. Viele dieser Rassen haben außerdem eine Weißscheckung.

Doch auch viele Nicht-Jagdhunde können rezessiv gelb sein: Samojeden etwa haben das rezessiv gelbe Fell zu einem Weiß aufgehellt und auch bei Shar Pei, Pudel und Japan Chin wurde das Allel e schon nachgewiesen. Da es sich um eine relativ alte Mutation handelt, kommt das Allel e in den meisten Rassen ab und zu vor – auch wenn es nicht in jeder Rasse erwünscht ist. Bei den Rassen Flat Coated Retriever und Dalmatiner fallen immer wieder gelbe (bzw. gelb getupfte) Welpen. Beim Schipperke gibt es ebenfalls ab und zu rezessiv cremefarbene Welpen. Interessanterweise werden diese beim Schipperke nach dem Standard des englischen KC anerkannt, nach dem FCI-Standard gilt diese Farbe als disqualifizierender Fehler.

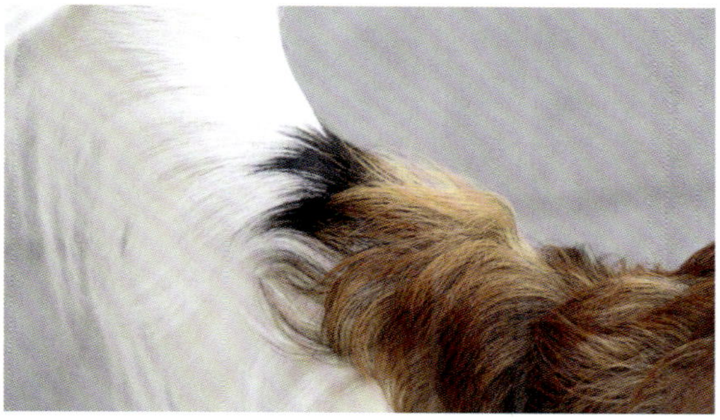

Ein schwarzer „Ring" an der Rute des Kooikerhondje ist das Merkmal eines dominant roten Genotyps (E/- ky/ky Ay/-).

Es gibt Rassen, bei denen sowohl rezessives Gelb als auch dominantes Gelb vorkommt. Beispiele hierfür sind die Französische Bulldogge (hier bezeichnet man das dominante Gelb als „fauve" bzw. fawn", das rezessive Gelb als „cream"), der Havaneser, der Kromfohrländer, der Shar Pei und etliche weitere Rassen. Am besten sind dominantes Gelb und rezessives Gelb bei neugeborenen Welpen voneinander zu unterscheiden: Während bei dominantem Gelb die Welpen einen dunkleren Überflug sowie meist einen Aalstrich haben und die Nasen und Pfotenballen in der Regel bereits pigmentiert sind, haben rezessiv gelbe Welpen kein einziges dunkles Haar und in der Regel noch unpigmentierte Nasen und Pfotenballen.

Besonders bei Hunden mit Weißscheckung kann die Unterscheidung zwischen dominant gelb und rezessiv gelb schwierig sein. Bei diesen Kleinspitzen erkennt man beim linken Hund an der dunklen Verbrämung der Blesse, dass es sich hier um dominantes Gelb handelt. Beim rechten Hund deutet eine Wechselnase auf rezessives Gelb hin.

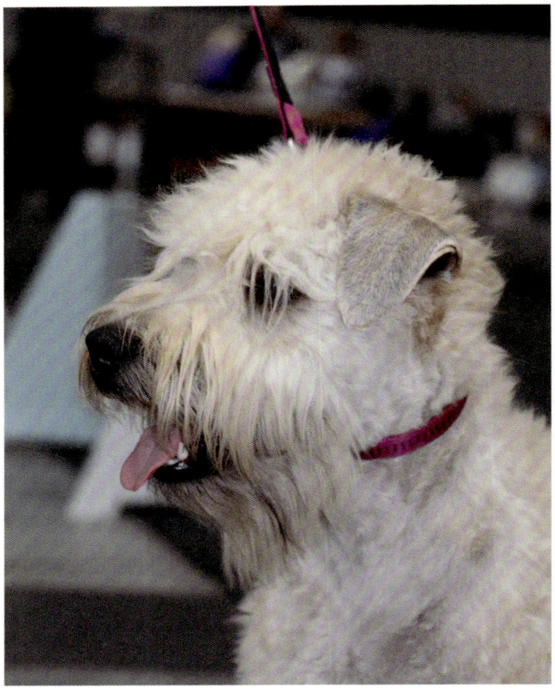

Soft Coated Wheaten Terrier

Scottish Terrier

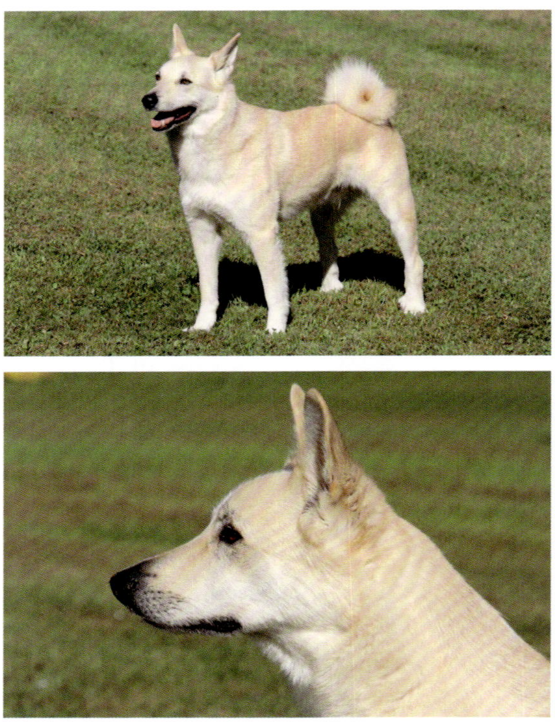

Buhund

Chow Chow

In der linken Spalte sind dominant gelbe Hunde zu sehen, auf der rechten Seite rezessiv gelbe Hunde. Die optische Unterscheidung trifft man anhand der Farbe der Sinushaare (was sich bei bärtigen Hunden mitunter etwas schwierig gestaltet) und ggf. anhand einer Wechselnase.

Bei Hunden mit braunem oder lilac Eumelanin kann die Unterscheidung zwischen dominantem und rezessivem Rot/Gelb erschwert sein, da hier die Sinushaare und der Nasenspiegel nicht schwarz sein können.
Links: Lilac fawn Chihuahua (Genotyp E/- ky/ky Ay/- b/b d/d), rechts: Magyar Vizsla (Genotyp e/e b/b).

Gentest

Es gibt zwei Einsatzmöglichkeiten: Bei Rassen, in denen rezessives Rot/Gelb/Creme erwünscht sind, kann man die Zuchtpartner testen lassen, um die Wahrscheinlichkeit für e/e Welpen zu erhöhen. Bei Rassen hingegen, in denen rezessives Rot/Gelb/Creme vorkommt, jedoch unerwünscht ist, kann man Zuchtpartner testen lassen, um so gefärbten Nachwuchs auszuschließen. Bei den meisten Rassen kommt die Variante e1 vor. Beim Australian Cattle Dog konnte eine Variante e2 und beim Husky eine Variante e3 nachgewiesen werden.[28] Möglicherweise gibt es noch weitere, bislang nicht testbare Varianten.

Irish Setter – mit farbintensivem Phäomelanin

Mittelspitz – mit extremer Phäomelanin-Aufhellung

Kleinspitz – gelbes Phäomelanin mit Weißscheckung

English Setter – mit Weißscheckung und Ticking

Der Schwarzmaskenfaktor EM

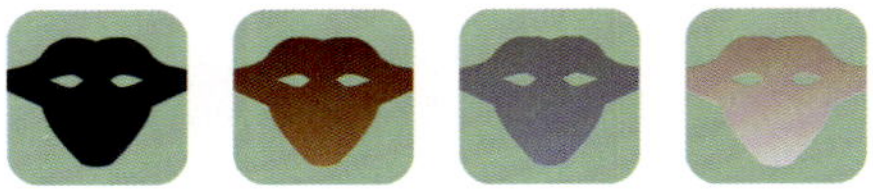

Dilute Maske (Boerboel)

Das Allel EM leitet sich vom englischen Wort „mask“ (auf deutsch „Maske“) ab und bezieht sich auf die dunkle Maske am Fang, die durch dieses Allel erzeugt wird. Dieses Allel führt zur Ausbildung einer dunklen Maske, die den Fang des Hundes umfasst und bis über die Augen reichen kann. Die Farbe der Maske kann schwarz, braun, blau oder lilac sein – je nach Gen-Ausstattung am B- und D-Lokus. Die übrige Fellfärbung wird von den Allelen des A-Lokus und ggf. weiteren Genen bestimmt. So gibt es dominant gelbe Hunde mit Maske (z. B. bei den Belgischen Schäferhunden, dem Leonberger, dem Bernhardiner (bei diesem sieht man wegen der zusätzlichen Weißscheckung die dunkle Maske meist nur als dunkle Verbrämung am Rand der Blesse). Wildfarbene Hunde mit Maske sind etwa der graue Deutsche Schäferhund, der

Boxer

Elo

Parson Russell Terrier

Bernhardiner

Bei einer weißen Blesse zeigt sich die Maske nur als dunkle Verbrämung.

Wildfärbung mit Maske (Deutscher Schäferhund).

Black and Tan mit Maske (Deutscher Schäferhund).

Wolfsspitz und der Norwegische Elchhund. Bei Black and Tan sorgt der Maskenfaktor dafür, dass die Wildfarbigkeitsabzeichen im Gesicht teilweise durch die Maske überlagert werden. Dies ist typischerweise beim Deutschen Schäferhund der Fall, aber auch beim Rottweiler und beim Hovawart sieht man die Kombination von Black and Tan und Maskenfaktor vereinzelt (bei Rottweiler und Hovawart ist dies weniger erwünscht; insbesondere, wenn es dadurch auch zu rußigem Brand an Brust und Läufen kommt). Eine ausgedehnte schwarze Maske bei einem Black and Tan Hund kann sogar optisch den Eindruck eines einfarbig schwarzen Hundes „vortäuschen“, darum nennt man dies auch „pseudo black“.

Auch der Stromungsfaktor kann kombiniert mit dem Maskenfaktor vorkommen. Solche Hunde sind dann (im Falle von Ay/-) gestromt mit

Black and Tan mit ausgedehnter Maske, die den Hund fast ganz schwarz erscheinen lässt (Eurasier).

Black and Brindle mit Maske – die Stromung zeigt sich nur in den tan-farbenen Bereichen (Australian Shepherd).

Maske (typisch beim gestromten Boxer), wildfarben (Aw/-) mit Stromung und Maske oder schwarz mit gestromten Wildfarbigkeitsabzeichen („schwarzgestromt") und Maske. Sowohl rezessiv als auch dominant schwarze Hunde (siehe Seite 71 ff. und 98) können den Maskenfaktor tragen und vererben, ihn aber selbst nicht ausprägen (wie auch – eine schwarze Maske auf einem schwarzen Hund sieht man einfach nicht).

Interessant ist in diesem Zusammenhang übrigens, dass die Maske offenbar nicht vom Faktor für die so genannte progressive Ergrauung (siehe Seite 171 ff.) betroffen ist. So zeigt sich also bei schwarzen Hunden, die zusätzlich den Faktor für progressive Ergrauung haben, im Laufe der Zeit, dass der Bereich der Maske dunkel bleibt – im Gegensatz zum restlichen Körper (siehe Foto oben links auf S. 176). E und EM sind dominant über e. Das bedeutet, dass ein Hund zwei Allele e haben muss, um die rezessiv rote, gelbe oder cremefarbene Fellfarbe

Mastiff

Eurasier

„Thürner Wolfshund" (nicht FCI-anerkannt)

Chihuahua

Mischling

Boxer-Akita-Mischling

ohne jedes schwarze Haar zu zeigen. Es scheint außerdem noch einen Maskenfaktor zu geben, der durch den kommerziellen Gentest nicht erkannt wird (z. B. beim Tibet Spaniel). Andererseits gibt es auch Hunde, die den Maskenfaktor haben, jedoch (zumindest im Erwachsenenalter) keine Maske zeigen (z. B. beim Irish Terrier und beim Azawakh).

Der Faktor EM kommt bei vielen Rassen vor. Typische Rassen mit Maske sind Mops, Bullmastiff, Boxer, Leonberger, Malinois, Tervueren, Deutscher Schäferhund (in den USA gibt es auch Deutsche Schäferhunde ohne Maske, bei uns haben sie Seltenheitswert), Bernhardiner (bei ihm ist wegen der Weißscheckung nur eine dunkle Verbrämung zu sehen). Am deutlichsten ist die Maske bei Hunden zu sehen, die Ay auf dem A-Lokus haben (also bei dominant gelben Hunden wie Deutschen Doggen, Mops oder Malinois).

Boxer

Australian Cattle Dog

Azawakh

Schweißhund

Australian Shepherd

Mops-Pekingesen-Mix

Bei manchen Hunden dehnt sich die schwarze Maske sehr weit aus, sie haben auch eine schwarze Kehle, schwarze Brust und schwarze Abzeichen an den Läufen. Diese „ausgedehnte schwarze Maske" kann bei starker Ausprägung optisch den Eindruck einer „umgekehrten" Black and Tan-Zeichnung erwecken. Besonders häufig kommt diese markante Zeichnung beim Malinois vor, es gibt sie aber auch bei Mops, Azawakh, Bullmastiff, Leonberger und anderen Rassen. Hunde mit einer solchen ausgeprägten Maske sind nach bisherigen Erkenntnissen reinerbig für den Schwarzmaskenfaktor (also EM/EM), möglicherweise gibt es noch einen weiteren, bislang molekulargenetisch noch nicht identifizierten Faktor für eine solch starke Ausdehnung der schwarzen Maske.

Jugendmaske

Viele Welpen und Junghunde haben eine so genannte „Jugendmaske", die im Verlauf des ersten Lebensjahres verschwindet. Typisch ist dies etwa beim roten Chow Chow, auch beim fauve Briard. Die meisten Hunde mit Jugendmaske besitzen keine Anlage für den Schwarzmaskenfaktor EM, es gibt allerdings auch Fälle, in denen eine Maske trotz Genotyp EM/- im Erwachsenenalter verschwindet (z. B. beim Irish Terrier). Eine Jugendmaske wird in manchen Rassen auch als „Schattenmaske" bezeichnet *(s. S. 59).*

Deutscher Jagdterrier
Creeping Tan mit Maske

Malinois
Dominantes Gelb mit Maske

Eurasier
Dominantes Creme mit Maske

Bayerischer Gebirgsschweißhund
Dominantes Rot mit Maske

Boxer
Stromung mit Maske

Französische Bulldogge
Dominantes Rot mit dilute Maske

Malinois

Leonberger

Old English Mastiff

Bei einer ausgedehnten Maske befinden sich auch an der Brust und an den Innenseiten der Läufe mehr oder weniger ausgedehnte dunkle Bereiche.

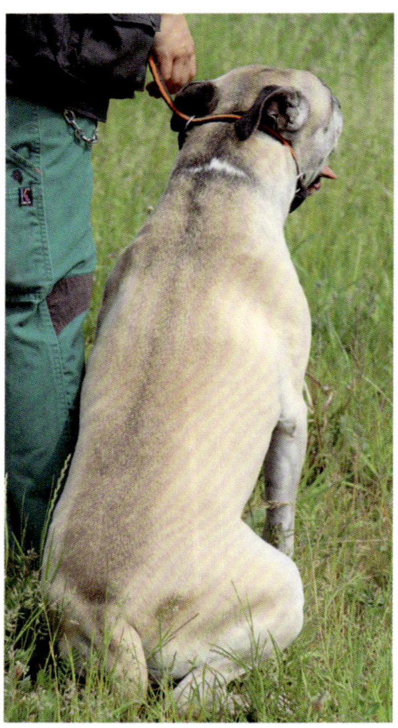

Water Marking rund um einen weißen Nackenfleck. Dieser dominant gelbe Hund zeigt außerdem einen deutlichen Aalstrich (American Staffordshire Terrier).

American Akita

Als Water Markings bezeichnet man dunkle Ränder am Rande von Farbplatten bei einer Weißscheckung (siehe auch Seite 12). Die genaue genetische Ursache kennt man nicht, auffällig ist aber, dass Water Marking vor allem in Verbindung mit einer ausgedehnten Maske auftritt.

Praktische Tipps für Züchter

Dominantes oder rezessives Gelb/Rot?

Hat ein gelber/roter Hund eine Maske, so ist er dominant gelb/rot. Ein rezessiv gelber/roter Hund kann keine Maske ausprägen und auch keinen Maskenfaktor tragen.

Ein gelber Hund aus black and tan Eltern muss rezessiv gelb sein. Zwei rezessiv gelbe Hunde können nur rezessiv gelben Nachwuchs miteinander zeugen.

E und EM sind dominant über e, das heißt, ein Hund muss zwei Kopien des Allels e haben, um die gelbe Farbe auszuprägen. Hat ein Hund zwei Allele e, so ist dieser Genotyp epistatisch über die Gene des K- und A-Lokus. Ein rezessiv gelber Hund trägt also immer verdeckt auch Gene des K- und des A-Lokus. Dieser verdeckte Gencode kann per Gentest bestimmt werden.

Boxerwelpe mit „echter" Maske

Chow Chow Junghund mit Jugendmaske

Die „Domino"-Varianten eg, eh und eA

Grizzle Saluki

Die „Grizzle"-Variante eg

Auf dem E-Lokus befindet sich die im Jahr 2010 erstmals beschriebene Variante eg, die bewirkt, dass das Eumelanin reduziert und das Phäomelanin ausgedehnt wird.[29] Das bedeutet, dass sich bei einem Black and Tan Hund, auf den zusätzlich eg einwirkt, die Tan Abzeichen weiter ausdehnen und auch die Basis der dunklen Einzelhaare am Rumpf aufhellt.

Die Variante eg wurde bisher erst bei vier Rassen nachgewiesen: Afghane, Sluki, Barsoi und Chart Polski. Beim Saluki nennt man die resultierende Zeichnung Grizzle, daher rührt auch das g im Allel-Kürzel eg, beim Afghanen nennt man die resultierende Zeichnung Domino (nach einem Rüden namens Domino, der diese Zeichnung aufwies und in den 1950 in den USA ausgestellt wurde. Bevor der Name Domino für diese Zeichnung aufkam, nannte man solche Hunde „reverse mask" (also „verkehrte Maske")). Entsprechend gezeichnete Barsois werden Sable genannt. Das Allel-Kürzel für Domino/Grizzle/Sable heißt eg.

Vererbung

Grizzle/Domino wurde in der Studie aus dem Jahr 2010 als dominant gegenüber Nicht-Grizzle/Nicht-Domino und als dominant gegenüber rezessivem Creme/Gelb/Rot beschrieben. Da-

Domino Afghane

Sable Barsois

her resultiert die teilweise auch heute noch verwendete Schreibweise mit Großbuchstaben (EG).

Mittlerweile geht man aber davon aus, dass eg rezessiv gegenüber E ist. Die Dominanzfolge lautet also EM > E > eg > e.

Die Eumelanin zurückdrängende Wirkung steigt also mit zunehmender Rezessivität an.

Das bedeutet z. B., dass ein black and tan Saluki Träger von Grizzle (eg) sein kann. Grizzle Salukis können keine schwarze Maske tragen (all dies gilt analog auch für domino Afghanen und für sable Barsois und Chart Polskis).

Anders als zobelfarbene Cocker (siehe S. 62) sind grizzle Salukis/domino Afghanen und sable Barsois am K-Lokus ky/ky. Alle der im Rahmen der Studie im Jahr 2010 getesteten grizzle Salukis und domino Afghanen hatten den Genotyp at/at auf dem A-Lokus sowie den Genotyp ky/ky auf dem K-Lokus, ebenso drei im Jahr 2014 in Deutschland im Rahmen einer internen Labogen-Studie getesteten grizzle Salukis sowie mehrere in den Jahren 2016 und 2017 getestete sable Barsois. Bei den Barsois wurden auch sable Barsois getestet, die eine

Canaan Hund („Domino schwarz")

sichtbare Stromung in den helleren Bereichen und den Genotyp KB/ky hatten (s. Foto Mitte auf S. 194). Bei weiteren Tests konnte festgestellt werden, dass der Genotyp eg/- in Kombination mit einer dominant schwarzen Grundfarbe einen grauen Phänotyp beim Barsoi hervorruft (s. Fotos S. 32 (Tabelle Grau)). und in Kombination mit einem dominant gelben Genotyp (ky/ky Ay/-) zu einer so starken Zurückdrängung von Eumelanin führt, dass der Phänotyp dem eines rezessiv gelben Hundes gleicht.[30] Beim Canaan Hund konnte erstmals im Jahr 2020 bei Laboklin nachgewiesen werden, dass eg in Kombination mit einer dominant schwarzen Grundfarbe zu einem grauen Phänotyp führt.

Vererbung

Bei Cocker Spaniel ist die Dominanzfolge E > eh > e. Das bedeutet, dass rezessiv rote Cocker kein Zobel-Gen tragen können. Andere Farben (etwa Schwarz, Schwarzloh) können das Zobel-Allel tragen. Zobel Cocker können rezessives Rot tragen.

Die „Zobel"-Variante eh

Eine analoge Variante existiert beim English Cocker Spaniel, hier konnte ebenfalls ein Gentest entwickelt werden, man nannte das entsprechende Allel eh. Der Buchstabe h leitet sich von „hypomorph" ab (als „hypomorph" bezeichnet man ein Allel, dessen Phänotyp schwächer als der des Wildtyps ausgebildet ist).

Der durch eh/eh bzw. eh/e ausgelöste Phänotyp namens Zobel gleicht dem Grizzle beim Saluki bzw. dem Domino beim Afghanen, allerdings scheint es ein paar Unterschiede bzgl. der Wechselwirkungen mit anderen Genorten

Zobelschimmel Cocker Spaniel

zu geben. So hatten die im Rahmen der Vetgen-Studie und einer internen Laboklin-Studie getesteten zobel Cocker Spaniel alle den Genotyp at/at am A-Lokus und KB/KB bzw. KB/ky am K-Lokus. Beim Cocker Spaniel scheint also die Präsenz mindestens eines Allels KB essentiell für die phänotypische Ausprägung der Zobel-Zeichnung zu sein. Cocker mit at/at ky/ky eh/- zeigten sowohl in der Vetgen- als auch der Laboklin-Studie einen „schmutzig roten" („dirty red") Phänotyp, der von deutschen Züchtern als „goldzobel" bezeichnet wird. Cocker mit dem Genotyp a/a KB/- eh/- zeigten einen deutlichen schwarzen Überflug in den hellen Bereichen, das Zobelgen scheint also auch auf rezessives Schwarz einzuwirken und verdrängt dieses zumindest teilweise.

Die „Domino"-Variante eA

Einen dem Domino beim Afghanen (bzw. Grizzle beim Saluki, s. S. 60 ff.) sehr ähnlichen Phänotypen gibt es bei manchen Nordischen Hunden (Alaskan Malamute, Siberian Husky, Lapinkoira, Lapinporokoira) und beim Chihuahua. Bei manchen dieser Rassen nennt man die Zeichnung (wahrscheinlich in Anlehnung an den Afghanen) zum Teil auch Domino, entsprechend gezeichnete Chihuahuas nennt man „huskyfarben" (siehe Fotos S. 64 und 69). Mittlerweile konnte die ursächliche Variante identifiziert werden, man nannte das entsprechende Allel eA (der Buchstabe A steht hierbei für das englische Wort „ancient" (zu deutsch: alt), da diese Variante bereits in archäologischen Proben nachgewiesen werden konnte.[31] In der Studie aus dem Jahr 2020 wurde die Variante eA bei 34 Rassen nachgewiesen. Hierbei handelte es sich vor allem um Nordische Rassen wie Alaskan Malamute, Siberian Husky, Lapinkoira, Lapinporokoira, aber auch Laufhunde wie den Beagle, Drever und English Foxhound. Daneben bei Zwergrassen wie dem Chihuahua und dem Chinese Crested Dog sowie Urtyphunden wie dem Basenji, dem griechischen Kritikos Lagonikos und dem Peruanischen Nackthund. Interessanterweise wurde die Variante nicht bei ostasiatischen Rassen wie dem Akita, Chow Chow, Shar Pei, Shiba Inu und bei Rassen aus dem Mittleren Osten und dem zentralasiatischen Raum (Afghane, Saluki, tibetische Rassen, Mittelasiatischer Schäferhund) gefunden. Bei Laboklin konnte im Jahr 2020 die Variante auch bei der Rasse Deutsche Bracke nachgewiesen werden.

„Domino" ist die typische „Husky-Zeichnung" von Schlittenhunden wie Siberian Husky oder Alaskan Malamute (Husky-Malamute-Mix).

Lapinkoira (Finnischer Lapphund) mit typischer Domino-Zeichnung.

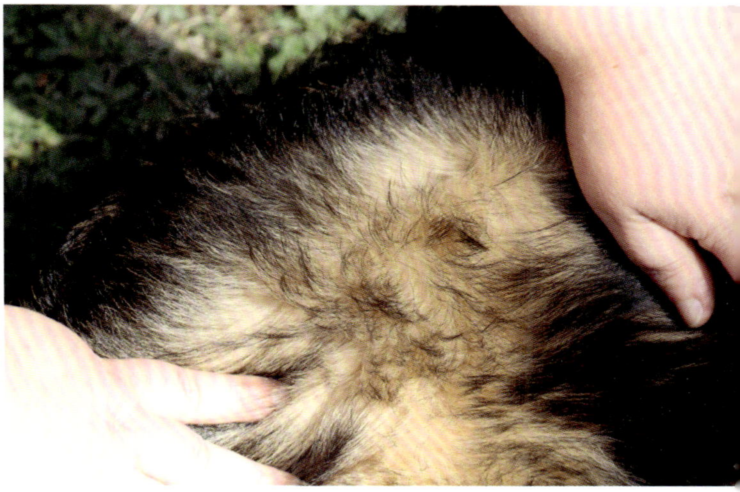

Aufgehellte Haarbasis am Rumpf des oben abgebildeten Hundes.

Den betreffenden „Domino"-Zeichnungen (auf Basis von Black and Tan) bei Rassen mit eg (z. B. Saluki, Afghane, Barsoi), mit eh (English Cocker Spaniel) sowie eA (z. B. Alaskan Malamute, Husky, Chihuahua) ist gemeinsam, dass die Abgrenzung zwischen dem dunklen Pigment (Eumelanin) und dem hellen Pigment (Phäomelanin) am Kopf sehr deutlich verläuft, am Körper jedoch eher ineinander übergeht. Die Oberseite des Tierkörpers sowie auch ein mehr oder weniger stark ausgedehnter Bereich des seitlichen Rumpfes ist dunkel, die Unterseite ist hell. Allen diesen Phänotypen gemeinsam ist außerdem eine hellere Haarbasis der Eumelanin-Haare. Die Nase kann eine mehr oder weniger stark zu den Seiten hin ausgedehnte Aufhellung entlang der Mittellinie zeigen (so genannte „snow nose" oder Schmetterlingsnase (nicht zu verwechseln mit der „butterfly nose", siehe S. 211)). Die Hunde zeigen außerdem einen so genannten Witwenspitz. Das ist eine dunkle „Haube", die sich deutlich gegenüber der helleren Gesichtspartie abgrenzt. Beim Afghanen bezeichnete man diese Zeichung früher als „Teufelskappe". Eine ähnliche Kopfzeichnung zeigen übrigens auch Hunde mit „Creeping Tan" (s. S. 103) und solche mit dominantem Gelb und viel schwarzem Overlay („dark sable").

Schlittenhunde mit Domino-artiger Zeichnung und „snow nose“

Huskyfarbener Chihuahua mit lilac Eumelanin

Huskyfarbener Chihuahua mit braunem Eumelanin und weißen Abzeichen

Tabelle 6: Witwenspitze

Dominantes Gelb/Rot mit Overlay	 Mischling	 Dackel	 Azawakh	 Collie
Sabel/Grizzle/Husky/Zobel/Domino	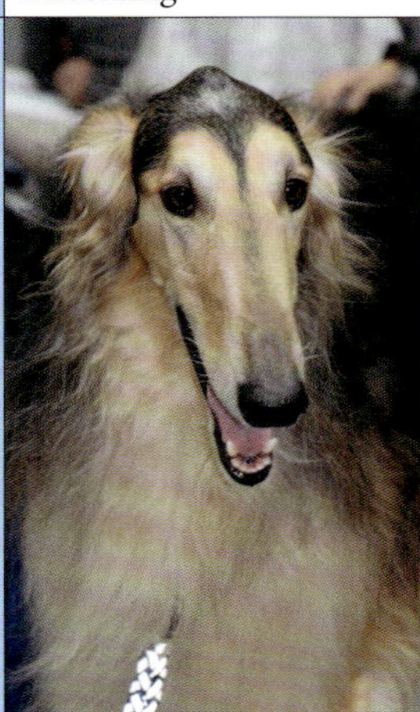 Barsoi	 Saluki	 Malamute	 Cocker Spaniel
Creeping Tan	 Deutscher Jagdterrier	 Parson Russell Terrier	 Parson Russell Terrier	 Mischling

Lakeland Terrier („Grizzle“ bezeichnet bei dieser Rasse Saddle Tan mit von helleren Haaren durchsetztem Sattel).

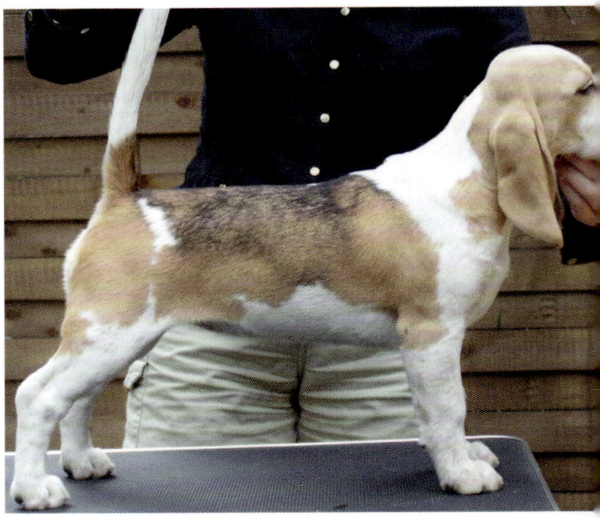

Beagle („Pied“ bezeichnet beim Beagle Saddle Tan mit durch eA/- stark von hellen Haaren durchsetztem Sattel und einer mittigen Aufhellung des Nasenpigments (s. S. 68 und Tabelle S. 211: Partielle Wechselnase)

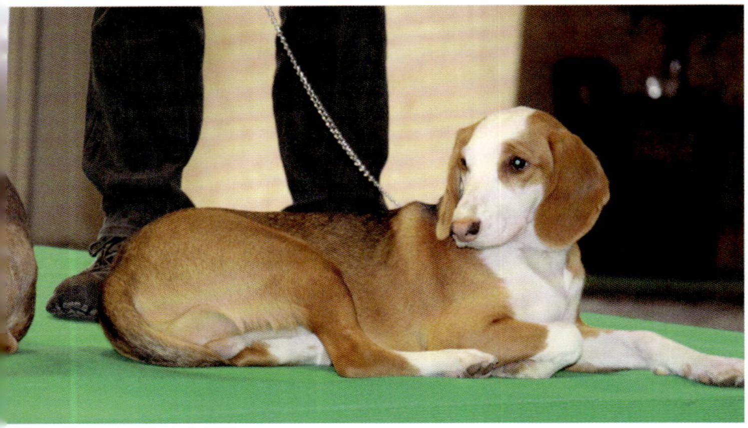

Auch bei der Deutschen Bracke gibt es eine Zeichnung mit stark durchsetztem Sattel und der typisch streifig aufgehellten Wechselnase (siehe S. 68 und Tabelle S. 211, Partielle Wechselnase).

Außerdem ist den „Domino“-Zeichnungen gemeinsam, dass sie bereits beim neugeborenen Welpen zu erkennen sind und sich gegenüber Black and Tan abgrenzen lassen.

Auf Grund der phänotypischen Übereinstimmungen verwenden wir die Bezeichnung Domino übergreifend für Färbungen, welche sowohl durch das Allel eA als auch durch das Allel eg ausgelöst werden können.

Die Bezeichnung „grizzle“ kommt übrigens auch bei anderen Rassen vor (etwa Lakeland Terrier und Welsh Terrier). Hier ist der schwarze Sattel der Saddle Tan-Zeichnung mit hellerem Haar durchsetzt bzw. die Einzelhaare haben eine hellere Haarbasis. Ob dieser stark reduzierte Sattel durch ein domino-artiges Gen aufgehellt wird, ist nicht bekannt. In Kombination mit einer Saddle Tan-Grundfarbe bewirkt der Genotyp eA/- eine Durchsetzung des dunklen Sattels mit helleren Haaren. Dies kann mit einer mittig aufgehellten Nase einhergehen. Ein typisches Beispiel für diesen Phänotyp ist der Pied-farbene Beagle. Auch bei der Deutschen Bracke gibt es einen ähnlichen Phänotyp mit stark reduzierter und aufgehellter dunkler Decke und Schmetterlingsnase.

Verwechslungsmöglichkeiten

Ohne Gentest kann es schwierig bis unmöglich sein, die jeweiligen „Domino“-Phänotypen eindeutig zuzuordnen. Parallelen zur „Domino“-Zeichnung auf Basis von Black and Tan gibt es beim so genannten Creeping Tan, das eine Zwischenstellung zwischen Black and Tan und Saddle Tan einnimmt (siehe S. 103). Auch hier haben die Hunde einen dunklen Witwenspitz, der an die „Domino“-Zeichnung erinnert. Ein Unterschied zwischen Creeping Tan und „Domino“ ist, dass Hunde mit Creeping Tan eine schwarze Maske haben können, „Domino“-Hunde hingegen nicht. Ähnliches gilt für „Domino“ auf Basis von Saddle Tan. Auch „Domino“-Tiere auf Basis von Black and Tan und auf Basis von Agouti könnten mit dominantem Gelb mit starker dunkler Wolkung verwechselt werden. „Domino Schwarz“ (also Hunde mit eg/- oder eA/- und der Grundfarbe dominantes Schwarz) kann man (je nach Haartextur und Genotyp am A-Lokus) mit wildfarbenen, dilute oder seal Hunden verwechseln (siehe Tabelle 2 und Tabelle 7).

Sowohl bei dominantem Rot mit schwarzem Overlay („dark sable“) als auch bei Zobel („Domino“) ist die Basis der dunklen Haare am Rumpf aufgehellt (bei den abgebildeten Hunden gut zu erkennen). Links: Rough Collie, rechts: Barsoi.

Lapinkoira (Finnischer Lapphund) mit Domino-Zeichnung.

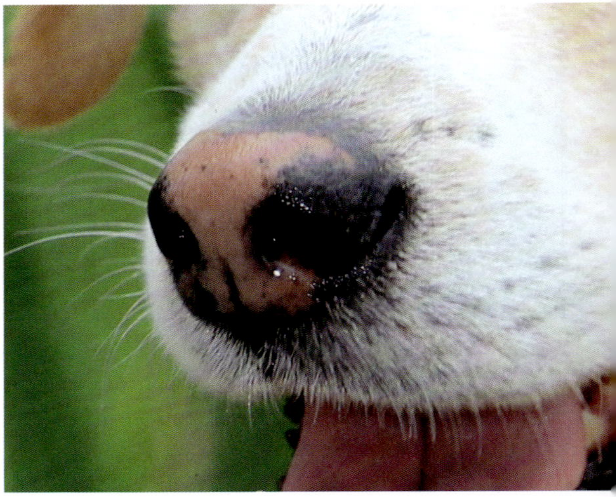

Mischling (Saddle Tan mit zurückgedrängtem Eumelanin und Weißscheckung).

Deutsche Bracke (Saddle Tan mit zurückgedrängtem Eumelanin und Weißscheckung).

Tabelle 7: Domino

mit dominantem Gelb		mit dominantem Schwarz	
mit Black and Tan		mit Black and Tan und Stromungsfaktor	
mit Black and Tan und Braunfaktor		mit dominantem Schwarz	
mit Saddle Tan		mit Black and Tan	
mit dominantem Gelb und Stromungsfaktor		mit Black and Tan	

Der Domino-Faktor (eg oder eA) in Kombination mit verschiedenen anderen Farb-Genotypen.

„Domino" auf Basis von dominantem Gelb schließlich kann mit rezessivem Gelb verwechselt werden.

Dominantes Gelb mit dunkler Wolkung (auch Sable oder Zobel genannt) zeigt ebenfalls häufig einen Witwenspitz, besonders ausgeprägt sieht man dies etwa bei dark sable (dunkelzobel) Collies und Shetland Sheepdogs. Die Bezeichnung Zobel kann hier verwirrend sein, da sie auch für die „Domino" gezeichneten Cocker Spaniel und Barsois verwendet wird.

Da die Bezeichnungen Sable bzw. Zobel (Barsoi, Cocker) und Grizzle (Saluki) bei anderen Rassen für Farben anderer Genotypen verwendet werden, wird an dieser Stelle angeregt, alle Phänotypen, die durch die Wirkung der Varianten eg, eh und eA (und ggf. zukünftig noch entdeckter Varianten mit analoger Wirkung) zustande kommen, rasseübergreifend einheitlich als „Domino" zu bezeichnen (zur weiteren Spezifizierung ggf. als „Domino eA", „Domino eg" etc.).

Der K-Lokus

Auf diesem Genort wird entschieden, ob ein Hund gleichmäßig beide Pigmentarten bildet und in die pigmentierten Fellbereiche einlagert (er also ein „Schwärzling" ist) oder ob er Färbungen des A-Lokus mit unterschiedlicher Pigmentverteilung ausprägen kann. Den so genannten „Melanismus" (also die komplette Schwarzfärbung) kennt man auch bei anderen Tieren: Panther sind melanistische Leoparden oder Jaguare; Rappen sind melanistische Pferde.

Die K-Serie wurde im Jahr 2007 von einer amerikanischen Forschergruppe aufgestellt, nachdem man durch DNA-Untersuchungen nachgewiesen hatte, dass dieser Lokus auf dem Chromosom Nr. 16 existiert. Das Protein, das von den entsprechenden Genen codiert wird, heißt Beta-Defensin 103 (CBD103), es ist schon länger bekannt. Bisher wusste man allerdings nichts von seiner Wirkung auf die Fellfarbe, sondern kannte nur seine Funktion in der Abwehr von Bakterien und anderen Krankheitserregern.

Auf dem K-Lokus kennt man bislang zwei Allele: KB führt zu einem Haarkleid, bei dem Eumelanin gleichmäßig in die Haare eingelagert wird und somit auch Phäomelanin-haltige Bereiche durch Eumelanin „überlagert" werden. Im Gegensatz zum rezessiven Schwarz aus der A-Serie (s. S. 98) ist KB dominant über das andere Allel seines Genortes und epistatisch über die Gene des A-Lokus (es gibt also bei Hunden ein dominantes und ein rezessives Schwarz, die sich jeweils genetisch voneinander unterschei-

Das K in K-Lokus leitet sich vom K im englischen Wort black (schwarz) ab. Das B der Allel-Bezeichnung KB leitet sich ebenfalls von Black ab. Das y in ky leitet sich vom englischen Wort yellow (gelb) ab. Das br in kbr leitet sich vom englischen Wort brindle (gestromt) ab.

Die Dominanzfolge ist: KB > (kbr) > ky

Einen Gentest auf brindle gibt es nicht, getestet werden können KB und ky.

Gestromte Hunde haben beim herkömmlichen Test auf den K-Lokus den Genotyp KB/ky, können also nicht per Test von mischerbig dominant schwarzen Hunden unterschieden werden.

den – mehr dazu weiter unten). Das Allel ky lässt im homozygoten Genotyp ky/ky die Genwirkungen der Allele der A-Serie zu. Mit anderen Worten: KB unterdrückt die Ausprägung der Farbgene aus der A-Serie, ky/ky lässt sie zu.

Dominantes Schwarz

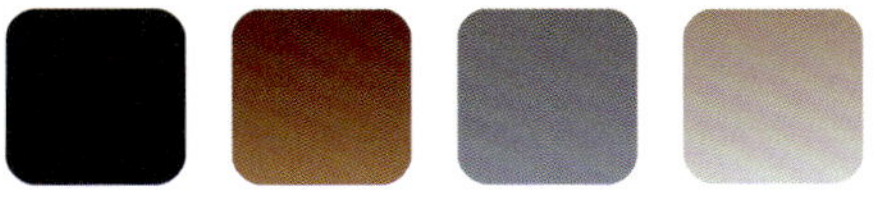

Das Gen KB überlagert die Allele der A-Serie, ein Hund mit dem Genotyp KB/- kann also keine Fellfarbe, in der Phäomelanin alleine sichtbar ist, ausprägen. (Ausnahmen: Phänotypen aus e).

Typische Rassen mit dem Genotyp KB/- sind etwa der Neufundländer, der Flat Coated Retriever und der Große Münsterländer. Nicht jeder Hund mit KB ist automatisch schwarz. Die Farbe des Eumelanins wird durch den B-Lokus und den D-Lokus bestimmt. Somit kann ein Hund mit KB auch braun (z.B. Deutsch Langhaar), blau (blaue Deutsche Dogge) oder lilac (Weimaraner) sein. Der Faktor für progressive Ergrauung kann einen Hund mit KB im Laufe seiner ersten Lebensmonate und -jahre ergrauen lassen (etwa beim Bobtail, Kerry Blue Terrier und Silberpudel).

Verschiedene Merlevarianten können bewirken, dass Eumelanin-Bereiche modifiziert werden (bei der Deutschen Dogge kann durch einen zusätzlichen Harlekin-Faktor außerdem der Phänotyp der gefleckten Dogge hervorgerufen werden). Und ein Scheckungsfaktor macht aus einem Hund mit KB und schwarzem Pigment einen schwarz-weißen Hund. Dies kann sogar soweit gehen, dass der Hund mit KB als Extremschecke ganz weiß ist (also ein Extremschecke mit der Grundfarbe dominant Schwarz). Der Genotyp e/e am E-Lokus (siehe S. 47 ff.) ist epistatisch über die Allele des K-Lokus. Das bedeutet, ein Hund mit der Genkombination e/e KB/- (und ohne Scheckungsfaktor) kein Eumelanin, sondern nur Phäomelanin ins Haar einlagert. Es gibt Rassen, bei denen fast ausschließlich KB, E und e die Grundfarbe bestimmen. Ein Beispiel für eine solche Rasse ist der Labrador. Hier entscheidet die Gen-Ausstattung am E-Lokus und am B-Lokus, welche Farbe der Hund haben wird.

Um KB voll ausprägen zu können, muss der Hund mindestens ein Allel E oder EM auf dem E-Lokus haben. In Kombination mit eA/- oder eg/- wird KB abgeschwächt (s. S. 67 ff.).

Silberpudel sind genetisch schwarz, sie werden schwarz geworfen und ergrauen mit zunehmendem Alter.

Tabelle 8: Das ist alles KB

	B/- (keine Braunverdünnung)	**b/b (Braunverdünnung)**
D/- (keine Dilution/Blauverdünnung)	 schwarz	 braun
d/d Dilution/Blauverdünnung)	 blau	 lilac

Alle standardkonformen Labradore sind reinerbig KB/KB. Variationen gibt es am E-Lokus (E oder e) und am B-Lokus (B oder b). Bei Rassen, bei denen auch ky und Stromung vorkommen, können die dominant schwarzen Hunde reine „Wundertüten“ sein. Verpaart man nämlich zwei auf dem K-Lokus heterozygote schwarze Hunde miteinander (die eben neben ihrem dominanten KB-Allel noch den Stromungsfaktor und/oder ein ky tragen), so können die Welpen in dem Wurf – je nach Ausstattung auf dem A-Lokus – alle möglichen Farben und Zeichnungen von gelb, sable, wildfarben, black and tan, gestromt, schwarz mit gestromten Abzeichen und schwarz haben.

Russisch-Europäische Laika
Weiß-schwarz / Piebald

Parson Russell Terrier
Extremschecke mit Farbplatten am Kopf

Australian Shepherd
Schwarz-weiß / Irische Scheckung

Shih Tzu
Schwarz-weiß

Mischling
Schwarz mit weißem Brustfleck

Rezessiv gelbe (creme/rote) Hunde können verdeckt ein oder zwei Allele KB tragen (Labrador Retriever).

Dominantes Schwarz vs. rezessives Schwarz

Es gibt zwei verschiedene genetische Grundlagen für ein einfarbig schwarzes Haarkleid: Erstens das dominante Schwarz aufgrund von KB am K-Lokus. Welche Allele diese Hunde an ihrem A-Lokus tragen, spielt für die Fellfarbe keine Rolle, da alle Allele des A-Lokus von KB in ihrer Ausprägung unterdrückt werden. Zweitens gibt es noch ein rezessives Schwarz, das in der Dominanzfolge ganz am Ende der A-Serie steht und mit a bezeichnet wird (siehe S. 98). Es kommt beim Deutschen Schäferhund und beim Belgischen Schäferhund (Groenendael, seltener auch beim Tervueren) vor, außerdem beim Puli, Pudel, Spitz und bei der Französischen Bulldogge. Seltener auch bei weiteren Rassen wie Cocker Spaniel, Tibet Terrier, Scotch Terrier, Mops, Havaneser, Eurasier, Elo, Bolonka Zwetna, Biewer Yorkshire Terrier, Australian Shepherd, Xoloitzcuintle und Azawakh. Auch beim Neufundländer, Labrador Retriever, Dalmatiner, Russischen Schwarzen Terrier, Flat Coated Retriever und Weimaraner ist schon das Allel a nachgewiesen worden. Hunde mit rezessivem Schwarz können auf dem K-Lokus den Genotyp ky/ky haben. Bei manchen Rassen wird für schwarze Farbschläge der Genotyp a/a KB/KB angestrebt, um ein besonders sattes Schwarz zu erreichen.

Rezessives Schwarz kommt unter anderem beim Deutschen Schäferhund vor.

Stromung (brindle)

Die Stromung ist eine hochinteressante symmetrische Fellzeichnung, die nur bei relativ wenigen Säugetierarten vorkommt. Zwar gibt es einige gestreifte Wildtiere (etwa Zebra und Tiger), die Stromung des Hundes unterscheidet sich aber von den Streifen dieser Tiere. Wenn man ein Zebra oder einen Tiger genauer betrachtet, so erkennt man, dass ihre Streifen an den Beinen ringsherum führen. Beim Hund verläuft die Stromung an den Beinen längs entlang. Ein entsprechendes Stromungs-Muster findet sich übrigens auch bei manchen Hauspferde- und Hausrinderrassen. Die Streifen bei einem gestromten Hund folgen den so genannten Blaschko-Linien. Mit Blaschko-Linien bezeichnet man ein Liniensystem der Haut, das durch die Auswanderung des embryonalen Ektoderms entsteht.[32] Die Stromungs-Streifen zeichnen somit den Ausbreitungsweg von Zellen während der Embryonalentwicklung nach. Beim Hund formen die Blaschko-Linien eine V-förmige Zeichnung am Rücken, eine Längszeichnung entlang der Gliedmaßen und eine geschwungene Zeichnung die Stirn hinab, über und unter den Augen, über der Oberlippe und hinter den Ohren.[4] Die Stromung zeigt sich optisch nur in Bereichen, in denen der Hund (gemäß seines Genotyps am A-Lokus) auch Phäomelanin ausprägen kann. Der Hund muss also außer dem Stromungsfaktor auch den Genotyp für dominantes Gelb, wildfarben oder black and tan haben. Auf einem rezessiv gelben Hund (Genotyp e/e) kann sich die Stromung nicht ausprägen, ebenso wenig auf einem dominant schwarzen oder rezessiv schwarzen Hund. Black and Tan in Verbindung mit Stromung ergibt die aparte Zeichnung eines Hundes mit gestromten Tan-Abzeichen. Die Grundfarbe ist Black and Tan, die Stromung zeigt sich nur im Bereich der Wildfarbigkeitsabzeichen (typische Rassen für diese Zeichnung sind etwa der Welsh Corgi Cardigan, der Bullterrier oder der Catahoula Leopard Dog). Ein Hund kann dunkelgestromt oder hellgestromt sein: Die Stromung kann sehr dicht sein, sodass der Hund fast einfarbig schwarz wirkt (das wird dunkelgestromt oder „reverse brindle“ genannt). Die Stromung kann aber auch nur vereinzelte Eumelanin-Streifen aufweisen, sodass der Hund ebenfalls fast einfarbig wirkt – nur dass hier die durch Phäomelanin erzeugte Farbe im Vordergrund steht.

Magyar Agar
Stromungsverlauf an den Vorderbeinen ...

... und an den Hinterbeinen

Stromungsverlauf im Gesicht ...

... und am Rücken.

So einen Hund nennt man hellgestromt. Die Eumelanin-Streifen sind – je nach den Genotypen am B- und D-Lokus (s. S. 104 ff. und 112 ff.) – schwarz, blau, braun oder lilac. Blaugestromte Hunde sieht man vor allem in den Rassen Whippet und American Staffordshire Terrier. Braungestromte Hunde sind eher selten, man

Eine Maske überlagert die Stromung zusätzlich (Mischling).

Bei Black and Tan Grundfarbe ist die Stromung nur im Bereich der Wildfarbigkeitsabzeichen sichtbar (Miniatur Bullterrier).

Black and Brindle mit weißem Brustlatz
(Working Australian Shepherd)

Creeping Tan mit Stromungsfaktor
(Catahoula Leopard Dog)

sieht sie z. B. beim Catahoula Leopard Dog. Je nach Farbintensität des Phäomelanins gibt es etwa silbergestromte, goldgestromte und rotgestromte Hunde.

Typische gestromte Rassen sind viele Windhunde (Greyhounds, Whippets, aber auch manche Afghanen und Sloughis) sowie molosserartige Hunde und Bulldoggen (Mastiff, Bullmastiff, Boxer, Englische und Französische Bulldogge, Fila Brasileiro, Deutsche Dogge) und die Bullterrierrassen. Auch manche Terrier können gestromt sein (etwa Cairn und Scotch Terrier)

Black and Brindle mit weißen Abzeichen wird auch als „Trindle" bezeichnet - als Abkürzung von „Tricolour Brindle" (Welsh Corgi Cardigan).

Mischling
Hellgestromt

Dackel-Mix
Mittlere Stromung

Französische Bulldogge
Dunkelgestromt („reverse brindle")

– bei ihnen fällt die Stromung durch die Haartextur allerdings oft nicht sofort als solche auf. Häufig findet man gestromte Tiere auch unter den Asiatischen Spitzen aus Japan (Akita Inu, Kai Inu) und unter den Urtyphunden beim Basenji. Gestromte Jagdhunde sind der Hannoversche Schweißhund und der amerikanische Plott Hound, außerdem ist Stromung auch beim Dackel ein zugelassener, aber eher seltener Farbschlag. Unter den Kleinhunden gibt es Stromung vor allem beim Chihuahua und beim Havaneser. Gestromte Schäferhunde sind eher selten; Beispiele sind der Holländische Schäferhund, der Katalanische Schäferhund und der Pyrenäenschäferhund.

Whippets mit abgeschwächtem (links) und farbintensivem (rechts) Phäomelanin.

Blaugestromter Magyar Agar

Braungestromter Pit Bull-Mix

Stromung (brindle)

Bouvier

Afghane

American Staffordshire Terrier

Dackel-Mix

Boxer

Boerboel

Stromung (brindle)

Akita Inu

Holländischer Schäferhund

Magyar Agar

Magyar Agar

Mischling

Pit Bull-Mix

Vor allem bei rau- und langhaarigen Rassen kann es schwer sein, eine Stromung beim erwachsenen Hund als solche zu identifizieren – einfacher fällt die Identifizierung beim Welpen, solange das Fell noch kurz ist. Eine Stromung ist meist von Geburt an zu sehen, in manchen Fällen wird das Stromungsmuster aber erst im Verlauf der ersten Lebenswochen oder –monate deutlicher erkennbar (wenn etwa die Phäomelaninbereiche beim jungen Welpen noch viele dunkle Haarspitzen enthalten). Der asiatische Spitz Kai (FCI-Standard Nr. 317) wird ausschließlich in gestromt anerkannt. Im Standard wird außerdem formuliert, dass für diese Rasse *„einfarbige Welpen charakteristisch sind, welche im Laufe der Entwicklung gestromt werden"*.

Eine nomenklatorische Merkwürdigkeit am Rande: „Tigerdoggen" und „Tigerdackel" sind nicht etwa gestromt, sondern zeigen die Merle-Zeichnung (mehr dazu s. S. 120).

Gelb x gelb = Gestromt

Wie weiter oben schon erwähnt, sind bestimmte Varianten des E-Lokus epistatisch über die Gene des K-Lokus. Auf dem E-Lokus wird darüber „entschieden", ob und in welcher Ausdehnung ein Hund Eumelanin bilden kann oder nicht; dabei können Hund mit E oder EM Eumelanin bilden; Hunde mit zwei Allelen e hingegen können am ganzen Körper kein Eumelanin ins Haar einlagern – unabhängig davon, welche Gene sie am K-Lokus tragen und bei Hunden mit Domino-Varianten (eA und eg) wird die Ausdehnung von Eumelanin in charakteristischer Weise zurückgedrängt.

So lässt sich auch ein Phänomen erklären, das schon so manchem Hundezüchter Kopfzerbrechen bereitet hat: Zwei gelbe Hunde, die gestromten Nachwuchs zeugen. In so einem Fall hat einer der Eltern die Allelkonstellation e/e KB/ky plus Stromungsfaktor, der andere hat E/- ky/ky Ay/-. Der erste Hund ist also rezessiv gelb und trägt die genetische Information für Stromung, die allerdings von e/e unterdrückt wird. Der zweite Hund ist dominant gelb. Ein Welpe aus dieser Verpaarung kann von seinen Eltern die folgende Allelkombination erben: E/e KB/ky Ay/- plus Stromungsfaktor. Ein solcher Welpe ist gestromt. Prinzipiell kann eine solche Situation bei allen Rassen auftreten, bei denen es die entsprechenden Allele gibt. Beispiele sind etwa der Afghane und der Havaneser.

Gentest

Es existiert ein Gentest, mit dem unterschieden werden kann, ob ein dominant schwarzer Hund rein- oder mischerbig für KB ist. So kann beispielsweise der Besitzer eines dominant schwarzen Hundes herausfinden, ob sein Hund nur KB weitervererbt oder ob er auch andere Fellfarben (in der Verpaarung mit einem Hund, der ebenfalls andere Fellfarben vererbt) erzeugen kann. Auch interessant ist der Test für Züchter bestimmter Rassen, bei denen ky vorkommt, aber nicht erwünscht ist (etwa beim Weimaraner oder beim Labrador, bei denen immer mal wieder unerwünschte Wildfarbigkeitsabzeichen fallen können. Weimaraner und Labradore sollen möglichst reinerbig für KB sein, haben aber vereinzelt Allele ky). Mit dem „klassischen" Gentest auf den K-Lokus wird erfasst, ob und welche der Varianten KB und ky vorliegen. Gestromte Hunde zeigen in diesem Test immer den Genotyp KB/ky, da die Stromung von einer Duplikation des Gens verursacht wird, welche beide Varianten (KB+ky) enthält. Somit kann nicht erkannt werden, ob ein Hund kbr trägt, da der Test für das kombinierte Allel KB+ky (auch in Kombination mit einem weiteren KB und ky das gleiche Ergebnis (Genotyp KB/ky) ergibt. Um herauszufinden, ob ein Hund mischerbig Schwarz ist oder den Stromungsfaktor besitzt, oder bei phänotypischer Stromung noch ein ky-Allel trägt, muss eine spezielle quantitative oder allelspezifische Analyse durchgeführt werden, die es erlaubt, die Anzahl der KB und ky Varianten insgesamt und/oder in ihrer Verteilung auf die Allele zu erfassen. Es ist außerdem bisher nicht bekannt, durch welche genetischen Einflüsse Stromung mit mehr Eumelanin- oder mehr Phäomelanin-Anteilen entsteht.

Der A-Lokus – Die Agouti-Serie

Auf diesem Genort wird entschieden, wie sich Eumelanin und Phäomelanin auf dem Einzelhaar (und auf dem Hundekörper) verteilen. Man bezeichnet diese Serie auch als Agouti-Serie (nach dem südamerikanischen Nagetier Aguti, das eine ausgeprägte Haar-Bänderung aufweist), der entsprechende Genort wird als A-Lokus bezeichnet.

Bei manchen Rassen (z. B. Black and Tan Border Collies und manche nordische Rassen) ließen sich längere Zeit bestimmte Phänotypen nicht mit dem Testergebnis am A-Lokus vereinbaren. Außerdem kannte man für manche Genotypen stark variable Phänotypen (Ausmaß der dunklen Haarspitzen bei Ay/-; Ausprägung von Black and Tan bzw. Saddle Tan bei at/-). Diese

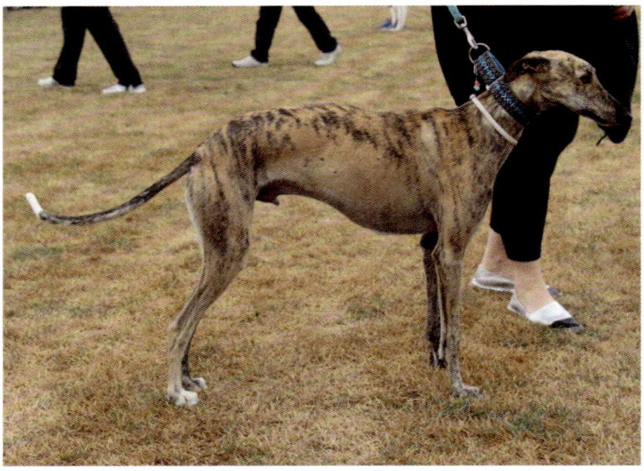

Greyhound mit unterbrochener Stromung (Ursache unbekannt).

Das A in A-Lokus leitet sich von Agouti ab. Das y in Ay leitet sich vom englischen Wort yellow (gelb) ab. Das w in Aw leitet sich von der Bezeichnung wildfarben oder wolfsfarben ab. Das t in at leitet sich vom englischen tan (lohfarben) bzw. tanpoints (lohfarbene Abzeichen).

Die Dominanzfolge ist: Ay > Aw > at > a.

Das Agouti-Gen befindet sich auf dem Chromosom Nummer 24, man hat es „Agouti signal peptid" (ASIP) genannt. Man kann sich die Wirkung dieses Gens so vorstellen, dass es in den Pigmentzellen ein Signal zur Produktion von Eumelanin (dunkles Pigment) oder Phäomelanin (helleres Pigment) gibt. Dieses Signal kann entweder zeitlich begrenzt sein (und so zur Bänderung der Einzelhaare führen) oder räumlich begrenzt und zeitlich unbegrenzt sein: Hier bilden die Pigmentzellen an genau umschriebenen Körperstellen nur Phäomelanin (Ausprägung der Wildfarbigkeitsabzeichen) ab.

Dominantes Rot mit dunkler Wolkung und leichter Stromung (Mischling).

Unschärfen lassen sich mit im Jahr 2020 neu entdeckten Varianten am A-Lokus erklären.[33] In dieser Studie gehen die Autoren von zwei unterschiedlichen Wildcaniden aus, auf die sich die modernen Hunderassen gründen. Bei einem dieser Caniden stellt dominantes Gelb, beim anderen Agouti als Färbung den Wildtyp dar, weshalb die Allele Ay und Aw als gleichwertige Wildtypallele mit einem Großbuchstaben gekennzeichnet sind. Bei diesen Varianten handelt es sich um genetische Veränderungen im so genannten „Promotor“, das ist die Region der DNA, die die Aktivität eines Genes reguliert (in diesem Fall von ASIP). Mit Hilfe dieser Promotor-Varianten lassen sich z. B. dominantes Gelb ohne dunkles Overlay von solchem mit dunklem Overlay unterscheiden, außerdem lassen sich Black and Tan und Saddle Tan voneinander unterscheiden.

Diese Varianten umfassen zwei so genannte „Ventral Promotor“ (VP 1 und VP 2) sowie fünf so genannte „Hair Cycle Promotor“ (HCP 1 – 5). VP werden so genannt, da sie die Einlagerung von Eumelanin an den Unterseiten des Hundekörpers unterdrücken, sodass hier nur Phäomelanin ausgeprägt wird. Dabei hat VP 1 eine stärkere Wirkung als VP 2. HCP werden so genannt, da durch sie die Einlagerung von Eumelanin ins Einzelhaar modifiziert wird. Von HCP 1 bis 3/4/5 wird Eumelanin in absteigender Wirkung unterdrückt. VP und HCP liegen in so genannten Haplotypen vor. Das bedeutet, dass eine VP-Variante (1 oder 2) fest mit ihrem HCP-Pendant verbunden ist, beide werden somit auch gemeinsam vererbt. Die schematische Wirkung der jeweiligen Haplotypen ist in der Tabelle ASIP dargestellt. Zum derzeitigen Zeitpunkt (Mai 2021) sind noch keine kommerziellen Gentests für die Analyse der dort dargestellen Haplotypen verfügbar.

Bei vielen Rassen sind durch die langjährige Selektion die „traditionellen“ Varianten Ay, Aw und at (sowie a) nach wie vor hilfreich zur Be-

Tabelle 9: ASIP-Haplotypen (© Anna Laukner 2020)

Verschiedene Haplotypen und die jeweils resultierenden Phänotypen im homozygoten Genotyp

	HCP 1	HCP 2	HCP 3 – 5
VP 1		Bislang nicht beobachtet, könnte „Agouti saddle“ sein.	Meist HCP 4, vereinzelt auch HCP 3 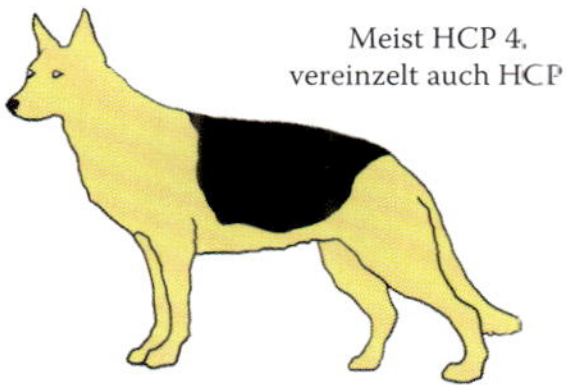
	DY (dominant yellow, „clear sable“)	–	BS (Black Saddle, „Saddle tan“)
VP 2			
	SY (shaded yellow, „shaded sable“)	AG (agouti, wildfarben)	BB (Black Back, „Black and tan“)

Tabelle nach Bannasch, D. L. et al. (2020) "Dog color patterns explained by modular promoters of ancient canid origin". Die hier dargestellten Haplotypen sind derzeit (Mai 2021) noch nicht kommerziell testbar.

Stromung ohne Domino-Faktor

Stromung mit Domino-Faktor (Junghund)

Stromung mit Domino-Faktor (Mutter des mittleren Hundes, 6 Jahre alt)

stimmung bzw. Zuordnung von Genotyp und Phänotyp. Beispiele hierfür sind z.B. Rassen, in denen es wenige, klar definierte und eindeutig voneinander unterscheidbare Varianten an A-Lokus-Zeichnungen gibt, wie z.B. Deutscher Pinscher, Zwergpinscher oder ähnliche Rassen. Für viele weitere Rassen mit mehr Varianz in den A-Lokus-Zeichnungen lassen sich möglicherweise zukünftig anhand der neu entdeckten Varianten aber auch die Zeichnungsmuster wie Saddle Tan sowie das Ausmaß dunkler Haarspitzen besser identifizieren und zuordnen.

Typische Rassen sind der Collie (mit Irischer Scheckung, s.S. 153 ff.) und die Belgischen Schäferhunde Malinois und Tervueren (mit Maskenfaktor, s.S. 52 ff.). Je nach Haarlänge kann das Aussehen eines solchen Haarkleides sehr variieren, da die Länge der schwarzen Haarspitze bei einem kurzhaarigen Hund (wie einer gelben Deutschen Dogge) und einem langhaarigen Hund (wie dem Briard) extrem variieren kann. Zudem ist der prozentuale Anteil der schwarzen Haarspitze am Gesamthaar sehr unterschiedlich.

Dominantes Gelb

Ganz oben in der Dominanzfolge dieser Serie steht Ay. Dieses Allel unterdrückt mehr oder weniger stark die Eumelanineinlagerung ins Haar. Lediglich die Haarspitzen können schwarzes Pigment enthalten, das restliche Haar enthält Phäomelanin. Der optische Eindruck ist der eines creme, gelben oder rötlichen Hundes mit oder ohne „Wolkung“ (im Französischen wird ein solch schwarz „gewolktes“ Haarkleid auch als „Fauve charbonné“ bezeichnet; im Englischen spricht man von „black overlay“).

Eine dunkle Rutenspitze ist typisch für dominantes Rot (Gelb/Creme) mit dunkler Wolkung (Sable).

Chihuahua

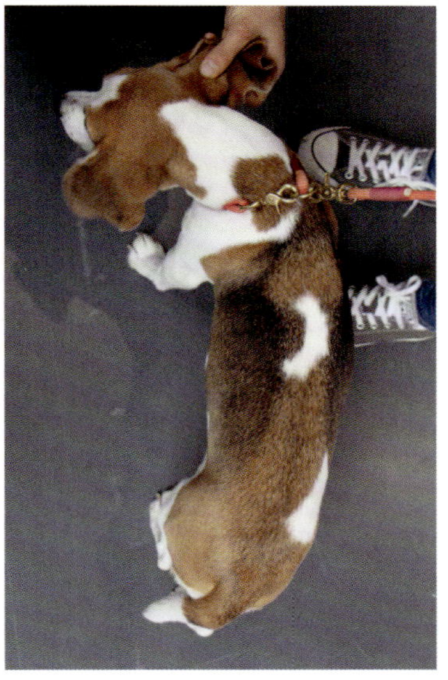

Beagle

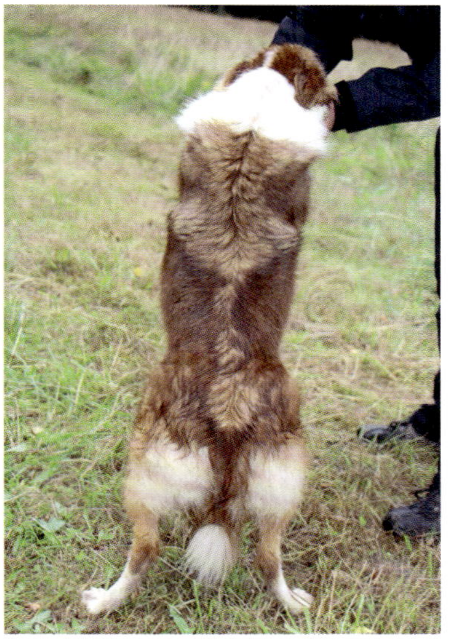

Border Collie

Bei manchen Zeichnungen des A-Lokus wird der helle Sattelfleck zu einer mehr oder weniger sanduhrförmigen hellen Rückenlinie modifiziert.

In Züchterkreisen mancher Rassen kursiert die Theorie, wonach ein so genannter dark sable Hund mit viel schwarzer Wolkung (also ausgeprägten schwarzen Haarspitzen) mischerbig für Black and Tan (at) sei. Dies konnte jedoch wissenschaftlich nicht bestätigt werden. Es gibt also auch sable Hunde ohne ausgedehnte schwarze Wolkung, die dennoch ein Allel at für Black and Tan tragen. Ebenso gibt es auch dark sable Hunde, die reinerbig für Ay sind.

Es ist derzeit noch nicht bekannt, ob es weitere Gene gibt, die die Ausdehnung der schwarzen Haar-Anteile steuern oder ob dies vielleicht sogar auf epigenetische Faktoren zurückgeht. Bei Mäusen wurde übrigens nachgewiesen, dass durch epigenetischen Einfluss das Ausmaß dunkler Haarspitzen innerhalb des Agouti-Gens Avy variieren kann. Unter epigenetischen Einflüssen versteht man Einflüsse, die während der Trächtigkeit im Uterus auf die Embryonen bzw. Feten einwirken und so – bei gleicher genetischer Ausstattung – unterschiedliche Phänotypen hervorrufen können.[34] Epigenetische Veränderungen an den Chromosomen können auch an den Nachwuchs weitergegeben werden, sowohl von der Mutter als auch über den Vater.[35] Inwieweit dies auch auf Hunde zutreffen könnte, ist nicht erforscht.

Anhand der schwarzen Haare an der Rutenspitze (und auch anhand der teilweise sichtbaren dunklen Maske) ist dieser Hund als dominant gelb zu identifizieren (Kleinspitz).

Die Nomenklatur für das dominante Gelb ist nicht rasseübergreifend einheitlich geregelt, und so gibt es eine Vielzahl von Bezeichnungen: Zobel oder Sable beim Collie (nicht zu verwechseln mit Zobel beim Cocker Spaniel bzw. Sable beim Barsoi, die eine andere genetische Grundlage haben); Hirschrot beim Bayrischen Gebirgsschweißhund; Fauve oder Fawn bei der Französischen Bulldogge und dem Briard; Apricot bei Mops und Mastiff (nicht zu verwechseln mit dem Apricotpudel, der eine andere genetische Grundlage hat); Sandfarben beim Sloughi; Strohgelb beim Hollandse Smoushond und Wheaten (weizenfarben) beim Irish Soft Coated Wheaten Terrier und beim Rhodesian Ridgeback sind nur ein paar Beispiele. Es gibt noch ein rezessives Gelb (siehe S. 47 ff.), das in manchen Fällen auf den ersten Blick nicht vom dominanten Gelb unterschieden werden kann. Beim rezessiven Gelb kann jedoch (im Gegensatz zum dominanten Gelb) überhaupt kein schwarzes Pigment in die Haare eingelagert werden. Ein Unterscheidungsmerkmal können die Sinushaare sein, die beim dominant gelben Hund dunkel und beim rezessiv gelben Hund hell sind. Hat der Hund jedoch eine weiße Blesse, so sind auch die Sinushaare in dem Bereich unpigmentiert, sodass sie hier als Unterscheidungskriterium ausscheiden (siehe Seite 205 ff. (Sinushaare)).

Dunkle Haare an den Ohrspitzen sind typisch für dominant gelbe/rote Hunde (Kooikerhondje).

Die Farbintensität des Phäomelanins wird von separaten Faktoren bestimmt (s. S. 194 ff.). Ein „dominant gelber Hund“ kann also nicht nur gelb, sondern auch heller (etwa creme) oder dunkler (etwa rot) sein.

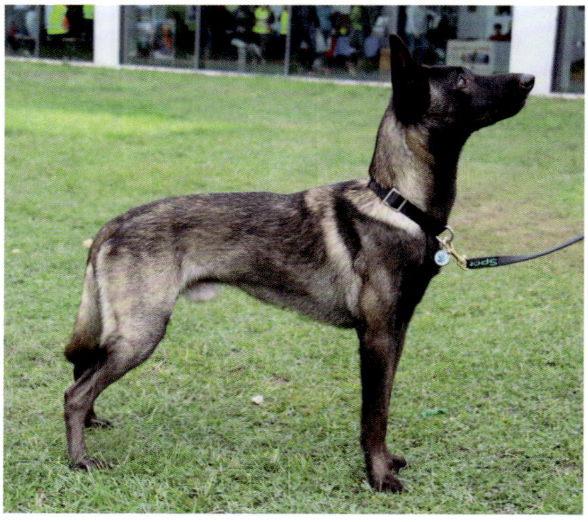

Die beiden Extreme: Sowohl der Malinois links als auch die beiden Deutschen Pinscher rechts haben auf dem „klassischen“ A-Lokus den Genotyp Ay/Ay.

Tabelle 7: Spektrum von „Sable"

	Helles Phäomelanin	**Mittleres Phäomelanin**	**Dunkles Phäomelanin**
Keine Wolkung („clear sable")	 Buhund	 Malinois	 Deutscher Pinscher
Mittlere Wolkung Schwarze Haare an Ohren und Rutenspitze („tipped sable")	 Kleinspitz	 Schweißhund	 Langhaardackel
Viel Wolkung („shaded sable" oder „dark sable")	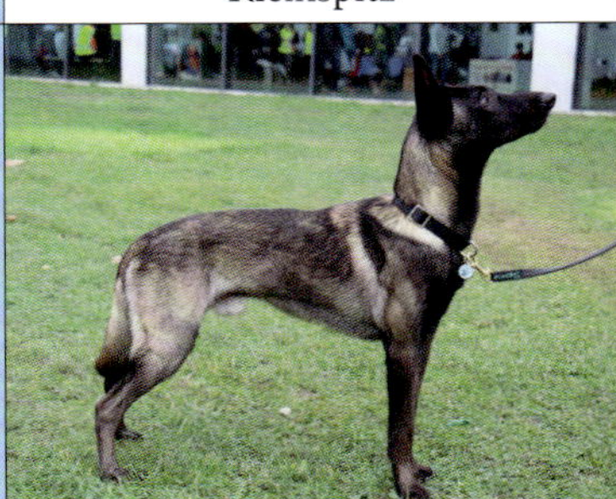 Malinois	 Shetland Sheepdog	 Schweißhund

Wildfärbung – Agouti

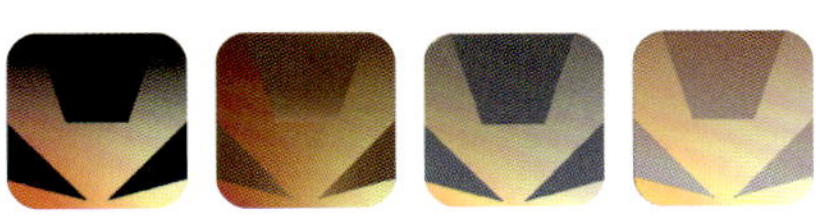

In der „klassischen" Dominanzfolge des A-Lokus steht Aw unterhalb von Ay und über at und a. Hunde mit dem Genotyp Aw/- haben eine wildfarbene Grundfarbe. Dieses bisher gebräuchliche Allel-Reihung konnte aber nicht bei allen Rassen als Erklärung der beobachteten Phänotypen und ihrer Vererbung herangezogen werden (manche black and tan Border Collies z. B. haben im „herkömmlichen" Test den Genotyp Aw/Aw oder Aw/at).

Dunkle Wildfärbung und Black and Tan können mitunter optisch nicht einfach auseinander zu halten sein. Es gibt ein Unterscheidungsmerkmal, anhand dessen erfahrene

Genotyp Aw/at
Mittelspitze

Genotyp Aw/Aw

Züchter beide Zeichnungen bereits kurz nach der Geburt erkennen: Black and Tan Welpen sollen einen schwarzen Nacken, und wildfarbene Welpen einen bräunlichen Nacken haben (verursacht durch die helleren Haarwurzeln) und meist auch bräunliche Öhrchen.

Vor allem langhaarige Hunde mit Aw/- sind oft nicht eindeutig von solchen mit Ay/- zu unterscheiden, da der optische Eindruck durch sehr lange schwarze Banden verwischt sein kann (etwa bei dark sable Collies, Leonberger, Sarplaninac). Je nach Farbintensität des Phäomelanins erscheinen die Hunde grau (bei sehr hellen Phäomelaninbanden, wird bei manchen Rassen auch „wolfsgrau" genannt) bis rotgrau (bei farbintensiven Phäomelaninbanden wird bei manchen Rassen auch „wolffarben" genannt).

Insbesondere Saddle Tan-Varianten können die Unterschiede zwischen Wildfärbung, Saddle Tan und Dark Sable optisch weiter verwischen. Die 2020 auf ASIP entdeckten Promoter VP und HCP könnten möglicherweise in Zukunft auch eingesetzt werden, um diese Unterschiede genotypisch genauer zu identifizieren (s. Tabelle 9: ASIP Haplotypen, S. 83).

Bei langhaarigen Rassen, bei denen sowohl Ay als auch Aw vorkommt, wird mitunter keine eindeutige nomenklatorische Zuordnung des Phänotyps zum Genotyp vorgenommen. So bezeichnet „grau gewolkt" bei den verschiedenen Spitz-Varietäten eigentlich ein wildfarbenes Fell, Überschneidungen zu „sable", insbesondere „wolfssable" sind aber nicht selten.

Eine Wildfärbung erkennt man - im Vergleich zu den Zeichnungen durch dominantes Gelb - an der „Brille", einer helleren Umrandung der Augen. Außerdem sind bei der Wildfärbung die Haare im Bereich der Wangen unterhalb der Augen in der Regel gebändert, und im Gegensatz zu Hunden mit Ay/- haben Hunde mit Aw/- an der Vorderseite der Vorderläufe einen dunkleren Streifen – zumindest, solange nicht ein zusätzlicher Saddle Tan-Faktor und/oder ein zusätzlicher Domino-Faktor ins Spiel kommt.

Im Zweifelsfall kann ein Gentest Aufschluss bringen. Im Unterschied zu Wölfen tragen viele wildfarbene Hunderassen übrigens zusätzlich eine schwarze Maske (etwa Deutscher Schäferhund, Norwegischer Elchhund, Wolfsspitz, Eurasier).

Von links oben im Uhrzeigersinn: zunehmende Farbintensivierung des Phäomelanins. Die ersten beiden Hunde haben außerdem eine schwarze Maske, die letzten beiden Hunde auf dem unteren Foto nicht.

Eurasier

Riesenschnauzer

Rauhaardackel

Deutscher Schäferhund

Agouti (man beachte die dunklen Streifen entlang der Vorderseite der Läufe). Vorsicht: Wildfarbene Deutsche Schäferhunde werden im deutschen Sprachraum als „grau“ bezeichnet, im englischsprachigen Sprachraum als „sable“.

Schäferhund-Mischling

Dominantes Gelb mit schwarzem Overlay und Agouti können im Einzelfall schwer phänotypisch zu unterscheiden sein.

Mittelspitz Agouti (Genotyp Aw/Aw)

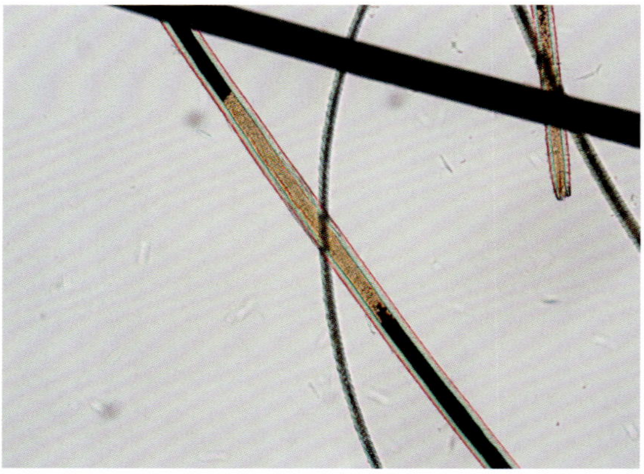

Trichogramm A-Lokus: Lichtmikroskopische Aufnahme von Hundehaaren bei 100-facher Vergrößerung. Eine unterbrochene Struktur der Medulla führt zu einer optischen Bänderung im einzelnen Haar. Helle und dunkle Haare entstehen durch wenig oder viel Pigmenteinlagerung in den Haar-Cortex (Trichogramm des links abgebildeten Hundes).

In Abhängigkeit von der Haarlänge und -struktur sowie der Farbintensität der Phäomelaninbanden erscheint das Fell wolfsähnlich (Elchhund, Wolfsspitz) oder meliert (Pfeffer-Salz-Schnauzer). Durch die spezifische Haarstruktur des Schnauzers kann es für den Phänotyp einen großen Unterschied ausmachen, ob der Hund geschoren oder getrimmt wurde (übrigens auch bei andersfarbigen Rassen wie dem Border Terrier, Foxterrier, Welsh oder Lakeland Terrier). Beim Scheren wird das Haar gekürzt, beim Trimmen wird das alte Haar ausgezupft. Aus diesem Grund erscheint ein getrimmter Schnauzer (oder drahthaariger Terrier) in der Regel farbintensiver als ein geschorener, da die Haarspitzen in der Regel dunkler sind als die Haarbasis.

Vorsicht Verwechslungsgefahr:
Hunde mit dem Domino-Faktor und dominant schwarzer Grundfarbe können mit Agouti verwechselt werden (Domino schwarzer Afghane).

Black and Tan

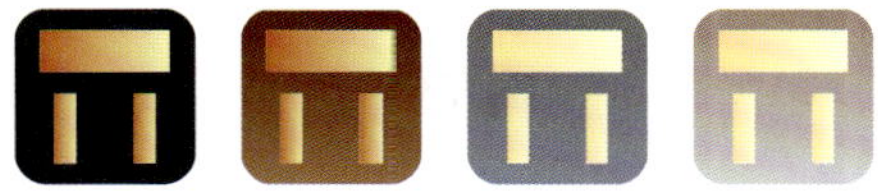

Diese beim Hund sehr verbreitete Zeichnung wird ebenfalls der A-Serie zugeordnet und wird in den meisten Rassen durch den „klassischen“ Genotyp at/at oder at/a hervorgerufen. In manchen Fällen korreliert eine Black and Tan-Zeichnung nicht mit diesem klassischen Genotyp. In einer Studie aus dem Jahr 2020 konnte dieser Phänotyp aber mit den Haplotypen VP2/HCP3, VP2/HCP4 oder VP2/HCP5 in Verbindung gebracht werden (siehe Tabelle ASIP). Die Bezeichnung Black and Tan ist eigentlich irreführend, da die dunkle Farbkomponente auch blau, braun oder lilac sein kann – je nach Genausstattung am B- und D-Lokus.

Die sogenannte Mantelfarbe wird durch Eumelanin bestimmt, die Markenfarbe (also die helleren Abzeichen) durch Phäomelanin. Je nach Farbintensität kann es also zu ganz verschiedenen Erscheinungsbildern kommen: Bei sehr hellen Marken mit schwarzem Eumelanin spricht man zum Beispiel von Black and Silver oder Schwarzsilber (Zwergschnauer, siehe Foto S. 196 oben). Der Hovawart hat meist ein mittleres Gelb als Markenfarbe, bei ihm bezeichnet man die Zeichnung als Schwarzmarken. Ein kräftiges Rot als Markenfarbe findet man bei Rottweiler, Dobermann und Gordon Setter.

Weitere Bezeichnungen für Black and Tan sind Schwarzloh (Cockerspaniel) oder Schwarz mit Brand. Manche Rassen werden sogar nach ihrer Brandzeichnung benannt: Die österreichische Brandlbracke (die wegen der typischen Überaugenflecken auch „Vieräugl“ genannt wird) und der französische „Bas Rouge“, zu deutsch “Rotstrumpf“ (Berger de Beauce).

Ebenfalls auf das „klassische“ at geht die Sattelzeichnung zurück, wie man sie zum Beispiel beim Deutschen Schäferhund oder beim Bluthund findet. Eine präzisere Unterscheidung ist eventuell zukünftig mittels Bestimmung des VP möglich: Bei Hunden mit VP1 entwickelt sich die Black and Tan-Zeichnung im Laufe des Heranwachsens zur Saddle Tan-Zeichnung, bei Hunden mit VP2 bleibt die Black and Tan-Zeichnung auch im Erwachsenenalter bestehen (Mehr dazu auf Seite 83).

Zwischen der Sattelzeichnung und dem Black and Tan gibt es alle möglichen Zwischenstufen, so genanntes „Creeping Tan" (s. S. 103). Auch bei „klassischen" Black and Tan Hunden kann die Ausdehnung der Marken variieren: Wangen und Schnauzen- bzw. Kehlmarken können klar voneinander abgegrenzt sein oder ineinander übergehen.

Deutscher Jagdterrier

Mischling

Catahoula Leopard Dog

Deutscher Jagdterrier

Mischling

Deutscher Jagdterrier

Von links oben nach rechts unten: Zunehmende Ausdehnung der Wildfarbigkeitsabzeichen (der Hund links oben hat zusätzlich eine schwarze Maske).

Gordon Setter

Mischling

Mischling

Von links nach rechts: zunehmende Farbintensität des Phäomelanin.

Bobtail-Berner Sennen-Mix
Tricolor mit hellen Wildfarbigkeitsabzeichen

Australian Shepherd
Tricolor mit intensiv gefärbten Wildfarbigkeitsabzeichen

Catahoula Leopard Dog

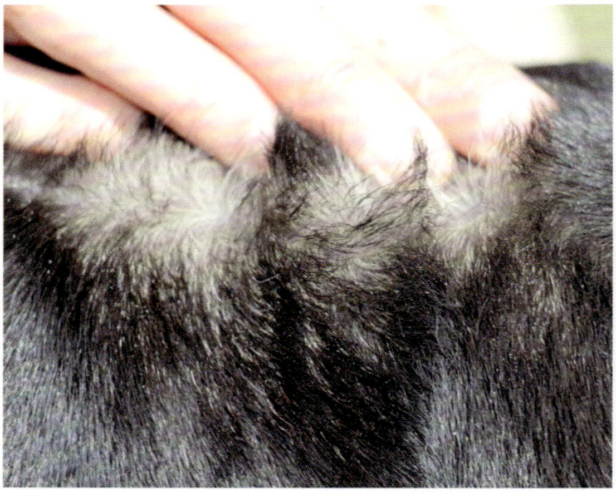

Hellere Haarbasis im Nackenbereich (Detailaufnahme des links abgebildeten Hundes).

Ratero Mallorquin
Grundfarbe Black and Tan (Genotyp E/- ky/ky at/-)

Das ist alles Black and Tan …

… mit braunem Eumelanin, Maskenfaktor und Irischer Scheckung (Border Collie)

… mit Extremscheckung und Tüpfelung (English Setter)

… mit Urajiro (Shiba Inu)

… mit ausgedehnter Maske (Eurasier)

… mit Zobelfaktor und Weißscheckung (Barsoi)

… mit Creeping Tan und Extremscheckung (Parson Jack Russell Terrier)

Das ist alles Black and Tan …

… mit Stromungsfaktor und Schwarzmaskenfaktor (Miniatur Bullterrier)

… links mit dilute braun, rechts mit dilute (Französische Bulldoggen)

… mit braunem Eumelanin und Merle-Faktor (Catahoula Leopard Dog)

… mit Irischer Scheckung (Shetland Sheepdog)

… mit Saddle Tan, Piebald-Scheckung und progressiver Ergrauung (Biewer Yorkie)

… mit Saddle Tan und Piebald-Scheckung (Border Collie)

… mit Saddle Tan (Lakeland Terrier)

… mit Saddle Tan und progressiver Ergrauung (Yorkshire Terrier)

Das ist alles Black and Tan ...

... mit Piebald-Scheckung (Kleinspitz)

... mit Saddle Tan und Weißscheckung (Beagle)

... mit Piebald-Scheckung (S/S) und Ticking und Stichelung (Grand Bleu de Gascogne)

... mit braun (Kurzhaardackel)

Barsoi ... mit Zobelfaktor

... mit Merle-Faktor und Irish pattern (Border Collie)

... mit Merle-Faktor (Beauçeron)

Die Marken selber (vor allen an den Läufen) können von einem klaren Farbton sein oder mit schwarzen Haaren durchsetzt („rußig“). Dieser (meist unerwünschte) Ruß findet sich unserer Beobachtung nach vor allem bei Hunden, die auch eine schwarze Gesichtsmaske haben.

Dieses Phänomen kann man auch bei dominant gelben Hunden mit Maske beobachten (etwa dem Malinois): Hier sieht es sogar manchmal aus, als hätte der Hund schwarze Marken an Brust und Läufen – gewissermaßen ein „Negativ“ von Black and Tan (siehe Seite 58). Möglicherweise spielt aber auch der Rezessivschwarzfaktor a eine Rolle, und erzeugt im Genotyp at/a eine „Abschwächung“ bzw. Verkleinerung der Marken.

Bei manchen Black and Tan Hunden ist die Haarbasis (vor allem im Bereich des Halses und der Oberschenkel) heller als die Haarspitze. Würde man solche Hunde scheren, so würden sie wahrscheinlich Creeping Tan oder sogar Saddle Tan ähneln.

Black and Tan ist übrigens auch Grundlage für die typische Domino-Zeichnung bei den Schlittenhunden, dominofarbenen Afghanen, grizzlefarbenen Salukis, zobelfarbenen Barsois und Cocker Spaniels und huskyfarbenen Chihuahuas (mehr dazu auf Seite 60 ff.).

Saddle Tan

2013 gelang es einem Forscherteam aus den USA und Kanada, bei den Rassen Basset Hound und Pembroke Welsh Corgi ein Gen namens RALY zu identifizieren, welches in diesen beiden Rassen mit einer Saddle Tan-Zeichnung korreliert ist. Bei vielen anderen Rassen konnte jedoch keine Korrelation zwischen dem RALY-Genotyp und einer Saddle Tan-Zeichnung gefunden werden.

Im Rahmen neuer Erkenntnisse am A-Lokus wird eventuell zukünftig eine Differenzierung zwischen Black and Tan und Saddle Tan möglich, die den Test auf RALY überflüssig macht (siehe Seite 83).

Bei Saddle Tan werden die Phäomelanin-Anteile von Black and Tan ausgedehnt. Sowohl Hunde mit Saddle Tan als auch Hunde mit Black and Tan werden Black and Tan geboren. Bei Hunden mit Saddle Tan beginnen sich die Wildfarbigkeitsabzeichen nach und nach auszudehnen (Eumelanin wird verdrängt). Dieser Prozess beginnt bereits in den ersten Lebenswochen, zuerst dezent, schließlich immer stärker. Dies kann in einer Mantelzeichnung münden, die auch die Hinterseite des Halses und eine Art Haube am Oberkopf beinhaltet (man nennt eine solche Zeichnung auch „Creeping Tan“ (zu deutsch: „kriechende Lohfarbe“), beim Australian Shepherd spricht man auch von „running copper“). Zieht sich der Eumelanin-Anteil noch weiter zurück, so bleibt schließlich ein auf den Rücken und die seitliche Brustwand begrenzter dunkler Sattel übrig. Bei manchen Rassen scheint Saddle Tan gar nicht vorzukommen (Dobermann, Rottweiler, Manchester Terrier, Pinscher, Black and Tan Toy Terrier, Black and Tan Coonhound etc.), bei anderen Rassen treten sowohl Saddle Tan als auch Black and Tan auf (Border Collie, Pembroke Welsh Corgi, Bloodhound, Jura Laufhund, Catahoula Leopard Dog etc.) und bei wieder anderen Rassen gibt es nur Saddle Tan und kein Black and Tan (Beagle, Yorkshire Terrier, Airedale Terrier). In Rassen, in denen sowohl Black and Tan als auch Creeping Tan bzw. Saddle Tan vorkommen, erkennen erfahrene Züchter die Welpen mit Creeping Tan/Saddle Tan schon früh an den Ohren: Hier zeigt sich meist schon recht bald Phäomelanin statt Eumelanin.

Der Domino-Faktor (s. S. 60 ff.) modifiziert Saddle Tan, indem er den Sattel mit helleren

Sable Collie als Welpe ...

... und ausgewachsen.

Haaren durchsetzt und das dunkle Pigment zurückdrängt. Beim Beagle nennt man diese Zeichnung Hare-Pied.[36]

Rezessives Schwarz

Ganz am Ende der A-Serie steht schließlich das rezessive Schwarz. Rezessiv schwarze Hunde haben den Genotyp a/a auf dem A-Lokus. Auch wenn dieses Allel in der Dominanzfolge des A-Lokus ganz unten steht, so hat es doch möglicherweise auch im mischerbigen Genotyp at/a einen gewissen Einfluss auf den Phänotyp. Bei Rassen mit Domino-Faktor (eA oder eg) und rezessivem Schwarz erzeugt eine Kombination beider Genotypen (also eg/- a/a bzw. eA/- a/a) einen Phänotyp, der Black and Tan gleicht. Besonders häufig scheint rezessives Schwarz beim Deutschen Schäferhund, beim schwarzen Belgischen Schäferhund Groenendael, beim Schipperke, beim Puli und vereinzelt auch bei anderen Rassen vorzukommen (siehe S. 74).

Ein Hinweis auf rezessives Schwarz ist, wenn aus zwei dominant gelben Eltern oder Black and Tan Eltern schwarze Welpen fallen. Ein Hund mit a/a kann natürlich auch braun, blau oder lilac sein – je nach seiner Genausstattung am B- und D-Lokus.

Einem schwarzen Hund ist übrigens phänotypisch nicht anzusehen, ob er dominant schwarz oder rezessiv schwarz ist. Im Zweifelsfall sollte also sowohl auf den K-Lokus als auch auf den A-Lokus getestet werden (denn ein Hund kann selbstverständlich auch dominant schwarz und gleichzeitig rezessiv schwarz sein).

Farbentwicklungen

Im Laufe der Welpen- und Junghundzeit verändern sich vor allem die Phänotypen des A-Lokus (also dominantes Gelb, Wildfärbung und Saddle Tan) zum Teil beträchtlich. Hunde, die ausgewachsen eine typische Sattelzeichnung haben, werden Black and Tan geboren. Hunde mit dominantem Gelb und Wildfärbung werden in der Regel dunkler geboren und hellen mit zunehmendem Alter auf. Dies liegt unter anderem daran, dass man bei der Geburt nur die dunkleren Haarspitzen sieht. Möglich ist auch, dass die Phäomelaninproduktion beim Welpenhaar noch nicht voll „aktiviert" ist. Man kann also – etwas verallgemeinert – sagen, dass sowohl die Ausdehnung der hellen Marken als auch die Ausdehnung der hellen Banden auf den Einzelhaaren erst beim erwachsenen Haarkleid zur vollen Ausprägung kommt. Erfahrene Züchter wissen dies und können so bei ihren Welpen oft schon eine Vorhersage treffen, wie sich der Hund farblich in etwa entwickeln wird (etwa beim zobelfarbenen Collie, ob der Hund eher ein dunkel- oder hellzobel wird – analog der Dichte und Länge der schwarzen Haarspitzen).

Trotz einiger wegweisender Entdeckungen in letzter Zeit ist die Einteilung (und Abgrenzung) der hier vorgestellten Farben noch nicht in allen Punkten gesichert. Ob und wie viele zusätzliche Gene bzw. Allele dieser Serie oder sogar epigenetische Einflüsse für die unterschiedlichen Abstufungen und Schattierungen sorgen, bleibt weiterhin ein spannendes Thema für Züchter, Genetiker und interessierte Laien.

Zusammenspiel mit anderen Genorten

So genanntes Tricolour (etwa bei den Schweizer Sennenhunden und beim Beagle) ist auch Black and Tan – hier kommt nur eine Weißscheckung hinzu (siehe Seite 136 ff.). Man kann sich das so vorstellen, als hätte ein großer unsichtbarer Radiergummi an bestimmten Stellen die Farben einfach ausradiert. Wenn man nun gedanklich (oder auf einem Foto mit Stiften) die weißen Bereiche wieder mit Farbe füllt, so erkennt man schnell den schwarzen Hund mit roten oder gelben Abzeichen.

Die schwarze Grundfarbe (also das Eumelanin) kann außerdem durch verschiedene Mutationen zu Braun, Blau oder Lilac verdünnt werden. So ist es zu erklären, dass es nicht nur Black and Tan gibt, sondern auch Brown and Tan, Blue and Tan und Lilac and Tan – alle diese Varianten, die teilweise sehr unterschiedlich aussehen können, verdanken ihre Wildfarbigkeitsabzeichen dem Genotyp at/- bzw. den Haplotypen VP2/HCP3-5 am A-Lokus.

Gleiches gilt natürlich auch für das dominante Gelb und die Wildfarbe: Bei all diesen Zeichnungen kann das schwarze Pigment durch die

Dieser Weimaraner ist Black and Tan mit Blau- und Braunverdünnung.

Dritte Mendelsche Regel: Das Unabhängigkeitsgesetz

Da jeder Hund an jedem Genort zwei Allele hat (und es eine Vielzahl Farbgenorte mit jeweils mindestens zwei Allelen gibt), ist die freie Kombinationsmöglichkeit unter den möglichen Pigmentarten und Farbverteilungen über Einzelhaar und Gesamtkörper fast unerschöpflich.

Hunde, die eine Grundfarbe des A-Lokus voll ausprägen und keine Stromung zeigen, haben auf dem K-Lokus immer den Genotyp ky/ky.

entsprechenden Gene auch zu Braun, Blau oder Lilac verdünnt werden und/oder durch eine Weißscheckung teilweise „überlagert" werden (typische Beispiele sind der zobel-weiße Collie und der Bernhardiner (dominantes Gelb bzw. Rot kombiniert mit Weißscheckung) oder der Border Collie in slate/sable/white (dominantes Gelb bzw. Rot mit Blauverdünnung und Weißscheckung).

Gentest

Zwei Forscherteams (Dr. Sheila Schmutz von der Saskatchewan Universität, Kanada und Dr. Greg Barsh von der Stanford Universität, USA) ist es zwischen 2004 und 2011 gelungen, drei Allele der A-Serie zu isolieren und auf dieser Basis Gentests zu entwickeln. So kann man mittels Blutprobe oder Backentupfer unterscheiden, ob ein Hund Ay, at und/oder a trägt. Die Zuordnung zu Aw ist somit eine Ausschlussdiagnose.

Beim Malinois wird der Test auf den A-Lokus etwa eingesetzt, um Träger des in dieser Rasse unerwünschten rezessiven Schwarz zu finden, beim Rhodesian Ridgeback kann man mit dem Test Träger des unerwünschten Allels at identifizieren. Im Jahr 2020 wurden von einer internationalen Forschergruppe im Bereich dieses Gens bestimmte Regionen identifiziert, die eine noch spezifischere Genotypisierung zulassen könnten.

Praktischer Tipp für Züchter

Jeder Hund trägt am A-Lokus zwei Allele, auch wenn er selbst einfach schwarz, braun, gelb oder weiß ist. Diese Allele kommen allerdings nur zur vollen Ausprägung, wenn ein Hund auf dem K-Lokus den Genotyp ky/ky und zugleich auf dem E-Lokus keine Eumelanin reduzierenden Varianten hat. Darum müssen (damit die Zeichnungen des A-Lokus fallen können) beide Eltern mindestens ein Allel ky und mindestens einer der Eltern ein Allel E haben.

Links: Black and Tan mit Braunfaktor und Merle-Faktor, rechts: Saddle Tan/Creeping Tan mit Braunfaktor und Merle-Faktor (Catahoula Leopard Dogs).

Schäferhund-Mischling

Lakeland Terrier

"Thürner Wolfshund"
Extrem zurückgedrängter Sattel

Deutscher Schäferhund (Langstockhaar)

Beagle
Saddle Tan mit Weißscheckung

Beagle
Bei dieser Rasse nennt man den stark zurückgedrängten Sattel mit Weißscheckung „shaded tri".

Deutscher Jagdterrier

Mischling

Australian Shepherd

Weimaraner

Links oben: Creeping Tan mit schwarzem Eumelanin (Deutscher Jagdterrier), rechts oben: Creeping Tan mit schwarzem Eumelanin und Piebald-Scheckung (Mischling), links unten: Creeping Tan mit braunem Eumelanin und Irischer Scheckung, rechts unten: Creeping Tan mit lilac Eumelanin

B-Lokus-Komplex – Das Braun-Gen

Die Braun-Mutation war die erste Farbmutation beim Hund, die von den Molekulargenetikern entdeckt wurde und für die ein kommerzieller Gentest entwickelt wurde.[37] Es befindet sich auf Chromosom Nummer 11 und wird „Tyrosinase Related Protein 1" (TYRP 1) genannt. Dieses Gen ist bei vielen Säugetieren bekannt. Es bewirkt eine veränderte Eumelanin-Struktur und lässt das normalerweise schwarze Eumelanin braun erscheinen. Nicht nur das Pigment in den Haaren ist betroffen, sondern auch sonst überall am Körper: Braune Hunde haben immer auch braune Nasenspiegel, braune Lefzen und braune Augenlider. Die Iris der Augen ist oft (aber nicht immer) heller. Braune Hunde können kein schwarzes Pigment bilden. Das dominante Allel B führt zu einer „normalen" Eumelaninbildung, das rezessive Allel b hingegen lässt das braune Eumelanin entstehen.

Der Buchstabe B leiten sich von „brown" (engl. für braun) ab. Auf dem B-Lokus existieren mindestens sechs verschiedene Varianten b. Die Dominanzfolge ist B > b. Im Test auf den B-Lokus werden die Ergebnisse für jede getestete Variante in der Regel separat aufgeführt, daher werden nicht vorhandene Allele b mit N angegeben (N steht für „Normaltyp", man kann es sich aber auch mittels der Eselsbrücke „Nicht vorhanden" merken. Erst, wenn ein Hund keine Variante b am B-Lokus besitzt, kann man vom Genotyp B/B sprechen.

Per Gentest kann man herausfinden, ob ein Hund eine Variante für braune Fellfarbe trägt. Dr. Sheila Schmutz aus Kanada entdeckte die ersten drei Braun-Varianten: bd, bs und bc. Diese drei Varianten sind weit verbreitet und kommen in den meisten Rassen vor. Bis Anfang 2021 wurden noch drei weitere Varianten entdeckt, die allerdings viel seltener sind und jeweils nur in einer Rasse (und dort teilweise nur in einer einzigen Familie) vorkommen: Die Varianten b4 beim Australian Shepherd, be beim Lancashire Heeler und bh beim Siberian Husky. Die Unterschiede zwischen diesen Va-

Ein Hund mit schwarzem Eumelanin kann bezüglich des braunen Pigments mischerbig sein, ein Hund mit braunem Eumelanin hingegen ist immer reinerbig (siehe auch Seite 40 ff.). Zwei braune Hunde können also keinen schwarzen Welpen miteinander zeugen, zwei schwarze Hunde können (wenn sie beide mischerbig sind) braune Welpen zeugen.

Beim Wasserhund Pudel ist Braun ein anerkannter Farbschlag.

Beim Labrador Retriever ist Braun ein anerkannter Farbschlag.

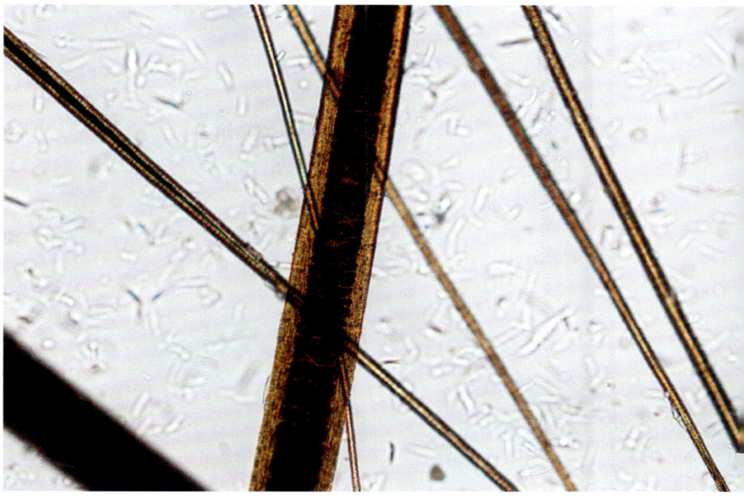

Trichogramm B-Lokus: Lichtmikroskopische Aufnahme der Haare eines b/b Hundes bei 100-facher Vergrößerung. Die „braune" Färbung des Haar-Cortex entsteht durch veränderte Eumelanineinlagerung ins Haar (Trichogramm des links abgebildeten Hundes).

rianten spielen allerdings für den Züchter keine Rolle, da sie nach heutigem Kenntnisstand keinen Einfluss auf den Farbton des Brauns haben. Deshalb wird hier im Folgenden auch nur vom Allel b die Rede sein, wenn ein Allel mit mindestens einer Variante für braunes Eumelanin gemeint ist. Höchstwahrscheinlich gibt es außer diesen sechs bereits identifizierten Braun-Varianten noch einige weitere. Bei der Französischen Bulldogge kannte man viele Jahre braune Hunde, die jedoch kein Allel b im Test aufwiesen. Man nannte dies „non testable brown" („nicht testbares Braun"). Zwischenzeitlich konnte man die Ursache identifizieren: Es handelt sich nicht um eine Braun-Variante am B-Lokus, sondern um eine separate auf einem anderen Chromosom, die man „Cocoa" nannte (siehe Seite 111 f.).

Viele Namen für eine Farbe

Für braune Hunde gibt es eine Vielzahl Farbbezeichnungen: Leberfarben/liver (der seltene Sussex Spaniel ist goldleberfarben), schokoladenfarbig/chocolate, kastanienfarben, havannabraun (Appenzeller Sennenhund), bronzefarben (beim Neufundländer), zimt, kupfer,

Die Farbintensität von Braun wird im Laufe des Lebens schwächer (Deutsch Kurzhaar; links: ca. 10-jähriger Hund, rechts: ca. einjähriger Hund).

Das ist alles b/b:

Deutsch Kurzhaar

Australian Shepherd

Border Collie

Deutsch Kurzhaar

Lagotto Romagnolo

Australian Shepherd

Catahoula Leopard Dog

Podenco Ibicenco, Rauhaar

Lagotto Romagnolo

Kurzhaardackel

Deutsch Kurzhaar

Catahoula Leopard Dog

bärenbraun und sogar rot (im Englischen werden vor allem braune Dobermänner, Australian Shepherds, Kelpies und Catahoula Leopard Dogs als red bezeichnet). Manche Pudelpointer sind dürrlaubfarben (diese Bezeichnung wird hingegen beim Rauhaardackel für gelbe Hunde verwendet). Und den helleren Braunton des Bracco Italiano bezeichnet man als „Kapuzinerkutte“ (in Anlehnung an die gleichfarbige Mönchstracht).

Unterschiedliche Farbintensitäten von Braun bei zwei Border Collies: links: ca. 5-jährige Hündin, rechts: ca. 1-jähriger Rüde (Sohn der Hündin links).

Braun nennt man landläufig allerdings auch Hundefarben, die genetisch betrachtet gar nicht braun sind: So würde ein Laie einen roten Langhaardackel ziemlich sicher einen braunen Hund nennen, ebenso den mahagonifarbenen Irish Setter, dessen Farbe nicht durch das eigentliche Braun-Gen hervorgerufen wird. Auch das so genannte Seal (siehe Seite 184 ff.) kann einem „echten" Braun zum Verwechseln ähnlich sehen (s. Tabelle 3 auf S. 33).

Wichtige Indizien für echtes Braun (b/b) sind der braune Nasenspiegel und das Fehlen jeglichen schwarzen Pigments. Ein roter Langhaardackel hat etwa oft schwarze Haare an den Ohrspitzen (und eine schwarze Nase), ein Irish Setter soll eine tiefschwarze Nase haben (hat aber oft auch eine bräunliche Nase, da so genannte Wechselnasen gerade beim Genotyp e/e sehr häufig vorkommen, siehe Seite 212).

Braun kann in der Farbintensität (auch je nach Fellstruktur) stark variieren. Innerhalb einer Rasse sieht man etwa große Unterschiede beim Neufundländer, dort reicht die Palette von Dunkelbraun bis zu einem relativ hellen Bronzefarben. Die Farbintensität von Braun scheint sich außerdem im Laufe des Hundelebens zu verändern, so sind viele braune Hunde im Alter weniger intensiv gefärbt als während der Jugend. Eine genetische Ursache für die unterschiedlichen Braun-Farbintensitäten konnte bisher noch nicht nachgewiesen werden.

Derselbe Hund, unterschiedliche Lichtverhältnisse (Deutscher Jagdterrier).

Geschätzt und geächtet

Die Braun-Mutation ist entwicklungsgeschichtlich sehr alt und tritt deshalb bei fast allen Hunderassen auf – egal, ob erwünscht oder nicht. Das bringt uns zur historischen Bedeutung der braunen Fellfarbe beim Hund. Wenn man sich die Verbreitung dieser Farbe unter den Hunderassen ansieht, so fällt auf, dass vor allem bei europäischen Vorsteh-, Stöber-, Wasser- und Apportierhunden Braun verbreitet und beliebt ist.

Vor allem bei diesen Jagdhunderassen kommt es darauf an, dass der Hund sich möglichst unauffällig in die Umgebung einfügt. Und so sind viele „klassische" Jagdhunde braun – entweder einfarbig oder in Kombination mit anderen Fellzeichnungen. Typische Beispiele sind die Deutschen Vorstehhunde, Field und Sussex Spaniel, Deutscher Wachtelhund, Labrador, Flat Coated und eben der Chesapeake Bay Retriever und die verschiedenen Wasserhunde (etwa der Perro de Agua aus Spanien, der Barbet aus Frankreich und der Irish Waterspaniel).

Auch bei niederländischen, französischen und italienischen Jagdhunderassen sind braune Farben und Zeichnungen weit verbreitet. Fast jedes europäische und nordamerikanische Land hat also seine bodenständigen braunen oder braunfaktorierten Jagdhunderassen. Bereits auf Werken alter Meister findet man Darstellungen brauner Jagdhunde (eine sehr frühe Darstellung sieht man etwa auf dem Gemälde *Die Vision* des Hl. Eustachius von Pisanello, um 1438-1442). Interessanterweise steht der Bevorzugung von Braun bei vielen Jagdhunderassen eine deutliche Ablehnung der braunen Farbe bei vielen anderen Rassen gegenüber. Braun wurde etwa beim Deutschen Schäferhund als Pigmentverblassung angesehen, die mit einem Nachlassen der „inneren Gefügefestigkeit und Weichheit, auch seelischer, sowie mit einem Mangel an Widerstandskraft, auch gegen Krankheiten," einhergehe.[38] Ein solcher Zusammenhang konnte wissenschaftlich bislang nicht nachgewiesen werden, dennoch findet sich auch heute noch in vielen Rassestandards das Verbot der braunen Farbe (Pekingese, Tibet Spaniel, Tibet Terrier, Bull Terrier, Staffordshire Bullterrier etc.).

Wildfarbener Deutscher Schäferhund mit Maskenfaktor und braunem Eumelanin. Die historischen Vorurteile gegenüber braun pigmentierten Schäferhunden sollten heute als überwunden gelten.

Möglicherweise wurde und wird bei der Beurteilung der medizinischen Bedeutung braun und blau (dilute) verwechselt. Der Dilutions-

Viele europäische Jagdhunderassen sind b/b (Foto: Braunschimmel Korthals Griffon).

Brauner Deutsch Kurzhaar (beachte den braun gestichelten Brustfleck).

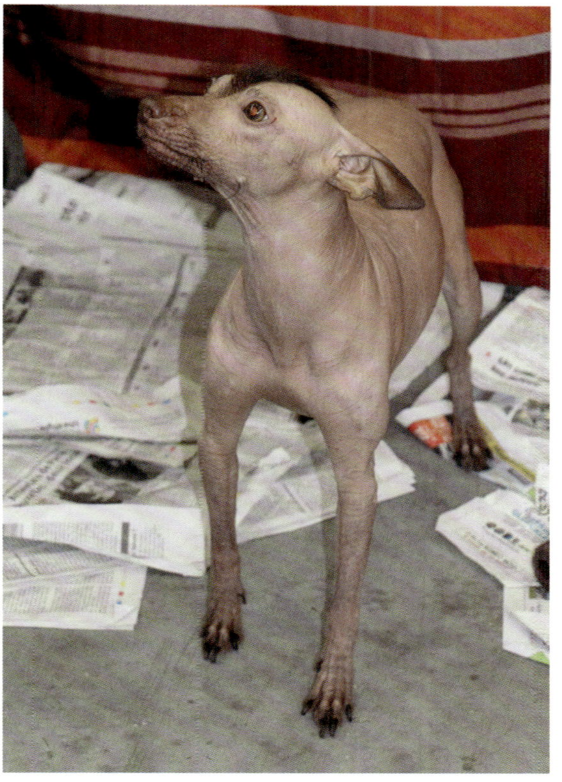

Brauner („bronze") Xoloitzcuintle.

faktor (siehe S. 112 ff.) kann tatsächlich mit gesundheitlichen Problemen einhergehen (s. Seite 234 ff.). Dem traditionellen Ressentiment steht eine zunehmende Beliebtheit der Fellfarbe Braun in der heutigen Zeit gegenüber. Braune Hunde gelten bei vielen Welpeninteressenten als besonders attraktiv, selbst wenn die Farbe bei der jeweiligen Rasse nicht offiziell anerkannt wird. Bei manchen Rassen gibt es Züchter, die eine offizielle Anerkennung von Braun anstreben. Beim Appenzeller Sennenhund ist dieses Ziel bereits erreicht: „Havannabraun" ist seit 1980 ein anerkannter Farbschlag (in Kombination mit den typischen weißen und roten Abzeichen). Bei anderen Rassen ist die Ablehnung gegenüber Braun nach wie vor groß.[39] Offensichtlich gibt es aber zunehmend und rasseübergreifend Anhänger dieses Farbschlages. Siehe dazu auch S. 249 ff. (Fellfarbe und Verhalten).

Braun plus …

Gemäß der dritten Mendelschen Regel kann der Genotyp b/b frei mit allen anderen Farbgenotypen kombiniert werden. Ein Hund mit b/b kann kein schwarzes, sondern nur braunes Eumelanin bilden, ganz unabhängig von seiner Genausstattung an den andern Farbgen-Loci (durch den Genotyp d/d am D-Lokus, den Dilutionsfaktor, wird braunes Eumelanin noch weiter zu lilac verdünnt). So gibt es etwa braun-weiß gescheckte Hunde, Braun mit roten Abzeichen (etwa beim Dobermann, Dachshund oder Deutschen Jagdterrier), Braunschimmel (typisch für Deutsch Kurzhaar und Deutsch Drahthaar), aber auch Farben, bei denen kaum etwas auf das Vorliegen des Braunfaktors hinweist, etwa beim Magyar Vizsla oder beim Podenco Ibicenco. Hier sorgt ein weiterer Faktor (Genotyp e/e, siehe S. 47 ff.) für eine Unterdrückung von Eumelanin im Fell. So wird nur Phäomelanin in die Haare eingelagert, das Fell erscheint creme, gelb oder rötlich. Lediglich die Haut und die Schleimhäute können bei e/e Eumelanin einlagern, deshalb haben gelbe Hunde mit dem Genotyp e/e + B/- schwarze Nasen (wie etwa gelbe Labrador Retriever). Hat ein gelber Hund nun aber statt B/- zwei Allele b (also die Genkombination e/e + b/b), so hat er ein gelbes (oder rötliches) Fell und eine braune Nase. Diesen typischen Phänotyp findet man außer beim Vizsla und Podenco auch bei den so genannten „red nose“ Pit Bulls, beim Lagotto Romagnolo, beim Spinone

Die Unterscheidung zwischen dominant gelben / roten Hunden mit Braunfaktor und rezessiv gelben / roten Hunden ist nicht immer leicht (siehe Text). In manchen Fällen ermöglicht nur ein Gentest die eindeutige Zuordnung des Phänotyps zu einem Genotyp.

Italiano und bei etlichen anderen Rassen. Verwechslungsgefahr besteht allerdings zu Hunden mit dem Genotyp Ay/- + b/b: Solche Hunde sind dominant creme/gelb/rot mit brauner Nase. Eine Unterscheidung zu e/e + b/b kann schwierig sein, vor allem, wenn das Phäomelanin sehr intensiv (rot) ist und wenn der Hund nur wenig Eumelanin im Haar hat. Generell kann zur phänotypischen Unterscheidung von dominantem und rezessiven Rot die Farbe der Sinushaare herangezogen werden (siehe S. 48 ff. und 206 ff.). Bei braunfaktorierten Hunden ist dies allerdings schwierig, da die Sinushaare hier ja nicht schwarz, sondern braun sind (was vor allem bei intensivem Phäomelanin nicht immer sicher abgegrenzt werden kann). Es gibt Rassen, bei denen sowohl braunfaktoriertes dominantes Rot als auch braunfaktoriertes rezessives Rot vorkommt (etwa beim Nova Scotia Duck Tolling Retriever, Chesapeake Bay Retriever und Griffon Fauve de Bretagne). Im Zweifelsfall hilft zur Unterscheidung ein Gentest weiter. Außerdem bestehen Abgrenzungsschwierigkeiten zwischen den Genotypen e/e + b/b und e/e + B/-, da Hunde mit dem Genotyp e/e zur Entwicklung einer Wechselnase neigen (siehe S. 212 ff.). Eine stark aufgehellte Wechselnase kann optisch einer braunen Nase gleichen, sodass im Zweifelsfall auch hier ein Gentest sinnvoll ist).

Cocoa-Lokus – Das „andere" Braun

Viele Jahre rätselte man, welches die genetische Grundlage einer dunkelbraunen Farbe bei bestimmten Französischen Bulldoggen sei. Ein ganze Zeitlang wurde vermutet, dass es sich um ein unbekanntes Allel b am B-Lokus handeln könne. Da aber auf dem B-Lokus am Chromoson 11 der betroffenen Hunde keine weitere Variante entdeckt werden konnte, wurde die Suche ausgeweitet. Schließlich wurde eine internationale Forschergruppe im Jahr 2020 auf dem Chromosom 23 fündig: Das Cocoa-Gen HPS3 war entdeckt.[40] Das ursächliche Cocoa-Allel verhält sich – wie die bisher bekannten Varianten für Braun am B-Lokus – rezessiv gegenüber dem Wildtyp. Das bedeutet, ein Hund benötigt zwei Cocoa-Allele, um den Cocoa-Phänotyp ausprägen zu können. Wie auch beim B-Lokus-Braun verändert Cocoa nur Eumelanin, kein Phäomelanin. Die entstehenden Phänotypen können in der Färbung von denen, die durch die Varianten des B-Lokus ausgelöst werden, oft nicht unterschieden werden. Ganz

Braun (Grundfarbe Black and Tan) Genotyp Co/co b/b

Cocoa (Grundfarbe Black and Tan) Genotyp co/co B/-

allgemein entsteht durch Cocoa jedoch ein dunkleres Braun, während die Phänotypen des B-Lokus dunkles bis helles Braun ermöglichen. Je nach Grundfarbe und weiteren Farbgenen gibt es also ganz unterschiedliche Phänotypen, die in Kombination mit Cocoa entstehen können. So verdünnt z. B. der Dilute-Faktor braunes Cocoa-Eumelanin zu einer hellgrau-braunen Farbe (analog zu Lilac). Während Cocoa in einer bestimmten Population von Französischen Bulldoggen (außerhalb der FCI, da dort keine Farbverdünnungen wie Braun, Cocoa und Dilution zugelassen sind) sehr verbreitet ist, konnte es bislang bei keiner anderen Hunderasse nachgewiesen werden. Das spricht dafür, dass es sich um eine junge, rassespezifische Mutation handelt.

D-Lokus-Komplex – Das Dilute-Gen

Die Dilution (Blauverdünnung) bewirkt sehr auffällige Fellfarben. Sie kommt nicht nur beim Hund, sondern auch bei anderen Säugetieren wie Katzen (Kartäuser, Russisch Blau), Kaninchen (Blaue Wiener) und auch bei Vögeln (bestimmte Hühner- und Taubenrassen) vor.

Der Buchstabe D leitet sich von „Dilute" (engl. für verdünnt) ab. Auf dem D-Lokus wurden bislang drei Varianten identifiziert: d1, d2 und d3. Die Wildform (also „Nicht-dilute") wurde traditionell als D bezeichnet, da D dominant gegenüber d ist. Die internationale Nomenklatur bezeichnet heute den Wildtyp als N.

Dilution bedeutet „Verdünnung". Gemeint ist die Verdünnung von schwarzem zu blauen Pigment (bzw. von braunem zu lilac Pigment). Normalerweise werden die Pigmentkörnchen in den Melanozyten gebildet und über feine Zellverästelungen, die sogenannten Dendriten, in das Haar geschleust. Alle Hunde, bei denen diese Pigmentbildung und -einlagerung normal funktioniert, haben auf dem D-Lokus mindestens ein dominantes Allel D. Hunde mit dem Genotyp d/d können keine normalen Eumelanin-Pigmentkörnchen bilden, sondern nur kleinere, die außerdem miteinander verklumpt sind. Der optische Eindruck dieser veränderten Pigmentkörnchen im Haar ist nicht schwarz, sondern graublau. Auch die Farbe der Haut (also des Nasenspiegels und der anderen Haut- bzw. Schleimhautpartien ist etwas heller, der Nasenspiegel ist also nicht schwarz (bzw. braun), sondern schiefergrau (bzw. lilac (wird oft auch als fleischfarben bezeichnet)). Hunde mit dem Genotyp d/d haben meist eine hellere Iris.

Ein Hund ohne Dilution kann bezüglich der Dilution mischerbig sein, ein dilute Hund hingegen ist immer reinerbig. Zwei dilute Hunde können keinen Welpen ohne Dilution miteinander zeugen, zwei Hunde ohne Dilution hingegen können (wenn sie beide mischerbig sind) dilute Welpen zeugen.

Gentest

Seit einigen Jahren ist das Gen, das der Dilution zugrunde liegt, bekannt, ein kommerzieller Gentest ist mittlerweile verfügbar. Entdeckt wurde die Mutation von einer internationalen

Forschergruppe.[41] Es handelt sich um das so genannte Melanophilin-Gen (MLPH). Zwischenzeitlich wurden zwei weitere Varianten identifiziert, sodass man heute von den Varianten d1, d2 und d3 spricht. Während die zuerst entdeckte Variante d1 bei einer Vielzahl von Rassen vorkommt, konnte man d2 bislang nur bei den Rassen Thai-Ridgeback, Chow Chow und Sloughi nachweisen.[42] Die Variante d3 schließlich konnte bislang in den Rassen Pumi, Mudi, Chihuahua, Pekingese, Italienisches Windspiel, Shih Tzu, Do Khyi, Yorkshire Terrier und Shetland Sheepdog nachgewiesen werden, ebenso in Wölfen und Wolf-Hund-Hybriden.[43] Es scheint noch weitere, bislang nicht identifizierte Varianten zu geben, z.B. beim Azawakh. Da man es einem Hund mit dem Genotyp D/d nicht ansieht, ob er den Dilutionsfaktor trägt oder nicht, ist es vor allem in Rassen, bei denen die dilute Farbschläge zur CDA (s. Seite 234ff.) neigen, ratsam, Zuchttiere auf das Gen testen zu lassen (etwa bei Dobermännern, Deutschen Pinschern, Großen Münsterländern, Barbet). Interessant ist der Test auch für Züchter, die dilute Welpen züchten möchten, aber nicht wissen, ob ihre Zuchthündinnen bzw. ein Deckrüde den Dilute-Faktor trägt oder nicht. An dieser Stelle wird jedoch eindringlich davor gewarnt, ohne die nötige Sorgfalt an die Dilute-Zucht zu gehen. Während in manchen Rassen die CDA keine Rolle zu spielen scheint (etwa bei der Deutschen Dogge), ist in anderen Rassen der Anteil an kranken dilute Hunden hoch (etwa beim Dobermann und beim Deutschen Pinscher). Der in den letzten Jahren in Deutschland zunehmend beliebte „silver Labrador" (Genotyp b/b + d/d) scheint ebenfalls mit einem erhöhten Risiko behaftet zu sein. Ein weiterer wichtiger Schritt in der Zucht gesunder dilute Hunde wird also die Entwicklung eines Gentests sein, der gezielt die Träger eines „CDA-Gens" identifiziert. An der Uni Bern wird derzeit an der Entdeckung der für die CDA ursächlichen Mutation geforscht.

Thai-Ridgeback dilute

Chow Chow dilute

Blaue (dilute) Bombay Katze

Dilute Hunde haben oft auch eine aufgehellte Augenfarbe.

Blauer Bearded Collie

Trichogramm D-lokus: Lichtmikroskopische Aufnahme der Haare eines d/d Hundes bei 100-facher Vergrößerung. Die „Verklumpung" der Pigmentgranula im Haar-Cortex führt zur Aufhellung der Grundfarbe des Haares. Die einzelnen Haare enthalten unterschiedlich viel Pigment im Haar-Cortex und erscheinen daher in verschiedenen Graustufen. (Trichogramm des rechts abgebildeten Bearded Collies).

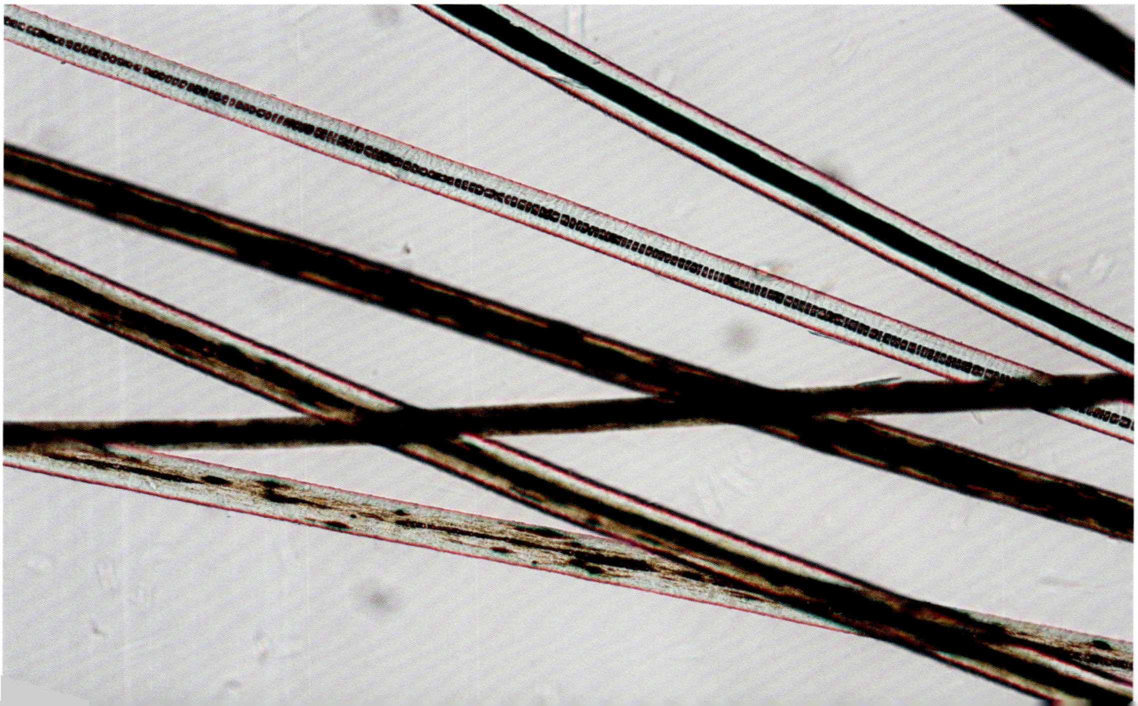

Verbreitung des Dilutionsfaktors

Der Dilutionsfaktor ist eine entwicklungsgeschichtlich alte Mutation und kommt darum bei allen Rassen mehr oder weniger häufig vor – auch wenn die Dilution längst nicht bei jeder Hunderasse erwünscht oder zugelassen ist. Es gibt nur zwei Rassen, die ausschließlich in Dilute vorkommen: Den Weimaraner und den Slowakischen Rauhbart.

Der Weimaraner wird im Englischen auch „Grey Ghost" (Grauer Geist) genannt – dies beschreibt passend die fast ätherische Wirkung der Farbe lilac (Genotyp b/b d/d). Bei manchen Rassen ist die Fellfarbe Blau beliebt und traditionell verbreitet (etwa beim Italienischen Windspiel, Whippet, Greyhound, bei der Deutschen Dogge, dem Mastino Napoletano, dem American Staffordshire Terrier), bei anderen ist die Farbe anerkannt, aber nicht so häufig wie andere Farbschläge (etwa beim Chow Chow, dem Shar Pei, Border Collie).

In den letzten Jahren ist ein „Blau-Trend" festzustellen, sodass man in den meisten Rassen heute mehr blaue Hunde sieht als früher. Bei bestimmten Rassen ist Blau in anderen Ländern als Deutschland zugelassen (etwa beim Neufundländer in Kanada). In vielen Rassen ist Blau keine erwünschte Farbe, fällt aber dennoch ab und zu in Würfen (beispielsweise beim Schweizer Sennenhund, beim Dalmatiner, beim Großen Münsterländer). Der Dilutionsfaktor kommt in Verbindung mit jeder Farbe und Zeichnung vor. So kann ein Hund Weiß mit blauen Flecken, Blau mit Wildfarbigkeitsabzeichen (Blue and Tan), blaugestromt (eine beliebte Farbe beim Whippet) oder sandfarben mit blauer Maske sein (häufig beim Italienischen Windspiel). Ein Erkennungszeichen solcher blaufaktorierten Hunde ist der hellere Nasenspiegel - nie kann ein Hund mit dem Blaufaktor einen tiefschwarzen Nasenspiegel haben, er ist in der Regel hell- bis schiefergrau.

Weimaraner: Dilute Braun

Slowakischer Rauhbart: Dilute Braun

Das ist alles d/d:

Italienisches Windspiel:
Dilute Schwarz

Mastino Napoletano:
Dilute Schwarz

Shar Pei:
Dilute Schwarz

Border Collie:
Dilute Schwarz mit Weißscheckung

American Staffordshire Terrier:
Dilute Seal mit weißem Abzeichen

Chihuahua Langhaar:
Dilute Schwarz mit Weißscheckung

Französische Bulldogge:
„Blue and Tan“: Dilute Black and Tan mit Maske

Kaukasen-Mix:
Dilute Creeping Tan mit Maske

Malinois:
Dilute dominantes Gelb mit Maske

Französische Bulldogge:
"Blue Fawn Pied": Dilute dominantes Gelb mit Weißscheckung

Italienisches Windspiel:
Dilute dominantes Gelb

Magyar Agar:
Dilute gestromt

Allerdings kann verdünntes schwarzes Pigment manchmal recht dunkel anthrazitfarben sein, sodass die phänotypische Abgrenzung zu Schwarz in manchen Fällen schwierig ist. Auf der anderen Seite kann es mitunter auch schwer sein, den Genotyp d/d + B/- (dilute Schwarz, also Blau) phänotypisch von d/d b/b (dilute Braun, also Lilac) abzugrenzen. In beiden Fällen hilft ein Gentest – außer, es handelt sich um Rassen, bei denen es noch nicht identifizierte Allele b und/oder Allele d gibt.

Nomenklatur

Es gibt – je nach Rasse – unterschiedliche Bezeichnungen für verdünntes Schwarz (B/- + d/d). Blau, Grau, Rauchfarben, Schieferfarben,

Bleigrau, Silbergrau, Taubenblau und Anthrazit sind unterschiedliche Bezeichnungen für dieselbe Fellfarbe. Beim American Staffordshire Terrier und Pit Bull Terrier kursiert die Bezeichnung „blueline" für blaue Hunde. Hunde mit b/b d/d (also dilute Braun) werden als Isa-

Links: Pfotenballen bei dilute braunem (oder cocoa) Welpen; rechts: Pfotenballen bei dilute schwarzem (blauem) Welpen (Französische Bulldoggen)

Französische Bulldoggen (links Blue and Tan; rechts dilute Braun oder Cocoa and Tan (konnte zum Zeitpunkt der Aufnahme noch nicht getestet werden). Beachte auch die unterschiedliche Farbintensität der Tan-Marken (unabhängig von der Dilution).

Links: Border Collie (dilute mit schwarzen Abzeichen); rechts: Working Australian Shepherd (schwarz mit weißen Abzeichen).

bell, Sandfarben, Beige, Lilac, Mausgrau, Rehgrau, Silber oder Milchkaffeefarben bezeichnet. Dilute gelbe Hunde schließlich nennt man entweder falb-, beige-, isabell- oder Sandfarben, dilute rote Hunde z. B. zimtfarben. Hunde mit blauer Stomung nennt man blaugestromt oder blaustrom.

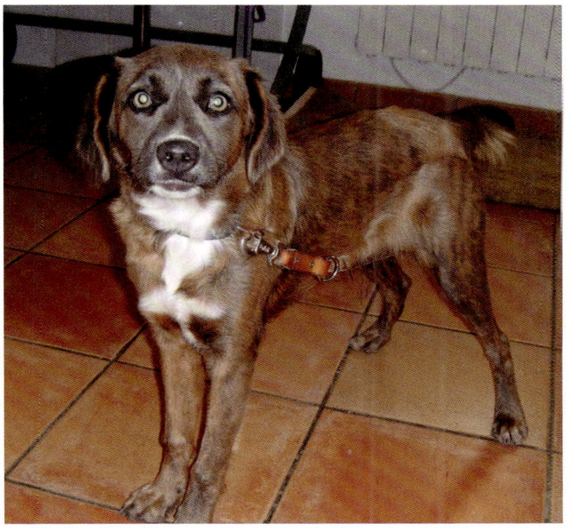

Dieser Mischling ist dilute gestromt mit Maske und sehr farbintensivem Phäomelanin. Die Augen reflektieren grün (s. S. 221).

Verwechslungsmöglichkeiten

Es gibt Fellfarben, die als blau bezeichnet werden, aber nichts mit Dilution zu tun haben. So zum Beispiel die progressive Ergrauung (siehe Seite 171 ff.). Bei Hunden mit progressiver Ergrauung wird die Fellfarbe im Lauf der ersten Lebensmonate bis -jahre durch die fortschreitend reduzierte Pigmenteinlagerung in die Haare zunehmend heller. Bei der Geburt schwarzes Fell wird grau, bei der Geburt braunes Fell wird „milchkaffeefarben".

Eine typische Rasse für diese progressive Ergrauung ist der Kerry Blue Terrier (er trägt das „Blau" sogar im Rassenamen). Kerry Blues kommen schwarz zur Welt und entwickeln im Laufe der Zeit ein blaugraues bis silbergraues Fell. Der Česky Terrier kommt in Graublau (schwarz geboren) und Milchkaffeebraun (braun geboren) vor. Die Geburtsfarbe ist ein wichtiges Unterscheidungsmerkmal zwischen Dilution und progressiver Ergrauung. Ein typisches Merkmal der Blauverdünnung ist nämlich, dass sie bereits von Geburt an zu sehen ist. Bereits am ersten Lebenstag kann man einen Unterschied zwischen schwarzen, braunen, blauen und lilac Welpen erkennen. Unter Umständen kann es schwierig sein, Lilac von hellerem Blau bzw. Lilac von hellerem Braun zu unterscheiden. Liegen jedoch blaue Welpen neben schwarzen, so sieht man ganz deutlich den Unterschied. Dies ist als Unterscheidungsmerkmal vor allem wichtig in Rassen, bei denen neben der Blauverdünnung auch der Faktor für progressive Ergrauung vorkommt (etwa beim Briard, hier unterscheidet man zwischen „gris né gris" (grau, grau geboren) und „gris né noir" (grau, schwarz geboren). Ein weiteres Beispiel ist der Bearded Collie. Bei dieser Rasse ist die progressive Ergrauung sehr verbreitet, sodass es hier auch die Schwierigkeit gibt, einen blauen Hund mit progressiver Ergrauung von einem blauen Hund ohne progressive Ergrauung zu unterscheiden. Der Ergrauungs-Faktor wirkt sich nur auf das Fell aus, nicht auf die Nasen- und Augenfarbe.

Eine weitere Fellfarbe, die als Blau bezeichnet wird, aber nichts mit dilute zu tun hat, ist das getüpfelte oder gestichelte Haarkleid (s. Seite 155 ff.). Bei solchen Hunden sind weiße Bereiche getüpfelt oder mit einer Vielzahl farbiger Einzelhaare durchsetzt. Sind diese farbigen Haare schwarz, so erscheint durch die Mischung von weißen und schwarzen Haaren der optische Eindruck eines blaugrauen Felles. Typische Beispiele sind der Cocker Spaniel (Blauschimmel), der English Setter (Blue Belton), der Luzerner Laufhund oder der französische Bleu de Gascogne (er trägt das „Blau" sogar im Namen – ebenso wie der Bluetick Coonhound oder der Blue Heeler).

Nicht zu verwechseln mit „echtem“ Dilute: Atypisches Merle (wurde auch eine Zeitlang als „Dilute Merle“ bezeichnet). Australian Shepherd mit dem Genotyp Ma/Mc.

Schließlich gibt es noch durch bestimmte Merle-Allele ausgelöste Färbungen, die unter Umständen mit Dilute verwechselt werden können. Vor allem bei Hunden mit dem atypischen Merle (Allel Ma) kann es zu einer Aufhellung des Eumelanins kommen, die Dilute sehr ähnlich sehen kann. Dies gilt es bei Rassen mit Merle wie dem Border Collie, dem Australian Shepherd, dem Catahoula Leopard Dog (und etlichen weiteren Rassen) zu bedenken. Auch hier ist mittlerweile eine molekulargenetische Differenzierung per Gentest möglich.

Bei all den genannten Verwechslungmöglichkeiten darf man nicht vergessen, dass die verschiedenen Faktoren auch gemeinsam vorliegen können (also dilute und progressive Ergrauung, dilute getüpfelt oder gestichelt oder dilute Merle – und rein theoretisch natürlich auch alle zusammen, also dilute Merle mit Tüpfelung und progressiver Ergrauung, siehe Grau-Tabelle auf S. 30 ff. und Foto S. 179 links oben).

M-Lokus – Das Merle-Gen

Das Merle-Gen ist das umstrittenste Fellfarben-Gen beim Hund. Es erzeugt im mischerbigen Genotyp reizvolle Fellzeichnungen, kann aber im reinerbigen Genotyp mit schweren gesundheitlichen Beeinträchtigungen einhergehen.

Merle wird durch eine Genveränderung im Silver-Gen (SILV, PMEL17) verursacht. Hierbei handelt es sich um eine sogenannte Insertion, also eine Verlängerung des DNA-Strangs. Diese Insertion kann im Fall von Merle verschiedene Längen und somit verschiedene Ausprägungen annehmen. Das Allel N oder m ist die unveränderte Form des Gens, welche keine Insertion besitzt. Die Allele Mh, M, Ma+, Ma, Mc+ und Mc stellen jeweils verschiedene Längen einer bekannten Insertion dar. Das Allel M steht für die komplette und genetisch voll funktionale Insertion (ca. 250 Basenpaare). Die Allele Ma und Mc prägen eine verkürzte Form der Insertion, wobei Ma ca. 230 Basenpaare und Mc ca. 200 Basenpaare umfasst. Interessant ist hierbei der Aufbau der Insertion. Diese enthält einen sogenannten Poly-A-tail, also einen Endabschnitt, der aus eine langen Reihung der Base Adenin besteht. Dieser Abschnitt spielt eine entscheidende Rolle bei der Funktionalität der Insertion und ist gleichzeitig der Teil, der bei den Allelen Ma+ bis Mc verkürzt und beim Allel Mh etwas verlängert ist. Es muss eine bestimmte Mindestlänge des Poly-A-tails gegeben sein, damit eine Merle-Zeichnung entstehen kann. Das Allel M erreicht diese Länge, während das Allel Mc nicht ausreichend Adenin besitzt, um den Phänotyp des Hundes alleine zu verändern. Bei Ma und Ma+ liegt der Fall genau dazwischen, was die sehr diverse Ausprägung der unterschiedlichen Zeichnungen bei Ma-Hunden erklären kann.

Poly-A-tails sind genetisch gesehen auch deshalb interessant, da durch die Mechanismen der DNA-Vervielfältigung bei der Zellerneuerung oder Keimzellbildung solche Bereiche bestimmten Varianzen ausgesetzt sein können. In anderen Worten kann sich ein Teil des Adenin-reichen Endabschnittes bei der Entstehung von Samen- oder Eizellen relativ einfach verkürzen. So kann es zur Entstehung so genannter Merle-Mosaike kommen, bei denen ein Hund in unterschiedlichen Körper- und Keimzellen unterschiedliche Merle-Genotypen aufweisen kann.[45] Für die Vererbung bedeutet dies, dass zum Beispiel ein aus dem Blut, einer Haarwurzel- oder einer Backentupferprobe genetisch Ma/m getesteter Hund aufgrund einer solchen Veränderung nicht nur ein Ma-, sondern auch ein M-Allel vererben könnte. Durch die gesundheitliche und rechtliche Problematik die bei Double-Merles (z.B. M/M oder Mh/Mh) entsteht, sollte also auch bei der Verpaarung von Tieren mit den Allelen Ma und höheren Insertionen M nach Möglichkeit ein Partner des Genotyps m/m gewählt werden. Auf jeden Fall ist es empfehlenswert, für den Test auf den M-Lokus eine Blutprobe zu nehmen (möglichst keine Backentupferprobe oder Haarwurzelprobe). Bei Zuchtrüden kann auch eine Samenprobe sinnvoll sein.

Der Genotyp M/m („klassisches Merle“) führt zu einer Modifizierung der durch Eumelanin hervorgerufenen Fellfarbe. Bei einem schwarzen Hund sind dies unregelmäßig zerrissen wirkende schwarze Flecken auf dunkel- bis silbergrauem Grund, bei einem leberbraunen Hund sind die Flecken braun, der Grund ist ein aufgehelltes Braun.

Australian Shepherd: Braun und Tan Merle („Red Merle c (copper trim)“) Genotyp M/m

Der Buchstabe M stammt von der Bezeichnung Merle (warum diese Fellzeichnung Merle genannt wird, ist nicht gesichert. Das englische Wort für „marmoriert" ist marbled, damit wird der Phänotyp ebenfalls bezeichnet. Möglicherweise wurde das Wort „marbled" im Laufe der Zeit zu „merle" abgekürzt. Auf Französisch nennt man die Drossel „le merle", möglicherweise rührt die Bezeichnung auch daher, denn viele Drosselarten haben ein auffällig gesprenkeltes Federkleid). Am M-Lokus sind derzeit sieben unterschiedliche Allele bekannt: Der Wildtyp N (dieser wird auch mit m abgekürzt) sowie die sechs Varianten Mh (das h steht für die Bezeichnung Harlekin-Merle), M, Ma+, Ma (das a steht für die Bezeichnung atypisches Merle), Mc+ und Mc (das c steht für die Bezeichnung cryptic oder kryptisches Merle).[44] Beim Erbgang von Merle handelt es sich um unvollständige Dominanz: Das bedeutet, M ist zwar dominant über m, der Genotyp M/m hat jedoch eine andere phänotypische Ausprägung als M/M.

Dilute Hunde mit Merle-Faktor zeigen auch eine Merle-Zeichnung, allerdings ist diese weniger deutlich zu erkennen, da bereits die Ausgangsfarbe durch den Dilute-Faktor aufgehellt ist. Dies gilt in noch stärkerem Maße für lilac Merle.

Die Verteilung von unverdünnten zu verdünnten Eumelanin-Anteilen kann stark variieren – jeder Merle-Hund hat eine individuelle Zeichnung.

Vor allem bei Vorliegen von atypischem Merle kann es auch zu einer einheitlichen Farbverdünnung ohne dunkle Flecken kommen, die dann zu Verwechslungen mit dem Genotyp d/d (s. S. 112 ff.) führen kann. Die Relation von unverdünnten zu verdünnten Bereichen ist nicht zwangsläufig auf beiden Körperseiten gleich, so kann die rechte Körperseite sich erheblich von der linken unterscheiden. Am Kopf kann dies zu einem scharf getrennten „split face" führen, oder zu einem so genannten „chess face" (schachbrettartige Verteilung).

Der Grad der Verdünnung kann ebenfalls variieren: bei schwarzem Eumelanin kann die Verdünnung von Dunkelgrau bis hin zu einem hellen Silbergrau reichen. Mit zunehmendem Alter werden die aufgehellten Bereiche meist dunkler. Auf Phäomelanin hat der Genotyp M/m keinen erkennbaren Einfluss.

Auf beiden Bildern im Vordergrund: Tricolour Collie mit atypischem Merle, im Hintergrund Tricolour Collie ohne Merle.

Tabelle 11: Verschiedene Merle-Genotypen und korrespondierende Phänotypen

Genotyp	Phänotyp
Mh/m (Mc), Merle-Mosaik Weißscheckung möglicherweise auch durch bislang unbekannte Faktoren („white head“) Grundfarbe Black and Tan	 Australian Shepherd
M/m (Mc) Merle-Mosaik Grundfarbe Black and Tan plus Irische Scheckung	 Australian Shepherd
Ma+/m Atypisches Merle Grundfarbe Black and Tan plus Irische Scheckung	 Australian Shepherd
M/m, Klassisches Merle Grundfarbe Black and Tan	 Beauçeron
M/m Klassisches Merle Grundfarbe Black and Tan plus Braun	 Australian Shepherd

Genotyp	Phänotyp
Ma/Mc Atypisches Merle plus kryptisches Merle Grundfarbe Black and Tan plus Irische Scheckung	 Australian Shepherd
m/M (Mc+) Merle-Mosaik Grundfarbe Schwarz plus progressive Ergrauung	 Bergamasker
Mh/m Harlekin-Merle („Herding Harlequin“)	 Australian Shepherd (Mutter des Hundes unten ↓)
Mh/m Minimal Merle	 Australian Shepherd (Welpe des Hundes oben ↑)
Mc/m Cryptic Merle Grundfarbe Black and Tan plus Irische Scheckung	 Australian Shepherd

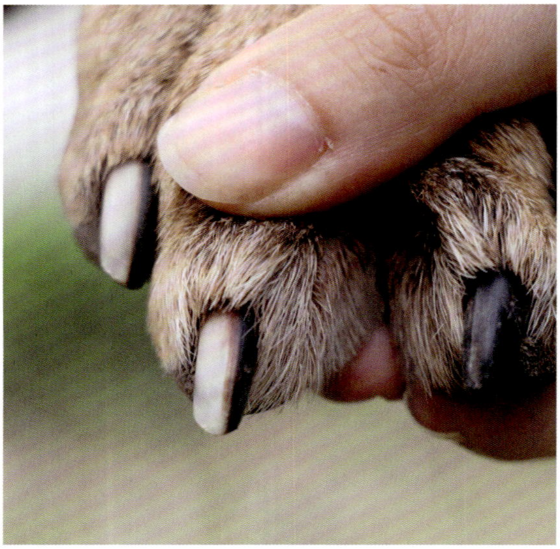

Der Merle-Faktor kann zu zweifarbigen Krallen führen (Catahoula Leopard Dog).

Asymmetrisches „chess face" („Schachbrett-Gesicht") bei einem „Blue Merle" Shetland Sheepdog.

Das ist auch der Grund, warum „Black and Tan Merle" nur in den schwarzen Bereichen die typische Merle-Zeichnung aufweist, nicht aber im Bereich der Tan-Abzeichen.

Das ist auch der Grund, warum man die Merle-Zeichnung bei sable Merles direkt nach der Geburt noch recht gut erkennt (zu diesem Zeitpunkt haben die Welpen dunkle Haarspitzen), beim erwachsenen Hund dann aber oft kaum noch oder gar nicht mehr (hier sind die dunklen Haarspitzen oft reduziert, das Haarkleid setzt sich aus verschiedenen Schattierungen gelblichen bis rötlichen Pigmentes zusammen). Der einzige Hinweis kann bei solchen Hunden dann die Augenfarbe sein. Der Merle-Faktor kann blaue oder heterochrome (unterschiedlich gefärbte) Augen verursachen (auch „odd-eyes" genannt) (s. S. 217 ff.).

Der Genotyp M/m wirkt nur auf Eumelanin, nicht auf Phäomelanin (Collie).

Vor allem in den Genotypen M/M, M/Mh und Mh/Mh zeigen die Hunde (möglicherweise auch in Abhängigkeit von zusätzlich vorliegenden Weißscheckungsgenen) eine mehr oder weniger stark ausgeprägte Weißscheckung mit asymmetrischen, meist verblassten Farbflecken. Diese Tiere werden auch Weißtiger oder Double Merles genannt, sie haben meist blaue

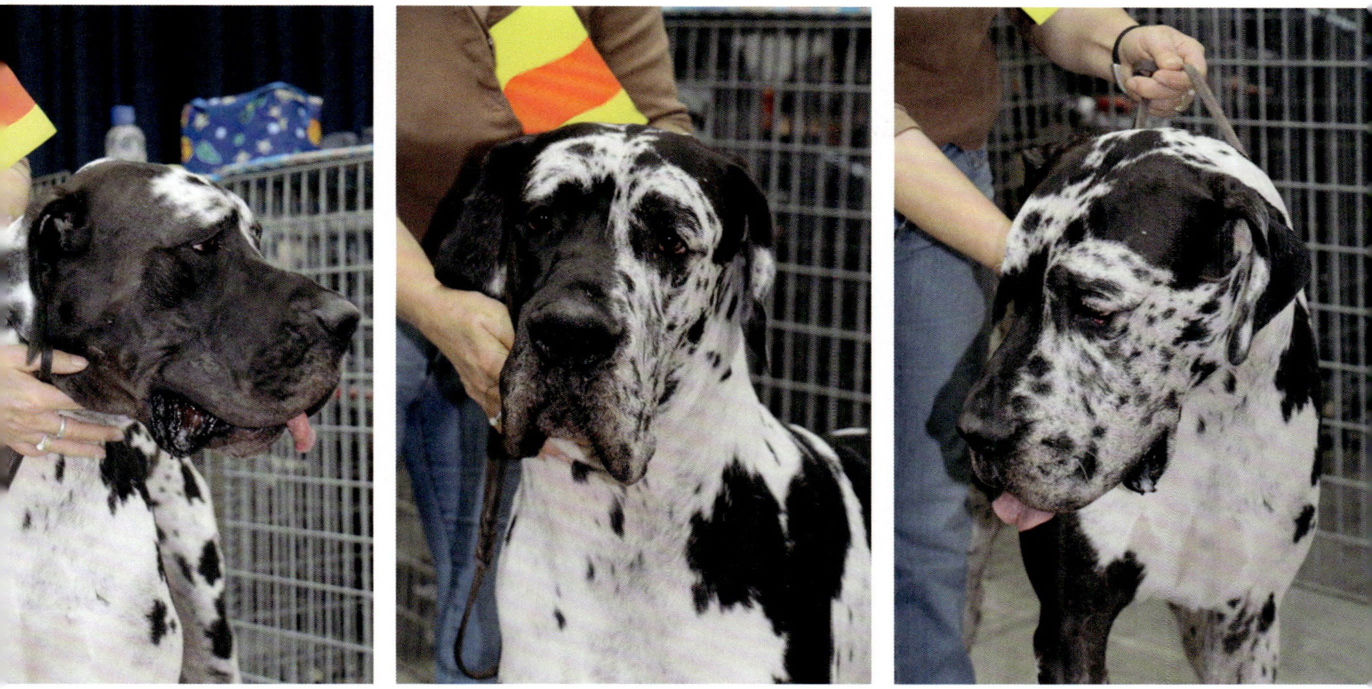

„Split face" bei einer Harlekin-Dogge.

Augen. Dieser Genotyp ist in vielen Fällen mit gravierenden Fehlentwicklungen der Sinneszellen verbunden. Weißtiger können ein- oder beidseitig taub sein, es kann außerdem zu Augenmissbildungen kommen.[46] Double Merles gelten nach deutschem Tierschutzrecht als Qualzucht (siehe S. 240 ff.).

Vorkommen

Interessanterweise kam Merle ursprünglich vor allem bei Gebrauchsrassen vor. Merlefarbene Hunde sind bei fast allen britischen Hütehundrassen bekannt (am häufigsten wohl der Blue Merle Collie und Shetland Sheepdog, aber auch beim Border Collie und Cardigan Corgi kommt Merle vor). In Deutschland gibt es den so genannten Tiger, der einen Schlag des Altdeutschen Hütehundes darstellt. Auch Frankreich hat etliche merlefarbige Hütehunde: Beauçeron, Pyrenäenschäferhund, Berger du Larzac, Berger d´Auvergne, Berger de Savoie. In Italien gibt es den Bergamasker, den Cane da Pastore Apuano, in Ungarn den Mudi. Einige dieser Rassen sind lokale Gebrauchsschläge, die außerhalb ihrer Region unbekannt und nicht offiziell anerkannt sind. Andere, wie der Australian Shepherd, haben weltweite Verbreitung erreicht, sind teilweise richtige Moderassen.

Auch unter den Jagdhunden kommt das Merle-Gen vor: Der norwegische Dunkerhund ist ein typischer merlefarbiger Jagdhund. Auch der Dackel kommt in Merle vor. Eine weitere Rasse ist der Catahoula Leopard Dog aus dem US-amerikanischen Louisiana. Er wird sowohl zur Wildschwein- und Waschbärjagd als auch zum Treiben von Rinderherden eingesetzt. Bei der Rasse Catahoula Leopard Dog wurde das Allel Ma zum ersten Mal identifiziert. Mittlerweile wurde es auch bei vielen weiteren Rassen wie dem Australian Shepherd, dem Collie, dem Dackel, dem Chihuahua und dem Border Collie nachgewiesen.[47]

Schließlich gibt es noch Deutsche Doggen mit dem Merle-Faktor. Bei diesen gibt es eine in der Hundewelt einzigartige Besonderheit: Beim Harlekin-Farbschlag sind die Flecken schwarz

Australian Shepherd:
Merle ist bei vielen Hütehundrassen und -schlägen eine traditionelle Fellzeichnung.

Merlefarbener Bergamasker mit Zotten-Behaarung.

auf weißem Grund (Ursache ist eine Mutation am H-Lokus, s. S. 132). Die auch bei Doggen vorkommenden Merles mit schwarzen Flecken auf grauem Grund (Grautiger) werden gemäß FCI-Rassestandard nicht disqualifiziert, sind aber auch nicht erwünscht.

Außerhalb der FCI werden auch merle-farbige Chihuahua, Pomeranian, Zwergschnauzer, Französische Bulldoggen und weitere Rassen gezüchtet. Hier erfolgten vermutlich Einkreuzungen anderer Rassen, um den Merle-Faktor in der jeweiligen Rasse zu etablieren.

Nomenklatur

So viele unterschiedliche Farbkombinationen es bei der Merlezeichnung gibt, so viele unterschiedliche Bezeichnungen für diesen Farbschlag kennt man auch. Der „Klassiker“ ist Blue Merle (schwarze Flecken auf grauem Grund). Allerdings ist diese Bezeichnung irreführend, da man hier vermuten könnte, es handele sich um dilute Hunde. Aus diesem Grund wurde für den Border Collie konsequenterweise die Nomenklatur innerhalb des deutschen Club für Britische Hütehunde e.V. im Jahr 2014 umgestellt: „Blue Merle“ heißt nun „black/merle“. Mit „slate/merle“ bezeichnet man einen Hund mit Dilutionsfaktor und Merle-Faktor.

Ähnlich kompliziert ist es bei braunen Merles: In manchen Rassen nennt man solche Hunde „Red Merle“ (vor allem beim Australian Shepherd verbreitet). Beim Catahoula Leopard Dog bezeichnet man die Merle-Zeichnung als „leopard“, braune Merles sind „red leopard“. Bei manchen Rassen werden die merlefarbigen Hunde als „Tiger“ bezeichnet (beim Altdeutschen Hütehund, Tigerdackel, Tigerdogge). Die Bezeichnung „Tiger“ ist etwas irreführend, da man damit eigentlich ein gestreiftes Muster, also eine Stromung, assoziiert (tatsächlich gibt es Dackel und Deutsche Doggen auch in gestromt).

Bei den französischen Rassen (Berger de Beauce, Berger des Pyrénées, Berger de Savoie) nennt man merle „arlequin“ (zu deutsch: harlekin). Die Harlekindogge hingegen ist

Grafik: Harlekin (© Anna Laukner 2020)

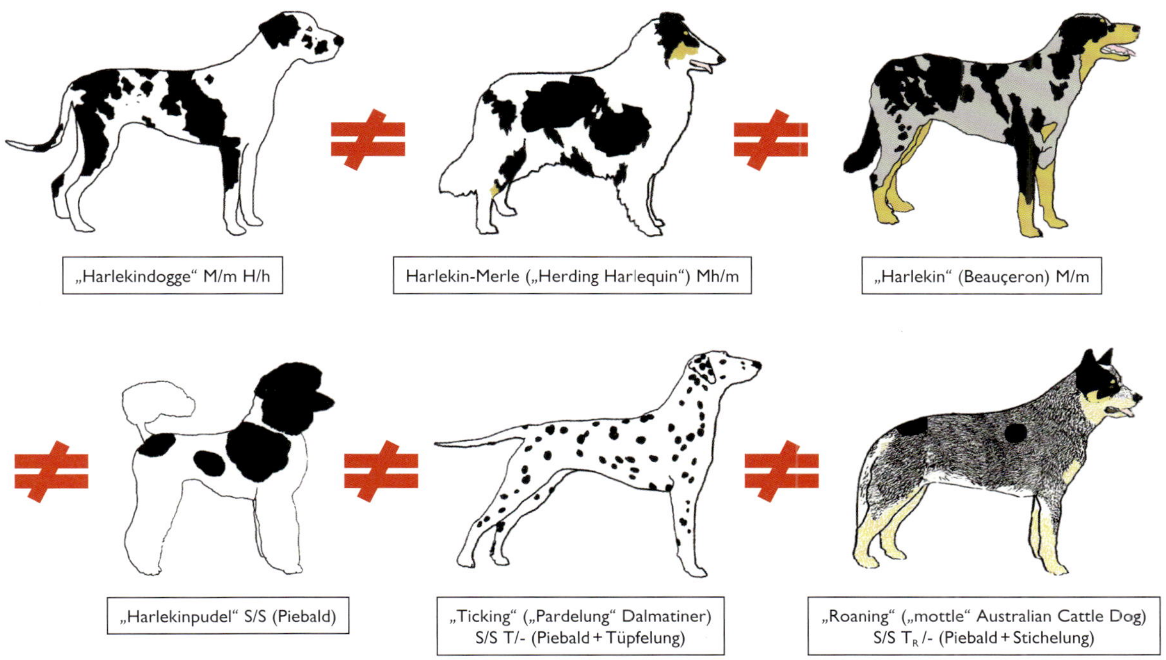

die schwarz-weiß gefleckte Dogge (genetisch ist sie M/m + H/h (s. S. 132 ff.). Harlekin wird beim Pudel wiederum für den Piebald-Faktor bei schwarzer Grundfarbe verwendet (ein schwarz-weiß gescheckter Pudel ist also ein Harlekin-Pudel und hat genetisch weder mit dem Merle-Faktor (M-Lokus) noch mit dem Harlekin-Faktor (H-Lokus) etwas zu tun (siehe Grafik Harlekin oben).

Border Collie: Sable Merle kann beim erwachsenen Hund nur schwer von Sable zu unterscheiden sein. (Genotyp M/m)

Border Collie: Seal Merle Genotyp M/m

Sable Merle

Detail Ohr

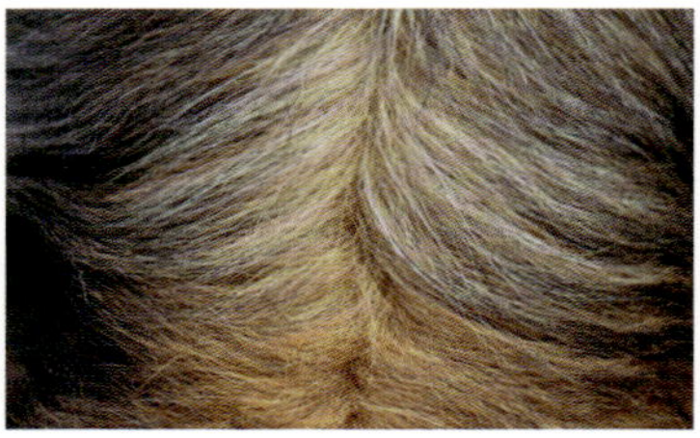

Detail Rücken

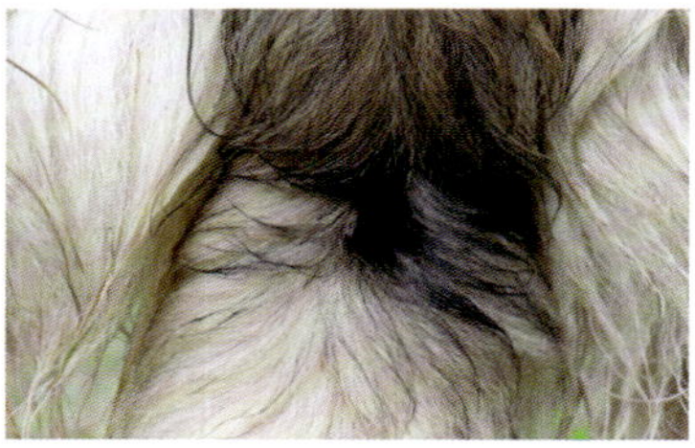

Detail Rute

Die blauen Augen und die teilweise depigmentierte Nase und Lefzen könnten entweder durch den Merle-Faktor oder durch die ausgedehnte Weißscheckung im Kopfbereich verursacht sein (Border Collie, Genotyp M/m).

Im Englischen wird die Merle-Zeichnung oft als „dapple" bezeichnet. Nicht mehr ganz so gebräuchlich ist die Bezeichnung marmoriert (engl.: marbled).

Ist die Grundfarbe eines Hundes Sable, so nennt man den entsprechenden Merle-Schlag Sable Merle (beim Welsh Corgi Cardigan wird Sable Merle im englischsprachigen Raum manchmal als „cinnamon merle" (zu deutsch: „Zimt Merle") bezeichnet).

Treffen Seal und Merle aufeinander, so bezeichnet man solche Hunde manchmal als „muddy merle" (zu deutsch: „schlammiges Merle"). Hunde mit sehr starker Aufhellung und nur wenigen dunklen Flecken werden manchmal als „powder merle" (zu deutsch: „Puder Merle") bezeichnet, und Hunde mit Stromung und Merle als „ginger merle" (zu deutsch: „Ingwer Merle").

Zuchtwahl

Wie bereits eingangs erwähnt, kann der Weißtiger (z. B. M/M, Mh/Mh, Mh/M) mit schweren gesundheitlichen Einschränkungen behaftet sein. Aus diesem Grund ist die Verpaarung von Merle-Hunden entsprechender Allele strikt abzulehnen, sie stellt einen Verstoß gegen §11b Tierschutzgesetz („Qualzuchtparagraph") dar. Abzulehnen ist ebenfalls die Verpaarung von Merle-Hunden mit Hunden heller Fellfarben wie Gelb, Rot, Creme etc., solange der Merle-Genotyp des Zuchtpartners nicht bekannt ist. Die Verpaarung von Merle mit rezessivem Gelb (resp. Rot oder Creme), also Genotyp e/e, kann zu „Phantom Merles" führen, denen man den Merle-Faktor überhaupt nicht mehr ansieht. Würde man nun einen Phantom Merle (den man irrtümlich für einen non-merle hält) mit einem Merle verpaaren, so besteht die Gefahr, dass dabei Weißtiger entstehen.

Die meisten Rassen, bei denen Merle traditionell vorkommt, gibt es nur in einer relativ begrenzten Farbauswahl. Bei Rassen, bei denen alle Farben und Farbkombinationen vom Standard zugelassen sind, kann es unter Umständen schwierig sein, in dieser Hinsicht den Überblick zu behalten. Ein Beispiel hierfür ist der Chihuahua: Hier waren bis 2009 prinzipiell alle Farben zulässig. Irgendwann tauchte der erste merle Chihuahua auf (wahrscheinlich durch Einkreuzungen anderer Rassen). Seit 2009 ist im FCI-Standard Nr. 218 Merle ausdrücklich als nicht erwünschte Fellzeichnung aufgeführt. Ein weiteres Beispiel ist der Zwergspitz (Pomeranian). Auch hier reagierte man auf die (möglicherweise durch Shetland Sheepdog-Einkreuzungen entstandenen) Merle-Hunde, indem man Merle im Jahr 2013 explizit als disqualifizierenden Fehler in den FCI-Standard Nr. 97 aufnahm.

Kryptisches Merle und atypisches Merle vs. Phantom Merle

Mit kryptischem Merle (cryptic merle, Mc und Mc+) bezeichnet man eine bestimmte Merle-Variante (s. S. 120). Kryptisches Merle hat – nach bisherigem Wissensstand – in den Genotypen Mc/m und Mc+/m keinen Einfluss auf die Fellfarbe.

Atypisches Merle beinhaltet die Allele Ma und Ma+ und umfasst Basenpaarlängen zwischen kryptischem (Mc und Mc+) und klassischem Merle (M).

Die Risikoeinschätzungen der Kombinationen verschiedener Merle-Allele entnehmen Sie der Grafik auf S. 243.

Oft verwechselt werden die Bezeichnungen kryptisches Merle und Phantom Merle. Bei Phantom Merle hat die Insertion eine Länge, die auf Eumelanin zu einer Merle-Zeichnung führen könnte (z.B. Genotyp M/m). Andere Gene, die sich auf die Ausdehnung von Eumelanin und Phäomelanin und/oder auf die Ausdehnung der Pigmentierung (etwa Extremscheckung) auswirken, verhindern jedoch die Ausprägung einer Merle-Zeichnung.

Bei den mittleren drei Welpen handelt es sich um Sable Merles, der Welpe ganz links ist ein „Blue Merle", der rechte Welpe ist ein Sable (ohne Merle). Alle Welpen haben zusätzlich weiße Abzeichen (Border Collies).

Zweimal atypisches Merle: links Catahoula Leopard Dog, rechts Collie.

Bei solchen Hunden kann man die Zeichnung manchmal im Welpenalter noch erkennen, sie verblasst dann aber im Erwachsenenalter. Beispiele hierfür sind Sable-Merles, oder rezessiv gelbe Hunde (Genotyp e/e) und/oder Extremschecken. Bei diesen Konstellationen tragen die Hunde zwar das Merle-Gen, man sieht es ihnen aber kaum oder gar nicht an (außer, sie haben blaue Augen, s. S. 124). Bei Sable Merle Hunden erkennt man die Merle-Zeichnung kurz nach der Geburt noch am besten, im erwachsenen Alter kann es schwierig sein, die Zeichnung noch als Merle zu identifizieren. Da Merle sich (zumindest im mischerbigen Genotyp M/m) nur auf Eumelanin ausprägt, hängt es vom Eumelanin-Anteil des Hundes und von der individuellen Merle-Verteilung ab, ob und in welchem Ausmaß der Phänotyp Merle-Merkmale zeigt. Aus diesem Grund ist es besonders wichtig, die Welpenkäufer von Phantom Merles für das Risiko von Merle x Merle Verpaarungen zu sensibilisieren. Auch wenn der Farbeindruck während des Heranwachsens schwindet (was etwa auch bei langhaarigen Rassen, die zusätzlich den Faktor für progressive Ergrauung tragen, der Fall sein kann, siehe Foto S. 179 oben rechts), so bleiben Hunde mit Merle-Faktor ihr Leben lang Merle-Hunde und sollten nur mit der entsprechenden Vorsicht zur Zucht eingesetzt werden.

Harlekin-Merle und spezielle Merle-Phänotypen

Auffällig ist, dass beim Australian Shepherd, beim Catahoula und auch bei vielen anderen Rassen spezielle Merle-Phänotypen vorkommen. Man sieht etwa Merle-Hunde, bei denen nicht kleine zerrissene Flecken auf aufgehelltem Grund, sondern großflächige Bereiche unterschiedlicher Farbintensitäten nebeneinander liegen. Bestandteil dieses Phänotyps können außerdem extrem aufgehellte bis weiße Bereiche sein. Ein solcher Phänotyp wurde beim Australian Shepherd bereits 1985 als „Tweed“ beschrieben.[48] Beim Catahoula nennt man den Tweed-Phänotyp „Patchwork“. Solche Phänotypen können durch unterschiedliche Genotypen ausgelöst werden.[44] Eine mögliche Ursache sind Kombinationen unterschiedlicher Merle-Allele, z. B. M/Ma. Eine weitere Ursache können Merle-Mosaike sein (s. S. 121). Schließlich kann auch der Genotyp Mh/m (so genanntes Harlekin-Merle) zu einer solchen Zeichnung führen.

Das Harlekin-Merle-Allel ist das einzige Merle-Allel, das bereits im heterozygoten Genotyp Mh/m Pigment zu Weiß aufhellen und somit auch Phäomelanin-Bereiche verändern kann. Hierdurch weisen manche seiner Phänotypen

„Tweed" bei einem Beauçeron-Mix

Ähnlichkeit mit der Zeichnung einer Harlekin-Dogge auf, was vermutlich zur Namensgebung beitrug. Da es zunächst vor allem bei bestimmten Hütehundrassen wie dem Collie und dem Australian Shepherd auffiel, nannte man diese Zeichnung auch „Herding Harlequin".

„Patchwork" bei einem Catahoula Leopard Dog.

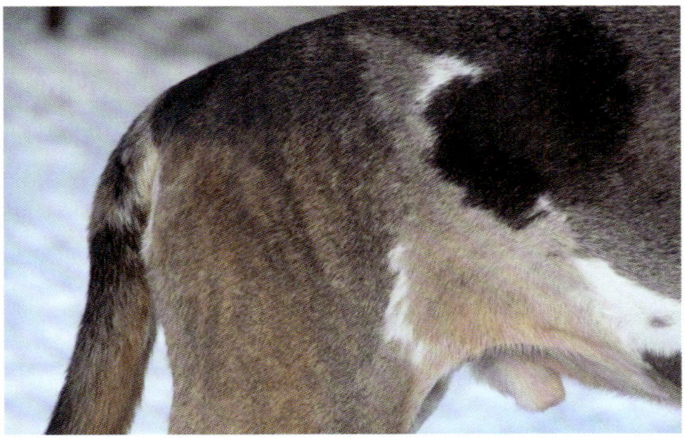

Detailaufnahme des Hundes auf dem Foto oben rechts und in der Mitte: Seine Grundfarbe ist Saddle Tan, er hat außerdem den Stromungsfaktor.

„Patchwork" bei einem Catahoula Leopard Dog (Genotyp M/Ma).

Der Genotyp Mh/m kann sich in ganz unterschiedlicher Weise phänotypisch ausprägen. Typisch ist die oben beschriebene Zeichnung mit relativ großen unverdünnten Farbbereichen neben verdünnten und zu weiß aufgehellten Bereichen. Es kann aber auch zum so genannten „Minimal Merle" kommen, bei dem lediglich ein sehr kleiner Bereich überhaupt eine Merle-Zeichnung zeigt (siehe Foto S. 133 rechts oben und in Tabelle 11 auf S. 123). Ist dieser kleine Bereich z. B. von einer Weißscheckung überlagert, so ist überhaupt keine Veränderung zu sehen und der Hund könnte mit einem Non-Merle verwechselt werden.

Dieser „Patchwork" Catahoula Leopard Dog hat den Genotyp M/Ma auf dem M-Lokus.

Der Harlekin-Faktor (H auf dem H-Lokus) wurde bisher nur bei der Deutschen Dogge nachgewiesen. Er modifiziert die aufgehellten Bereiche bei Merles zu Weiß. In Kombination mit dominantem Gelb entsteht so genanntes „Fawnequin“ .

Insbesondere bei Kombination kürzerer bis mittellanger Merle-Allele kann es zu schwach ausgeprägten Merle-Zeichnungen kommen. Auch diese können (insbesondere bei langem oder rauhaarigen Fell) dazu führen, dass die Merlezeichnung nicht als solche erkannt wird.[44].

H-Lokus – Das Harlekin-Gen

Die Harlekin-Mutation wurde 2011 von Forschern der Clemson University in den USA entdeckt.[49] Der mischerbige Genotyp H/h bewirkt, dass die aufgehellte Grundfarbe der Merle-Zeichnung noch weiter zu weiß aufgehellt wird. Die Ausprägung ist bereits bei der Geburt zu sehen.

Praktischer Tipp für Züchter

Es kann mitunter schwierig sein, einen Weißtiger (z. B. M/M) rein optisch von einem heterozygoten Merle (z. B. M/m) zu unterscheiden. Vor allem, wenn ein Hund zusätzlich weiß gescheckt ist und man die Genkonstellation seiner Elterntiere nicht kennt, kann es zu Verwechslungen kommen. In diesen Fällen ist ein Gentest ratsam. Vor allem bei Rassen mit hellen Farben (Fawn, Sable, Gelb, Creme etc.) und/oder stark ausgedehnter Weißscheckung kann dies relevant werden, hier sollte unbedingt vor jeder Merle-Verpaarung ein Gentest des Zuchtpartners verlangt werden.

Weißtiger (M/M)

Welsh Corgi Cardigan

Piebald merle (M/m)

Dackel

Beispiele für unterschiedliche Ausprägungen von Mh/m:

Dieses Zeichnungsmuster mit zu Weiß aufgehellten Bereichen und größeren Farbplatten wurde früher auch als „Herding Harlequin“ bezeichnet, da es zunächst bei Hütehunderassen wie dem Australian Shepherd beobachtet wurde, jedoch nicht mit dem „Doggen-Harlekin-Faktor“ (H-Lokus) erklärt werden konnte, der bei Deutschen Doggen in Kombination mit Merle zu einem ähnlichen Phänotyp führt.

„Minimal Merle“: Die Merle-Zeichnung prägt sich nur in kleinen Bereichen aus (man beachte auch den breiten weißen Kragen – dieser Hund ist negativ für den Piebald-Faktor).

Dieses Zeichnungsmuster kommt durch die Kombination mit einer Domino Grundfarbe (eA/e at/at ky/ky) zustande: Durch eA/e wird das Eumelanin aus der Haarbasis verdrängt (dort bleibt nur Phäomelanin übrig). Mh entfernt das Eumelanin in manchen Körperarealen, sodass hier nur noch das Phäomelanin zu sehen ist. Die resultierende Zeichnung könnte mit Stromung verwechselt werden.

Bei Hunden ohne Merle-Zeichnung hat die Mutation keine Auswirkung auf die Fellfarbe.

Interessant ist, dass der Harlekin-Faktor offensichtlich auch einen Effekt auf Phäomelanin hat (sofern zugleich der Merle-Faktor vorliegt). Der Merle-Faktor alleine modifiziert Phäomelanin (zumindest im Genotyp M/m) hingegen nicht.

Bei der Deutschen Dogge sind gemäß FCI-Standard nur Harlekins in schwarz-weiß gefleckt zugelassen. Genetisch möglich sind aber natürlich auch Harlekins jeder anderen Farbe. Je nach Genotypen der Eltern fallen also auch Harlekindoggen mit gelben („fawnequin“), gestromten („brindlequin“) oder blauen Flecken. Als „Porzellantiger“ bezeichnet man generell Harlekindoggen mit anderer Fleckenfarbe als schwarz, manchmal wird die Bezeichnung aber auch explizit für Harlekindoggen mit blauen (dilute) Flecken verwendet. „Merlequin" wird manchmal für Doggen verwendet, die merle-farbene Flecken auf weißem Grund aufweisen. Welcher Genotyp hier zugrunde liegt, ist nicht bekannt.

2017 wurde erstmals das Allel Mh für Harlekin-Merle beschrieben, welches eine längere Variante der Merle-Insertion am M-Lokus darstellt und nicht mit dem Harlekin der Deutschen Dogge aufgrund des Genotyps H/h M/m (siehe Fotos unten) verwechselt werden darf (Rough Collie).

Inwieweit der Harlekin-Faktor Auswirkungen auf die Gesundheit eines Hundes hat, ist nicht wissenschaftlich erforscht. Interessant wäre in diesem Zusammenhang auch, ob sich mögliche Schadwirkungen von Merle-, Piebald- und Harlekin-Faktor gegeneitig verstärken. Man vermutet zumindest für den Merle- und den Piebald-Faktor, dass sie sich in ihrer Schadwirkung gegenseitig verstärken, sodass die Empfehlung lautet, nicht auf Hunde zu selektieren, die zugleich Merle und Genotyp S/S sind.[50]

Auf dem H-Lokus (der Buchstabe H leitet sich von der Bezeichnung Harlekin ab) sind bislang zwei Allele identifiziert worden: H bezeichnet die Harlekin-Mutation und h bezeichnet den Wildtyp. Die Dominanzfolge ist H>h.

Bislang ist die Harlekin-Mutation molekulargenetisch nur bei der Deutschen Dogge nachgewiesen worden. Harlekin-ähnliche Phänotypen kommen auch bei anderen Rassen (etwa bei Collie und Australian Shepherd, daher die Bezeichnung „Herding Harlequin") vor, diese werden aber durch den Genotyp Mh/m verursacht, nicht durch H/h.

Das Zeichnungsmuster von Harlekindoggen ist (wie bei allen Hunden mit Merle-Zeichnung) asymmetrisch und individuell unterschiedlich: Keine Harlekindogge gleicht der anderen.

Tabelle 12: Zusammenspiel von Merle, Harlekin und Weißscheckung

Zusammenspiel von Merle, Harlekin und Scheckungsfaktoren	M-Lokus (Merle)	Genotyp M/m		Genotyp m/m
	H-Lokus (Harlekin)	Genotyp H/h	Genotyp h/h	Harlekin-Faktor hat keine Auswirkung auf Phänotyp
Keine Scheckung S-Lokus Genotyp N/-				
Irische Scheckung Genort unbekannt		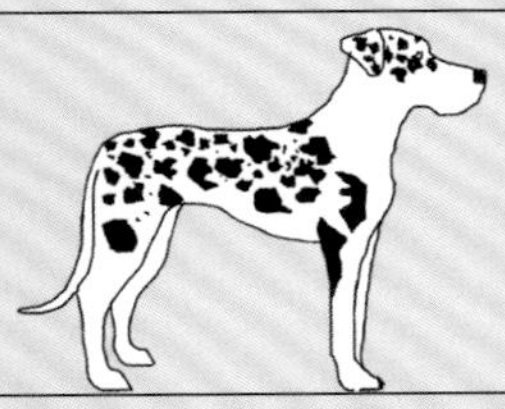	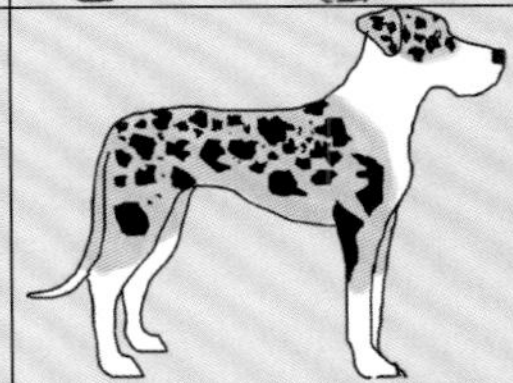	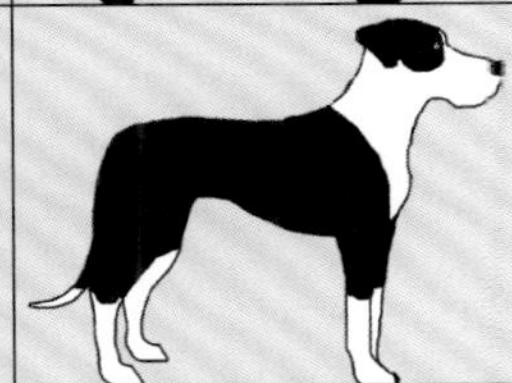
Piebald-Scheckung S-Lokus Genotyp S/S	Platten-scheckung	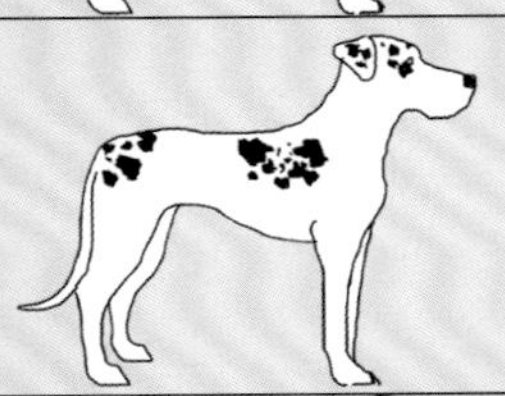	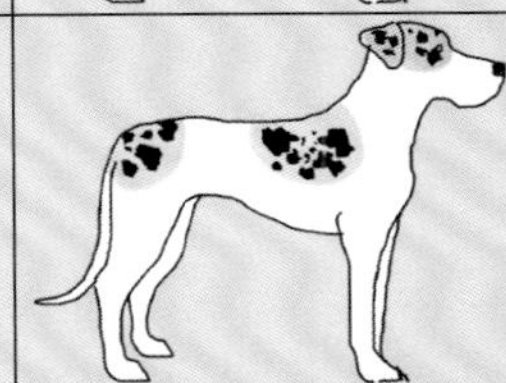	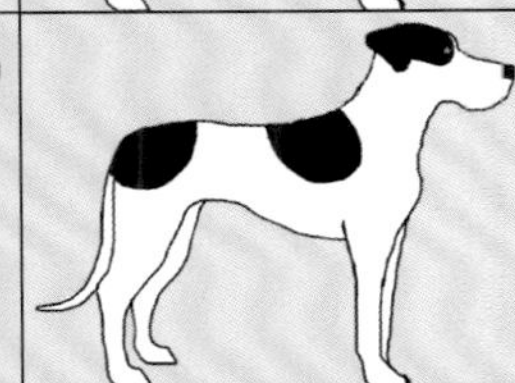
	Extrem-scheckung	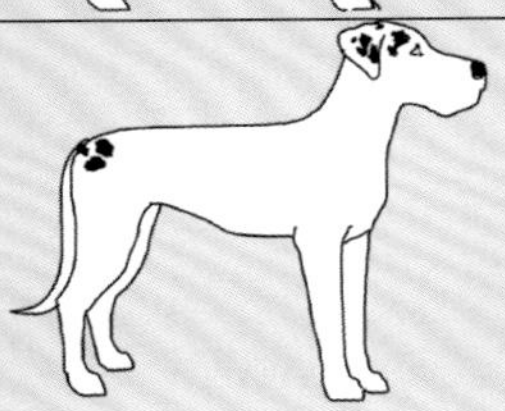	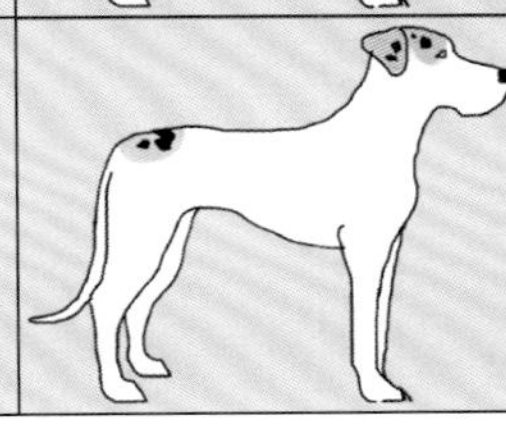	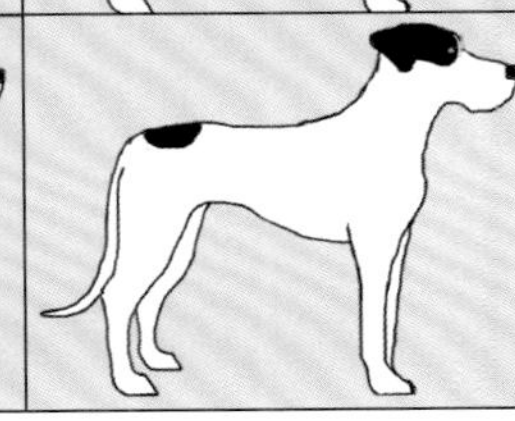

Praktischer Tipp für Züchter

Auch schwarze, blaue, gelbe und gestromte Doggen können Träger von H sein – bei ihnen kommt es wegen des fehlenden Allels M jedoch nicht zur Ausprägung. Ein Gentest enthüllt, ob ein schwarzer Hund den Genotyp H/h hat und somit auch in Verpaarung mit einem Grautiger schwarz-weiß gescheckten Nachwuchs zeugen kann. Aus einer solchen Verpaarung (m/m + H/h x M/m + h/h) resultieren dann statistisch 50% schwarze, 25% Harlekin und 25% Grautiger Welpen.

Bei H handelt es sich um einen so genannten Letalfaktor. Das bedeutet, dass Hunde, die reinerbig für H sind (also den Genotyp H/H haben), nicht lebensfähig sind. Sie sterben bereits im Mutterleib ab. Die Tragzeit eines Hundes beträgt durchschnittlich 63 Tage (ab dem Zeitpunkt der Ovulation). Bis ca. Tag 17 nach der Ovulation bezeichnet man die Frucht als Embryo, danach als Fetus. Ab diesem Zeitpunkt nistet sich die Frucht in der Gebärmutter ein.[51] Stirbt die Frucht vor diesem Zeitpunkt ab, so wird sie in der Regel vom Muttertier resorbiert. Danach wird eine abgestorbene Frucht abortiert. Es gibt keine Studie darüber, zu welchem Zeitpunkt die Früchte mit Genotyp H/H absterben, vermutlich ist dies aber in einem frühen Trächtigkeitsstadium (also vor Tag 28 der Trächtigkeit) der Fall. Embryonaler Fruchttod fällt nicht unter § 11b Tierschutzgesetz, abgestorbene Feten und Totgeburten hingegen schon.[52]

Die Weißscheckung

Die Weißscheckung ist ein typisches Domestikationsmerkmal, man sieht sie bei fast allen Haustieren. So kennt man die „Schwarzbunte“ und das „Fleckvieh“ (zwei Rinderrassen) bei den Pferden gibt es die so genannten „Paints“ und „Pintos“, außerdem gescheckte Lamas, Alpakas, Katzen, Hauskaninchen, Meerschweinchen, Farbratten, Mäuse, Schweine, Schafe und Ziegen, aber auch Geflügelarten und sogar Fische wie Japanische Zierkarpfen, die Kois. Auch bei den unterschiedlichsten Wildtierarten kommt es zu Mutationen mit Weißscheckung, allerdings stellen diese in der Regel keinen Überlebensvorteil dar, da dadurch der Tarneffekt der Fellfarbe beeinträchtigt wird. Diese Weißscheckungen als gelegentliche Mutation bei Wildtieren darf man nicht mit dem Wildkleid mancher Tiere verwechseln, die ebenfalls eine weiß gescheckte Musterung zeigen (etwa beim Pandabär, der Elster, dem Skunk, beim Hermelin im Winterkleid etc.).

Entstehung der Weißscheckung

Die Pigmentzellen wandern im Zuge der Embryonalentwicklung von der Neuralleiste im Inneren des entstehenden Organismus nach außen, unter anderem in die Haut (s. S. 15 f.). Wird diese Pigmentzellwanderung vorzeitig gestoppt, so bleiben die betroffenen Hautareale pigmentlos. Auch ins Haar kann kein Pigment eingelagert werden. Die Haarschäfte in den betroffenen Bereichen enthalten demzufolge nur Luft, erscheinen optisch also weiß. Je nachdem, in welchem Ausmaß die Pigmentzellwanderung unterdrückt wird, sind mehr oder weniger große Areale farblos. Der Hund trägt zwar die genetische Information für eine bestimmte Fellfarbe, zur Ausprägung kommt diese Fellfarbe jedoch nur dort, wo auch Pigmentzellen an ihren Bestimmungsort gelangen konnten.

Man kann sich dies vereinfacht ungefähr so vorstellen, als würde die Farbe wie Inseln aus einem weißen Meer auftauchen. Zuerst tauchen diese Pigmentinseln am Kopf und am Rutenansatz auf. Nach und nach werden diese Inseln größer und es tauchen weitere Inseln am Rumpf auf. Je weiter diese Inseln aus dem Weiß auftauchen, desto weiter dehnen sie sich konvex und zentrifugal aus. Schließlich verbinden sich die Farbplatten miteinander und bilden eine mehr und mehr geschlossene Fläche. Das letzte verbleibende Weiß konzentriert sich auf die so genannten „Akren“, das sind die Körperspitzen an den Pfoten, der Rutenspitze, der Brust und der Schnauze. Schließlich werden sich bei einer vollständigen Pigmentierung auch diese Bereiche mit Farbe füllen. Auch bei einer Extremscheckung, die die komplette Pigmentierung überlagert, hat der Hund dennoch „unter der weißen Oberfläche" seine eigentliche Fellfarbe, die genetisch programmiert ist und auch an seine Nachkommen weitergegeben werden kann, wenn diese keine oder nur eine geringere Weißscheckung ausprägen. Bereits 1914 wurde die Existenz eines unilateralen und fünf bilateraler Pigmentzentren postuliert: Eine Stirnplatte, das Augenpigment, Ohrenplatten, Nackenplatten, Schulterplatten, Seitenplatten (Pleuralplatten) und Rumpfplatten (Sakralplatten)[53]. Man vermutet, dass es durch verschiedene genetische Varianten zu einer fehlenden Anlage oder zu verlangsamter Ausbreitung der Pigmentzentren kommen kann.[54]

Die Farbflecken bei einer Weißscheckung sind konvex – es ist also das Pigment, das sich zentrifugal ausbreitet und nicht das Weiße. So kann man etwa auch eine Harlekin-Zeichnung (bzw. eine Merle-Zeichnung mit sehr stark aufgehellter Basis) von einer Weißscheckung unterscheiden – bei Harlekin bzw. Merle sind die Flecken unregelmäßig zerrissen; bei Piebald sind die Flecken eher rund und mit konvexem Rand.

Tabelle 14: Piebald-Harlekin-Pardelung

Piebald	 Russisch-Europäische Laika
Harlekin	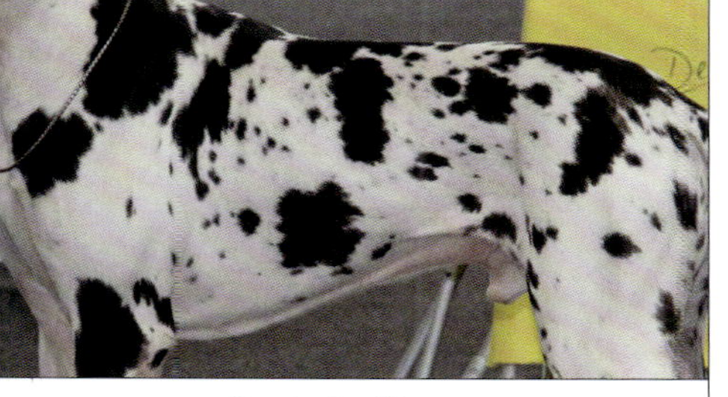 Deutsche Dogge
Ticking	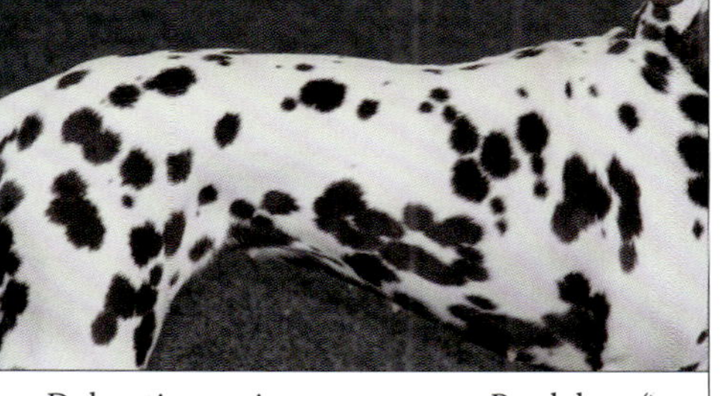 Dalmatiner mit sogenannter „Pardelung"

Historisches

Lange Zeit ging man davon aus, dass es einen S-Lokus mit vier Allelen gibt: S für die dominante Nicht-Scheckung, si für die „Irische Scheckung" (symmetrische Scheckung, s. S. 153), sp für die so genannte Piebald-Scheckung (unregelmäßig verteilte Pigmentflecken, die nicht mehr als 50 % der Körperoberfläche bedecken) und sw, die Extremscheckung, bei der das Pigment entweder gar nicht mehr oder nur in kleinen Farbinseln, am Kopf und/oder am Rutenansatz auftritt. Im Jahr 2007 wurde jedoch ein Gen gefunden, das für die so genannte Piebald-Scheckung verantwortlich ist. Es heißt MITF (Microphtalmia associated transcription factor)[55]. Für die „Irische Scheckung" und die „Extremscheckung" verantwortliche Varianten konnten bislang nicht an diesem Genort identifiziert werden, sodass man davon ausgeht, dass diese sich an anderen Genorten befinden. Laut internationaler Nomenklatur spricht man heute von N (Nicht-Piebald) und S (Piebald-Scheckung).

Tabelle 13: Weißscheckung

	Ohne Weiß-scheckung	**Weiße Abzeichen**	**Irish Pattern**	**Piebald**	**Extremscheckung**
schwarz	 Labrador	 Mischling	 Australian Shepherd	 Laika	 Parson Russell Terrier
blau	 Labrador	 Mastino Napoletano	 Border Collie	 American Staffordshire Terrier	
braun	 Barbet	 Lagotto Romagnolo	 Australian Shepherd	 Kleiner Münsterländer	 Lagotto Romagnolo
lilac	 Weimaraner	 Slowakischer Rauhbart	 Bearded Collie		

	Ohne Weißscheckung	Weiße Abzeichen	Irish Pattern	Piebald	Extremscheckung
dominant rot/gelb/creme	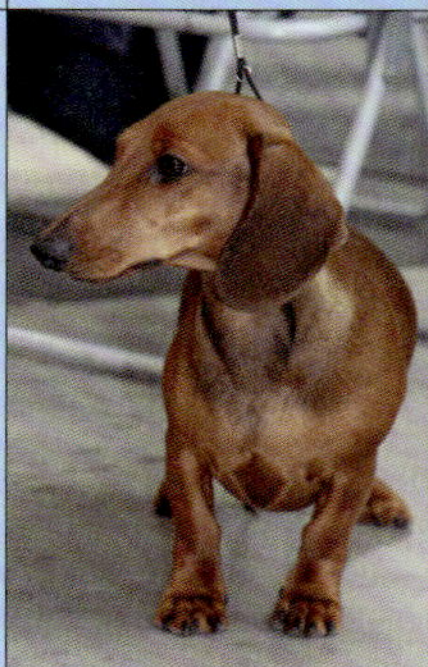			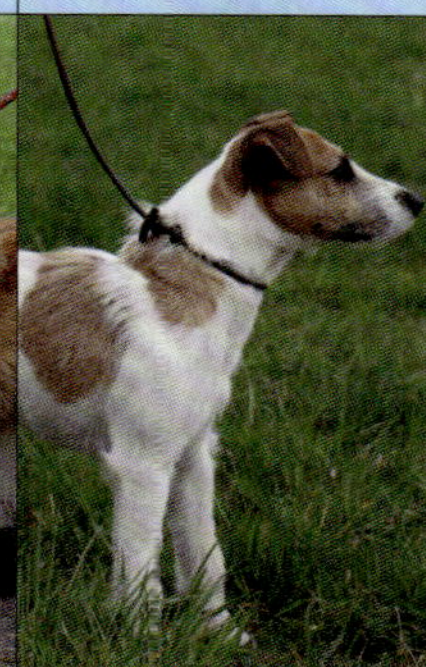	
	Dackel	Mix	Shetland Sheepdog	Parson Russell Terrier	Jack Russell Mix
rezessiv rot/gelb/creme					
	Labrador	Magyar Vizsla-Mix	Kleinspitz	Yorkshire Terrier	Spinone Italiano
Black-and-tan					
	Deutscher Jagdterrier	Brandlbracke	Australian Shepherd	Mix	Parson Russell Terrier
Stromung					
	Dackelmix	Französische Bulldogge	Boxer	Mix	Greyhound

Weißscheckung vererbt sich immer unabhängig von der Grundfarbe. Es gibt also kein Gen für Tricolour, sondern ein tricolour Hund (wie ein Berner Sennenhund, Beagle oder mancher Parson Russell Terrier) ist genetisch Black and Tan und hat zusätzlich eine Weißscheckung.

Die Vererbung von Weißscheckung und Grundfarbe ist somit ein klassisches Beispiel für das Unabhängigkeitsgesetz der Mendelschen Regeln (s. S. 41 f.). Ganz egal also, wie ausgeprägt die Weißscheckung ist: „Darunter" steckt immer ein farbiger Hund. Ein schwarz-weiß gescheckter Hund ist genetisch schwarz (mit Weißscheckung), ein tricolor Hund wie der Berner Sennenhund ist genetisch black and tan (mit Weißscheckung) und so weiter. Die schwarze Verbrämung am Rand der weißen Gesichtsblesse des Bernhardiners ist der sichtbare Teil einer schwarzen Maske (siehe Fotos auf S. 52). Als „Schattenmaske" bezeichnet man bei manchen Rassen eine nur schwach ausgeprägte Maske (die im Falle einer weißen Blesse von dieser fast vollständig überlagert wird). Mitunter kann es schwierig sein, die Grundfarbe eines Hundes ausschließlich über seinen Phänotyp zu bestimmen (etwa, wenn die Wildfarbigkeitsabzeichen bei einem Black and Tan Hund von den weißen Abzeichen überdeckt werden). Bei einem Extremschecken kann man oft nur mutmaßen, welche Farbe sich unter seiner weißen „Verkleidung" versteckt. Per Gentest ist es möglich, den für die Grundfarbe verantwortlichen Genotyp zu bestimmen.

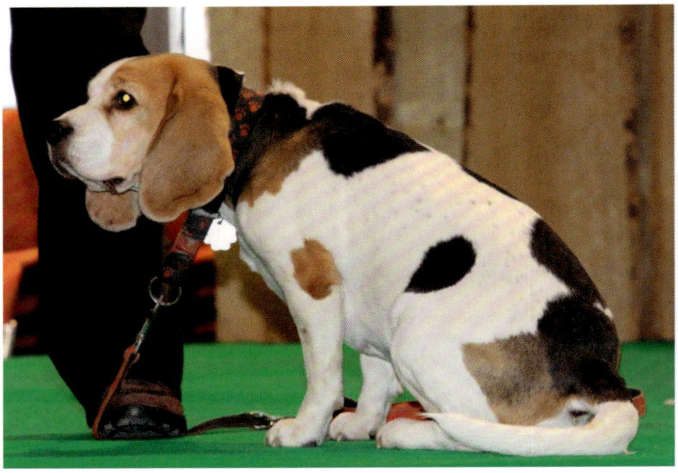

Beagle

Hinterlegt man die unpigmentierten Bereiche farbig ...

... so erkennt man die genetische Grundfarbe: Saddle Tan.

Creeping Tan mit Piebald-Scheckung

Der S-Lokus – Das Piebald-Gen

Derzeit läßt sich per Gentest auf den S-Lokus nur feststellen, ob ein Hund reinerbig, mischerbig oder frei vom Piebald-Faktor ist. Keine Aussage lässt sich über die Ausdehnung der Piebald-Scheckung treffen.

Am S-Lokus (S für Spotting (engl. für Scheckung)), gibt es ein Allel N für die nicht gescheckte Wildform und ein Allel S für die so genannte Piebald-Scheckung. Die Dominanzfolge ist vermutlich N > S, wobei es über den Erbgang noch unterschiedliche Theorien gibt. Bei den meisten Rassen scheint ein dominant-rezessiver Erbgang vorzuliegen, bei manchen Rassen (Deutsche Dogge, Collie, Shetland Sheepdog, Italienisches Windspiel) handelt es sich aber möglicherweise um eine ko-dominante Vererbung, da bei ihnen gescheckte Hunde mit dem Genotyp N/S getestet wurden. Da es aber nicht möglich ist, weitere Scheckungsgene (etwa die Irische Scheckung oder ein einzelner weißer Brustfleck) molekulargenetisch zu bestätigen oder zu widerlegen, ist es auch durchaus möglich, dass hier eine echte Irische Scheckung vorliegt, die durch ein Allel S noch weiter ausgedehnt wird.

Nicht jeder Hund mit unpigmentierten Knien ist Piebald-Träger: Dieser Border Collie hat den Genotyp N/N auf dem S-Lokus.

American Staffordshire Terrier mit pseudo-irischer Scheckung.

Russisch-Europäische Laika

Ein Hund mit dem Genotyp S/S kann also von der Extremscheckung über eine Plattenscheckung bis zu einer so genannten pseudo-irischen Scheckung alle möglichen Phänotypen haben. Für die Verteilung der Scheckung sind wahrscheinlich auch intrauterine Einflüsse während der Trächtigkeit verantwortlich; zumindest ist bekannt, dass sich die Scheckungsmuster geklonter Rinder unterscheiden. Auch geklonte Hunde können eine unterschiedliche Scheckungs-Verteilung aufweisen. Bei der pseudo-irischen Scheckung handelt es sich um einen Phänotyp, bei dem die Farbflecken so zusammenhängen, dass der Eindruck einer geschlossenen Farbdecke im Bereich des Rumpfes entsteht. Optische Hinweise auf eine zugrundeliegende Piebald-Scheckung können etwa unpigmentierte Bereiche sein, die die Rückenlinie überschreiten oder solche, die über das Kniegelenk nach oben reichen. Allerdings gibt es auch Hunde mit „echter“ Irischer Scheckung und Genotyp N/N am S-Lokus, die über das Kniegelenk hinaus unpigmentiert sind.

Mischling

Whippet

Ein Merkmal der Piebald-Scheckung ist die asymmetrische Farbverteilung.

Als Plattenschecken bezeichnet man Hunde mit Piebald-Scheckung, bei der sich voneinander abgegrenzte Farbplatten am Rumpf befinden. Ein Mantelschecke kann entweder ein Hund mit pseudo-irischer Scheckung sein (also mit Piebald-Scheckung, bei der die Farbplatten miteinander „verschmolzen" sind) oder ein Hund mit „echter" Irischer Scheckung. Mantelschecke bezeichnet einfach nur die Tatsache, dass der Rumpf von einem Mantel-ähnlichen Farbbereich umschlossen ist.

Monokel: Pigmentfleck um das Auge bei Extremschecken (Greyhound-Welpe).

Extremscheckung

Extremschecken sind unpigmentiert – entweder am ganzen Körper oder mit Ausnahme von ein oder wenigen kleinen Farbinseln an Kopf und Rutenansatz.

Deshalb kann es bei einem Extremschecken schwer sein, die „eigentliche" Fellfarbe zu identifizieren. Typische extremgescheckte Rassen sind etwa der Dogo Argentino, der weiße Bullterrier, der Sealyham Terrier und der Pyrenäenberghund.

Auch der Dalmatiner gehört in diese Gruppe, bei ihm kommt allerdings noch ein weiteres Gen für die Tüpfelung dazu.

Praktischer Tipp für Züchter

Ein voll pigmentierter Hund kann den Piebald-Faktor tragen und an seine Nachkommen weitergeben (als Träger hat er den Genotyp N/S). Ein Hund mit Piebald-Scheckung (Genotyp S/S) kann mit einem anderen Piebald-gescheckten Hund (S/S) nur gescheckte (auch extrem gescheckte) Nachkommen zeugen, keine vollständig pigmentierten.

English Bulldog

American Bulldog

Pit Bull

Spinone Italiano

Miniatur Bullterrier

Rauhaar Podenco Ibicenco

Parson Russell Terrier

„Color headed white" Slowakischer Rauhbart (Kurzhaar)

Die Extremscheckung kann mit erblicher Taubheit einhergehen (s. S. 230 ff.). Aus diesem Grund ist die Selektion auf Extremscheckung umstritten. Extremgescheckte Welpen sollten darum vor der Abgabe auf ihr Hörvermögen getestet werden. Dies wird auch von manchen Zuchtclubs betroffener Rassen vorgeschrieben. Es gibt auch Hunde mit weißem Körper und pigmentiertem Kopf, etwa beim „hooded" American Akita und beim „colour headed white" Collie. Dieser Farbschlag wird beim Collie in den USA und zunehmend auch in Deutschland gezüchtet, nach dem FCI-Standard ist er allerdings nicht anerkannt. Je mehr Pigment sich im Kopfbereich findet, desto eher wird der Hund nicht von Taubheit betroffen sein – diese Faustregel sollte man gerade in der Zucht extremgescheckter Hunde beherzigen.

Weiße Abzeichen

Einfarbige Hunde (egal welcher Grundfarbe oder -zeichnung) können kleine weiße Abzeichen wie einen Brustfleck und/oder weiße Zehenspitzen und/oder eine weiße Rutenspitze haben. Dies muss kein Hinweis auf Piebald-Trägerschaft sein. Wie wir weiter oben erfahren

Elo

Elo

Deutsch Kurzhaar

Border Collie

Australian Shepherd

Papillon

Australian Shepherd

Border Collie-Mix

Papillon

haben, wandern die Pigmentzellen im Laufe der Embryonalentwicklung in die Haut ein. Ist diese Wanderung bis zur Geburt des Hundes nicht abgeschlossen, so können kleine Stellen an den „Körperspitzen“ unpigmentiert bleiben. In vielen Fällen ist die Pigmentzellenwanderung auch erst Tage bis Wochen nach der Geburt abgeschlossen.

Beim Pferd gibt es übrigens eine interessante Beobachtung, die möglicherweise auch Bedeutung beim Hund hat: Schwarzes Pigment scheint beim Pferd eine unterdrückende Wirkung auf die Ausdehnung einer Weißscheckung zu haben. Schwarze Pferde, die das Fuchsgen tragen (also genetisch E/e), haben eine ausgedehntere Weißscheckung als reinerbig schwarze Pferde. Auch bei Braunen (die ja auch schwarzes Pigment bilden können) ist die unterdrückende Wirkung auf eine Weißscheckung stärker ausgeprägt als bei Füchsen. Am ausgedehntesten sind die weißen Abzeichen somit bei Füchsen (genetisch e/e).[56] Anekdotisch wird beim Dalmatiner berichtet, dass die Tupfengröße bei schwarzen Tupfen größer sei als bei braunen, am kleinsten seien gelbe Farbtupfen.[57] Auch im FCI-Rassestandard Nr. 153 wird unter Farbe angegeben, dass die braunen Tupfen etwas kleiner (als die schwarzen Tupfen) sind. Allerdings sei an dieser Stelle darauf hingewiesen, dass hier auch optische Täuschungen durch die unterschiedlichen Farbkontraste eine Rolle spielen können.

Weiße Abzeichen bei sonst einfarbigen Hunden (also Blessen, Brustflecke, weiße Pfoten und Schwanzspitzen) vererben sich möglicherweise unabhängig voneinander. Auch wenn sie häufig kombiniert auftreten, können sie doch auch einzeln vorkommen (also nur ein Brustfleck, nur eine Blesse oder nur weiße Pfoten).

Azawakh mit weißem Brustfleck (man beachte die dunklen Flecken auf der Haut).

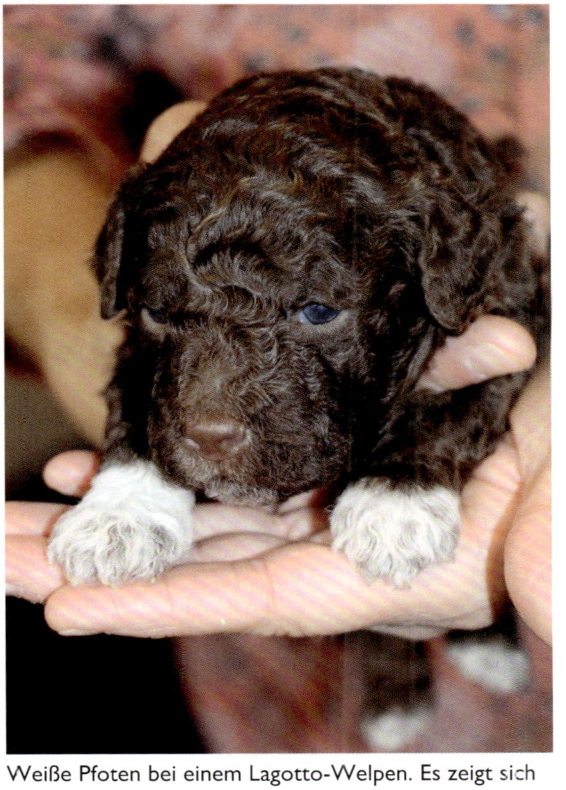

Weiße Pfoten bei einem Lagotto-Welpen. Es zeigt sich bereits erstes Ticking in den unpigmentierten Bereichen.

Als „Bolo Spots“ bezeichnet man beim Labrador weiße Abzeichen an der Hinterseite der Läufe, direkt oberhalb der Pfotenballen. Es gibt Züchterbeobachtungen, die besagen, dass Hunde mit Bolo Spots zu vorzeitiger Ergrauung (Altersergrauung s. S. 183 f.) neigen – wissenschaftliche Untersuchungen hierzu gibt es jedoch nicht.

„White head", „White face" und „Split face"

Auch bei einem ansonsten nahezu vollständig pigmentierten Körper kann ein Hund einen ganz („White head“ oder „White face) oder halbseitig („Split face“) pigmentlosen Kopf haben. Solche Hunde haben – wie Extremschecken – ein erhöhtes Taubheitsrisiko. Gemäß Züchterbeobachtungen kann eine breite Blesse ein Hinweis

Australian Shepherd

Bernhardiner

Boxer

Parson Russell Terrier

Border Collie

Kleinspitz

Eine Weißscheckung im Gesicht kann auch asymmetrisch verteilt sein – als so genanntes „split face“.

darauf sein, dass ein Hund die Veranlagung für „White head" trägt und an seine Nachkommen weitergeben kann (siehe Fotos S. 146). Das ursächliche Gen bzw. die zugrundeliegenden genetischen Varianten konnten noch nicht identifiziert werden, derzeit (Stand Juni 2021) arbeiten mehrere Forschungsgruppen daran.[58,59]

Viererlei Weiß

Verwechslungsgefahr besteht zwischen Extremschecken, Hunden mit aufgehelltem Phäomelanin, Weißtigern und Albinos. Während die beiden erstgenannten Varianten häufig vorkommen, sind Albinos beim Hund sehr selten. Hunde mit aufgehelltem Phäomelanin (etwa Weiße Schäferhunde, Samojeden, weiße Spitze, West Highland White Terrier) haben Pigmentzellen und bilden Pigment. Sie haben meist den Genotyp e/e und lagern nur Phäomelanin ins Haar ein. Das Phäomelanin ist durch aufhellende Faktoren (die erst zum Teil molekulargenetisch identifiziert sind) modifiziert und wirkt daher auf den Betrachter weiß. Extremschecken haben (bis auf sehr reduzierte Körperstellen) keine Pigmentzellen, darum ist ihre Haut im Bereich der unpigmentierten Haare rosa – abgesehen von dunklen Pigmentflecken auf der Haut (vor allem am Bauch und an der Innenseite der Oberschenkel). Die Einwanderung der Pigmentzellen in die Haut erfolgt früher als die Einwanderung in die Haarfollikel – das erklärt, warum auch extrem gescheckte Hunde pigmentierte Nasen, Lider und eben diese „Hautpunkte" haben können.

American Staffordshire Terrier: Unregelmäßige Begrenzung der pigmentierten Haut rund um die Nase bei einem Extremschecken.

Bei gescheckten Hunden sieht man übrigens meist gut, dass die Hautpigmentierung ausgedehnter ist als die Pigmentierung der korrespondierenden Fell-Areale (siehe Fotos S. 151).

Unterscheidungsmöglichkeiten zwischen Extremscheckung und aufgehelltem Phäomelanin bieten die Nasenpigmentierung, die Hautpigmentierung und die Haarpigmente.

Hunde mit Extremscheckung haben meist einen unregelmäßig verlaufenden und scharfen Rand zwischen dem dunklen Nasenpigment und der unpigmentierten (rosa) Umgebung. Bei manchen Extremschecken sind die Augenlider teilweise oder ganz unpigmentiert. Ein Hund mit aufgehelltem Phäomelanin hingegen hat in der Regel eine dunkle Haut, was man vor allem rund um die Nasenumgebung gut erkennen kann. Seine Haut kann ihre Farbe durch Sonneneinstrahlung verändern, da die Pigmentbildung durch UV-Strahlung intensiviert wird. Ein Extremschecke hat nur vereinzelte Pigmentflecken in der Haut, sodass eine UV-Strahlen-Exposition in den unpigmentierten Hautarealen hier nicht zur „Bräunung", sondern zu Sonnenbrand führt. In vielen Fällen ist es möglich, per Gentest zwischen beiden Varianten zu unterscheiden. Schwierig wird die Differenzierung, wenn ein Hund beide Merkmale in sich vereint (also beim Genotyp S/S e/e i/i).

Albinos haben zwar Pigmentzellen, ihnen fehlt aber ein zur Pigmentproduktion essentielles Enzym bzw. dessen Funktion ist stark eingeschränkt. Ihre Haut und Schleimhaut ist rosa (auch der Nasenspiegel), ihre Augen rötlich bis milchig blau und ihr Fell weiß, hellbeige oder hellgrau. (s. S. 198 f. und 243 ff.).

Vergleich Extremscheckung – aufgehelltes Phäomelanin

Parson Russell Terrier

Shiba Inu

Linkes Foto: Extremschecke mit teilweise unpigmentierten Lidern und Lefzen sowie Pigmentinsel am rechten Ohr (Parson Russell Terrier); rechtes Foto: Aufgehelltes Phäomelanin mit Wechselnase, vollständig pigmentierte Lider und Lefzen, gelblichem Anflug am Rumpf und dunkler gefärbten Ohren (Shiba Inu).

White Head (Bullterrier und Whippet)

Seal American Staffordshire Terrier: Bei einer Weißscheckung reicht die Hautpigmentierung in der Regel weiter als die Pigmentierung der Haare.

Aufgehelltes Phäomelanin und Weißscheckung kann auch zugleich vorliegen: Der hell cremefarbene Schulter-Fleck bei dieser Pit Bull-Hündin ist erst auf den zweiten Blick zu erkennen. Man beachte auch die unregelmäßigen Ränder der Hautpigmentierung rund um die Nase.

Gut zu erkennen ist die weiter ausgedehnte Hautpigmentierung bei dem Brustfleck dieses Galgo Español.

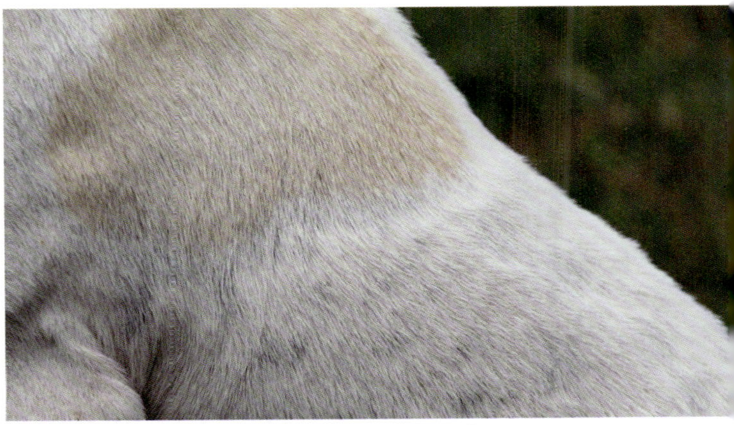

Detailaufnahme der Hündin vom oberen Foto: Gut zu erkennen ist auch hier die dunkle Haut-Pigmentierung, die über die Ränder des Farbfleckes hinausreicht.

Tabelle 15: Viererlei Weiß

Extremscheckung	Aufgehelltes Phäomelanin

Pigmentzellen reduziert, Begrenzung Nasenpigment unregelmäßig; Haut rosa (mit dunklen Flecken), Lider können unpigmentiert sein, kleine dunkle Flecken im Haar möglich, blaue Augen (ein- oder beidseitig können vorkommen, Haar reinweiß, da keine Pigmenteinlagerung möglich	Pigmentzellen vorhanden, Nasenpigment regelmäßig begrenzt, Wechselnase häufig, Haut dunkel, gelbliche Haarpigmentierung (vor allem an Ohren und Rückenlinie) möglich, da Pigmenteinlagerung ins Haar
Erhöhtes Risiko für angeborene Taubheit, in unbehaarten Bereichen Sonnenbrand gefährdet und erhöhte Neigung zur Bildung von Hautkrebs	Keine gesundheitlichen Nachteile
Albino	**Weißtiger**

Pigmentzellen vorhanden, aber keine oder nur stark reduzierte Pigmentproduktion möglich, kein Nasenpigment, rosa Haut, hellblaue Augen, Fellfarbe je nach verbleibender Pigmentproduktion hellgrau bis reinweiß	Pigmentzellen vorhanden, jedoch mit eingeschränkter struktureller Funktionsfähigkeit zur Pigmentproduktion, mehr oder weniger ausgedehnte asymmetrische, teilweise verdünnte Pigmentbereiche, Augen meist blau, können deformiert sein. Nasenpigment kann teilweise depigmentiert sein
Erhöhte Lichtempfindlichkeit, möglicherweise erhöhte Hauttumorneigung	Erhöhtes Risiko für angeborene Taubheit und Augenmissbildungen

Irische Scheckung (Irish pattern)

Es gibt einige Hunderassen, bei denen eine symmetrische Weißscheckung erwünscht ist. Typische Beispiele sind die vier Sennenhundrassen, Collies (inkl. Border und Bearded Collie), Karelischer Bärenhund, Lundehund, Basenji, Boston Terrier und etliche Rassen mehr. Solche Hunde zeigen ein Zeichnungsmuster, bei dem in der Regel ein mehr oder weniger großer Teil der Rutenspitze, die Pfoten (bis hin zu weißen Stiefeln), ein Brustlatz (in manchen Fällen auch ein Halsring) und meist auch eine Blesse weiß sind.

Die genetische Grundlage für die Irische Scheckung ist noch nicht bekannt. Möglicherweise gibt es eine eigene Mutation, die für die Ausbildung einer Irischen Scheckung verantwortlich ist. Phänotypisch ist die Abgrenzung zur pseudo-irischen Scheckung einerseits und zu kleinen weißen Abzeichen andererseits manchmal schwierig.

Welsh Corgi Cardigan mit echter Irischer Scheckung (Grundfarbe: Black and Brindle)

Lundehund mit echter Irischer Scheckung (Grundfarbe: Dominantes Gelb mit schwarzem Overlay)

Brackenabzeichen: Weißer Fang mit Halsring, durchgehende Blesse, weiße Brust, Läufe und Rutenspitze (Deutsche Bracke).

Französische Bulldogge mit pseudo-irischer Scheckung (Grundfarbe: Dominantes Gelb mit schwarzer Maske)

Beagle mit pseudo-irischer Scheckung
(Grundfarbe: Saddle and Tan)

American Staffordshire Terrier mit pseudo-irischer Scheckung (Grundfarbe: dominantes Rot).
Beachte auch die weiter ausgedehnte Haut-Pigmentierung sowie die Pigmentflecken der Haut.

Bei der Irischen Scheckung scheint das Pigment sich eher von der Rückenlinie aus Richtung Brust, Hals und Läufe auszubreiten; bei der Piebald-Scheckung (zu der ja die pseudo-irische Scheckung gehört, s. S. 143) scheint sich das Pigment hingegen eher vom Kopf und von der Rutenwurzel sowie von den beiden Rumpfseiten her ausgehend von mehreren Pigmentationszentren konzentrisch auszubreiten. So sind bei der pseudo-irischen Scheckung oft noch unpigmentierte Bereiche zu sehen, die die Rückenlinie kreuzen, sowie weiße Bereiche oberhalb der Kniegelenke. Vergleicht man Hunde mit echter Irischer Scheckung und solche mit pseudo-irischer Scheckung, so fällt bei ersteren ein eher regelmäßiger Farbrand, bei der pseudo-irischen Scheckung ein eher unregelmäßiger Farbrand auf.

Es gibt jedoch auch Hunde mit Irischer Scheckung, deren weiße Abzeichen bis oberhalb des Kniegelenks reichen, die aber dennoch kein Allel S für Piebald-Scheckung tragen (also keine pseudo-irische Scheckung haben) (siehe Foto auf S. 141 unten).

Es gibt Rassen, bei denen sowohl Irische als auch Piebald-Scheckung vorkommen (etwa Border Collie, Deutsche Dogge).

Da es noch keinen Gentest auf die Irische Scheckung gibt, weiß man nicht, ob es unterschiedliche Gene für Irische Scheckung einerseits und die Ausprägung weißer Abzeichen wie Brustfleck, Blesse, weiße Rutenspitze oder Pfoten andererseits gibt.

KIT-Gen

Als „Panda" bezeichnet man weiß gescheckte Deutsche Schäferhunde, die in den USA mittlerweile auch gezielt gezüchtet werden. Diese Zeichnung beruht auf einer dominanten Mutation, die offenbar spontan auftrat und mittlerweile von der UC Davis (University of California in Davis) molekulargenetisch identifiziert wurde. Es handelt sich um eine Insertion am so genannten KIT-Gen.[60] Es gibt einen Gentest, mit dem die beiden Allele S (Panda-Scheckung/dominant) und N (keine Panda-Scheckung/rezessiv) identifiziert werden können. Diesen darf man nicht verwechseln mit dem Gentest auf den S-Lokus (Piebald-Scheckung, s. S. 141 ff.) mit den Allelen N (keine Piebald-Scheckung/dominant) und S (Piebald-Scheckung/rezessiv).

Das Zeichnungsmuster der „Panda-Scheckung" ähnelt der Irischen Scheckung (s. S. 153 f.), ist aber genetisch nicht identisch mit dieser. „Panda Shepherds" haben meist eine ausgedehnte weiße Blesse, die sich bis weit zur Stirn hin ausdehnt und manchmal auch ein oder zwei blaue Augen verursacht. Möglicherweise handelt es sich bei dem „Panda"-Faktor um einen Letalfaktor, da bislang keine Hunde auf S/S getestet wurden. Der „Panda-Faktor" wurde bislang nur bei Deutschen Schäferhunden einer Linie nachgewiesen, über sein Vorkommen in anderen Rassen ist nichts bekannt.

Beim Weimaraner wurde ebenfalls ein Zusammenhang zwischen einer Weißscheckung vom Typ einer Irischen Scheckung und einer Mutation am KIT-Gen nachgewiesen, hier handelt es sich jedoch um eine Deletion.[61]

Möglicherweise gibt es noch mehr, bislang nicht identifizierte KIT-Varianten beim Hund. Beim Pferd sind mittlerweile fast 30 verschiedene KIT-Varianten in Verbindung mit einer Scheckung bekannt, viele davon im homozygoten Genotyp embryonal letal.[62]

Ticking

Mit dem englischen Wort „Ticking" umfasst man unterschiedliche Zeichnungsmuster beim Hund, die auf deutsch als Tüpfelung, Sprenkelung, Schimmelung und Stichelung bezeichnet werden. Getüpfelte und gesprenkelte Zeichnungsmuster gibt es übrigens nicht nur beim Hund, sondern auch bei anderen Haustierarten, z. B. Pferden (Appaloosa, Knabstrupper und Noriker) und Rindern (Vogesenrind, Zwergzebu).

Es gibt keine klare, rasseübergreifend einheitliche Nomenklatur. Darum wird in diesem Buch die Bezeichnung Tüpfelung für separate Tupfen und Stichelung für die Vermischung von pigmentierten und unpigmentierten Haaren verwendet. Zur Tüpfelung gehört die Sprenkelung. Alle genannten Zeichnungsmuster werden unter dem Oberbegriff „Ticking" zusammengefaßt. Die Bezeichnung „Schimmelung" wird je nach Rasse für Tüpfelung oder für Stichelung verwendet.

Beim Hund handelt es sich bei der Tüpfelung um Farbtupfen, die auf unpigmentiertem Grund verteilt und klar voneinander angegrenzt sind. Als gesprenkelt kann man ein Haarkleid bezeichnen, das aus feinen Farbsprenkeln oder „Farbspritzern" besteht. Mit gestichelt bezeichnet man ein Haarkleid, das wie eine Mixtur aus pigmentierten und unpigmentierten Haaren aussieht.

Deutsch Kurzhaar: Tüpfelung und Stichelung können auf demselben Hund nebeneinander vorkommen.

„Blue Belton“ English Setter (Grundfarbe schwarz)

„Orange Belton“ English Setter (Grundfarbe rezessives Rot)

„Tricolour“ English Setter (Grundfarbe Black and Tan)

Stichelung

Deutsch Drahthaar: „Schwarzschimmel“ (Grundfarbe Schwarz)

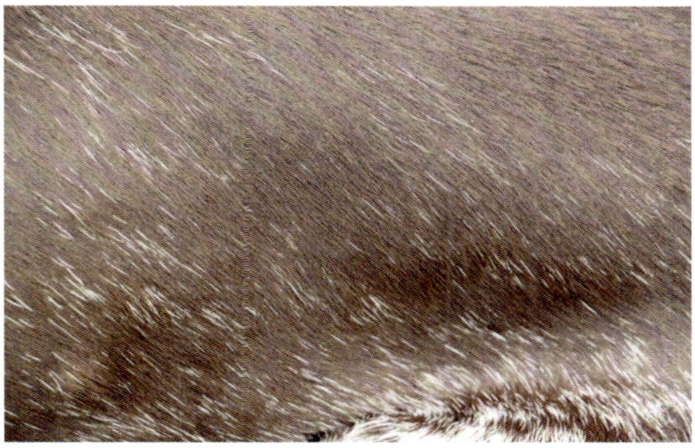

Deutsch Kurzhaar: „Braunschimmel“ (Grundfarbe Braun)

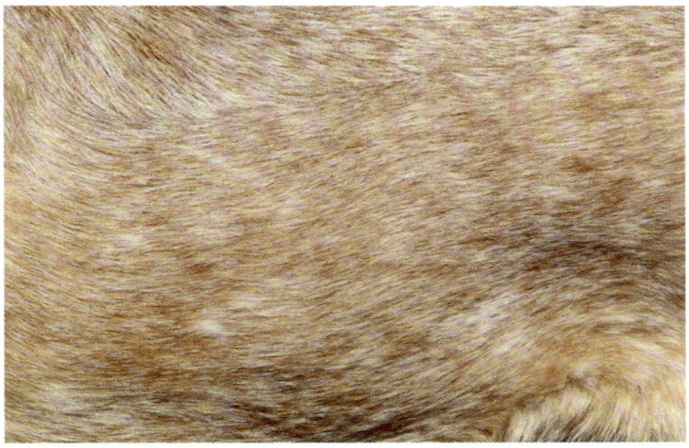

Australian Cattle Dog: „Red Speckled“ (Grundfarbe dominantes Rot)

Die Übergänge können fließend sein, manchmal sieht man auch unterschiedliche Zeichnungsmuster (also Tupfen und/oder Sprenkel und/oder Stichelung) auf einem Hund.

Eines haben diese Zeichnungsmuster gemeinsam: Sie sind nur auf eigentlich unpigmentiertem („weißem“) Untergrund sichtbar. Das heißt, ein Hund mit sichtbarem Ticking muss auch eine Weißscheckung haben. Hunde mit Ticking werden als Schecken geboren, das Ticking stellt sich im Verlauf der ersten Lebenswochen ein. In den unpigmentierten (weißen) Bereichen zeigen sich dann nach und nach die farbigen Tupfen oder Sprenkel. Wahrscheinlich kann auch ein voll pigmentierter Hund den genetischen Faktor für Ticking haben (und weitervererben), nur wird man es einem solchen Hund

Braun getupfter Dalmatiner

nicht ansehen, da er sozusagen farbige Tupfen auf farbigem Untergrund hat.

Die Farbe der Tupfen entspricht immer der genetischen Farbe des jeweiligen Hundes. Ein genetisch schwarzer Hund hat also schwarze Tupfen auf weißem Grund, ein genetisch black and tan-farbener Hund hat am Rumpf schwarze Tupfen und an Läufen, Brust, Fang, Kehle und über den Augen rote oder gelbliche Tupfen (besonders gut sieht man dies etwa beim tricolor English Setter, s. S. 156).

Europäischer Schlittenhund: Ticking ist nur im Bereich einer Weißscheckung zu erkennen.

Historisches

Beschrieben wurde die Tüpfelung beim Hund bereits recht früh, und zwar ab 1914 von verschiedenen Wissenschaftlern. Bald begann man, die Tüpfelung (engl. Ticking) von der Stichelung (engl. Roaning) zu unterscheiden. Dabei stellt die Tüpfelung voneinander abgegrenzte Tupfen oder Tüpfelchen dar (wie man sie etwa beim Englischen Setter sieht, besonders gut am Kopf und an den Läufen zu erkennen); die Stichelung hingegen besteht aus einer innigen Vermischung pigmentierter und unpigmentierter Haare (typisch etwa bei den Deutschen Vorstehhunden und dem Australian Cattle Dog). Von vielen Forschern wurden zwei verschiedene Genorte postuliert: Einer für Tüpfelung (mit T wie Ticking bezeichnet; eine frühere Benennung mit S wie speckled (englisch für gefleckt) konnte sich nicht durchsetzen) und ein anderer für Stichelung (mit R wie Roaning bezeichnet). Clarence C. LITTLE, der Autor eines Standardwerkes über die Fellfarben beim Hund aus dem Jahr 1957, wies schon vor über 50 Jahren darauf hin, dass die Übergänge zwischen dem „Ticking" der Setter, Pointer und Spaniel und dem „Roaning" der Deutschen Vorstehhunde fließend sind, außerdem wies er nach, dass auch die Dalmatiner-Tupfen durch den Ticking-Faktor bedingt werden.

Tabelle 16: Farbentwicklung Lagotto Romagnolo

Tag 2	Tag 16	Tag 31	Tag 45

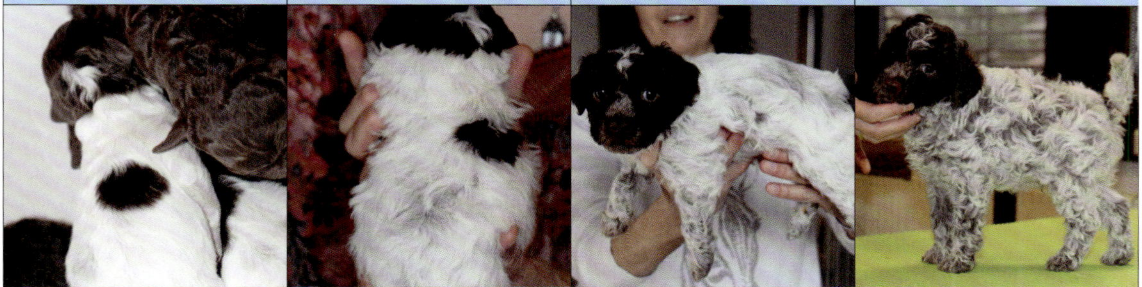

Rumpf

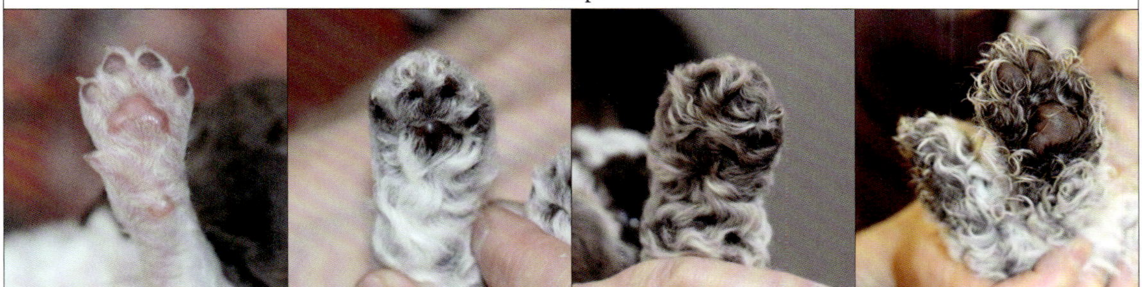

Ballen

Nase

Farbentwicklung bei einem braunen Lagotto Romagnolo mit Weißscheckung und Ticking

Am ausgeprägtesten kommt die Tüpfelung natürlich bei Hunden zur Geltung, die eine sehr ausgedehnte Weißscheckung haben. Beispiele hierfür sind viele Englische Setter, aber auch der Dalmatiner. Je weniger ausgedehnt die Weißscheckung ist, desto weniger sieht man natürlich vom Ticking. Bei manchen Deutschen Vorstehhunden etwa kann man nur an einem kleinen Brustfleck des ansonsten einfarbigen Hundes eine Schimmelung erkennen. Die meisten getupften oder geschimmelten Hunde haben neben ihren Tupfen auch solide Farbplatten, sie sind also Platten- oder Mantelschecken mit einer zusätzlichen Tüpfelung (typisch beim Cocker Spaniel, vielen Deutschen Vorstehhunden und auch dem Luzerner Laufhund und Niederlaufhund).

Tabelle 17: Farbentwicklung Australian Cattle Dog

Farbentwicklung Australian Cattle Dog

Besonders interessant ist, dass getüpfelte und geschimmelte Hunde ohne Tupfen geboren werden – sie sehen in den ersten Lebenstagen aus wie weiß gescheckte Hunde; die Tupfen „erscheinen“ erst im Laufe der ersten Lebenswochen.

Erfahrene Züchter wissen, dass sie anhand der Ballenfarbe erkennen, ob die Hunde weiß gescheckt bleiben oder ob sie Tüpfelung bzw. Schimmelung entwickeln: Gescheckte Welpen ohne Ticking-Faktor haben rosa (also unpigmentierte) Ballen, Welpen mit dem Tüpfelungsfaktor haben dunkle (also voll oder zumindest

Ballen eines erwachsenen Border Collies ohne Ticking. Im Gegensatz zu Hunden mit Ticking sind hier die Ballen nicht vollständig durchgefärbt.

teilpigmentierte) Ballen. Besonders bei Rassen, in denen sowohl Schecken als auch Schimmel auftreten, ist dies von Bedeutung (etwa beim Cocker Spaniel oder beim Deutsch Kurzhaar).

Vorkommen

Getüpfelte, gesprenkelte und gestichelte Haarkleider sind vor allem bei Jagdhunderassen verbreitet. Fast alle britischen und kontinentalen Vorstehhunde gibt es mit dieser Fellzeichnung, typische Beispiele sind die französischen Braque du Bourbonnais und Braque d´Auvergne, der Deutsch Kurzhaar, der Bracco Italiano und der spanische Perdiguero de Burgos.

Auch Bracken und Laufhunde sind häufig geschimmelt. Der französische Bleu de Gascogne trägt die Fellfarbe sogar im Namen, denn die eng vermischten schwarzen und weißen Haare erwecken tatsächlich den Eindruck einer blauen Färbung. Der Luzerner Laufhund wird als „Blausprenkel" bezeichnet. Beim amerikanischen Bluetick Coonhound ist der Name ebenfalls Programm. Neben den Jagdhunden gibt es nur wenige Rassen, die eine ausgeprägte Tüpfelung zeigen. Ein Beispiel ist der Australian Cattle Dog. Interessant ist, dass man den Dalmatiner unter seinen Ahnen vermutet – allerdings ist dies nicht belegt.[63]

Bei manchen Rassen treten immer wieder Tupfen oder Sprenkel in den weißen Körperbereichen auf, die unerwünscht sind und laut Rassestandard als Fehler angesehen oder herausgezüchtet werden sollen, wie etwa beim Landseer. Hier ist im FCI-Standard Nr. 226 unter Farbe zu lesen: *„Die Grundfarbe des Haares ist ein klares Weiß mit zerrissenen schwarzen Platten auf der Rumpf- und Kruppenpartie. Der Hals, die Vorbrust, der Bauch, die Läufe und die Rute müssen weiß sein. Der Kopf ist schwarz. Als Zuchtfestigung gilt eine weiße Schnauzenpartie mit einer weißen, symmetrischen, nicht zu breiten, durchgezogenen Blesse. Noch vorkommende Rußflecken im weißen Grund sind keine Fehler, sollen jedoch herausgezüchtet werden"*.

Ticking verdichtet sich im Bereich der Rückenlinie. Grundfarben: Links: rezessives Rot, Mitte: Braun bei einem älteren Hund, rechts: Braun bei einem jüngeren Hund (Bracco Italiano).

Grand Bleu de Gascogne

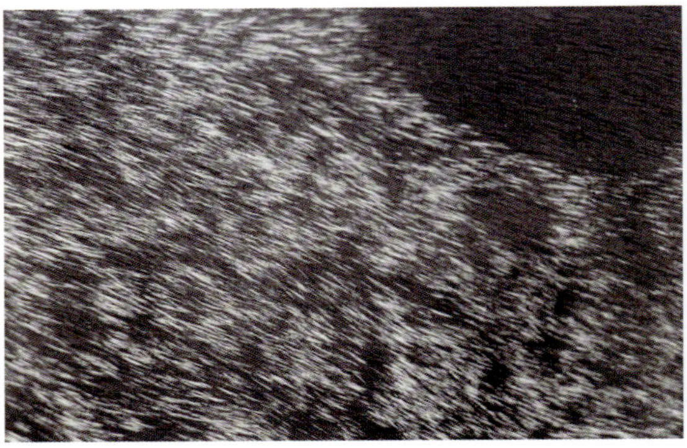
Stichelung

Deutsch Kurzhaar

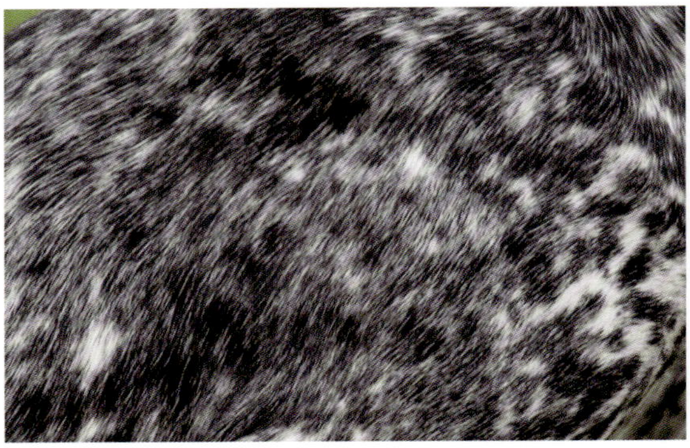
Stichelung und Tüpfelung

Deutsch Kurzhaar

Tüpfelung

Deutsch Kurzhaar

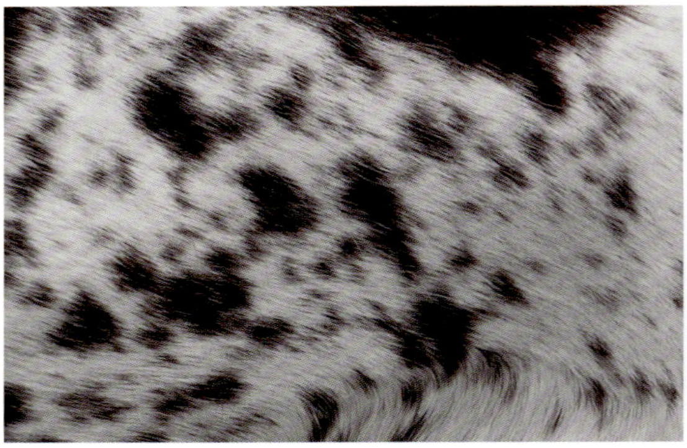
Tüpfelung

Beim Landseer bezeichnet man Ticking als „Rußflecken“.

Genetik

Die molekulargenetischen Grundlagen für Tüpfelung und Schimmelung sind noch nicht restlos erforscht. Züchtererfahrungen besagen, dass die Tüpfelung dominant über Nicht-Tüpfelung ist. Die große Variation innerhalb der Tüpfelung und der Schimmelung legte schon früher die Vermutung nahe, dass mehr als ein Faktor dafür zuständig sein muss. So vermutet man zumindest einen Faktor T für **T**üpfelung (und den entsprechenden Faktor t für Nicht-Tüpfelung) sowie einen Faktor R (von englisch „**r**oan“, zu deutsch: gestichelt) für Stichelung (mit dem Faktor r für Nicht-Stichelung). Eine Studie aus dem Jahr 2020 stellte folgende Allele für den English Cocker Spaniel auf: TR (Roaning – unvollständig dominant), T (Ticking – dominant) und t (kein Roaning/Ticking – rezessiv).[64, 65]

Aussehen

Unter Tüpfelung versteht man mehr oder weniger eindeutig voneinander abgegrenzte Tupfen, bei der Stichelung sind pigmentierte und unpigmentierte Haare miteinander vermischt.

Interessant ist, dass bei gestichelten, gesprenkelten und getüpfelten Hunden im Bereich des Oberkopfes und im Bereich der Violschen Drüse unpigmentierte Bereiche zu sehen sind, in denen sich kein Ticking bildet. Beim Australian Cattle Dog nennt man einen solchen Stirnfleck

„Bentley-Fleck“, beim spanischen Perdiguero de Burgos findet diese Besonderheit Erwähnung im Rassestandard (FCI-Standard Nr. 90: „ *(...) Für das Haarkleid charakteristisch, oft vorhanden, aber nicht notwendig, ist ein scharf umrissener weißer Fleck auf der Stirne (...)*“).

Vereinzelt gibt es Hunde mit Ticking, die einen mehr oder weniger ausgeprägten komplett unpigmentierten Bezirk am Körper aufweisen. Insgesamt ist das Ticking an der Rute schwächer ausgeprägt als am Körper.

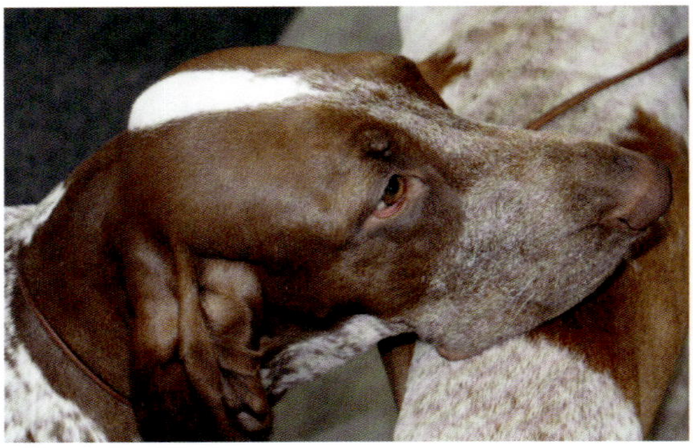

Bracco Italiano

Lagotto Romagnolo

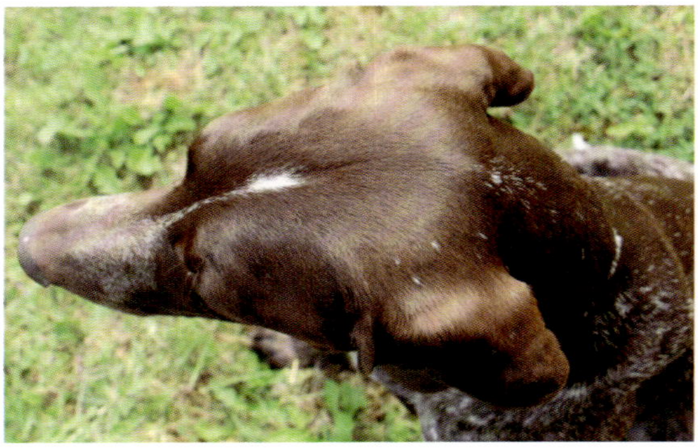

Deutsch Kurzhaar

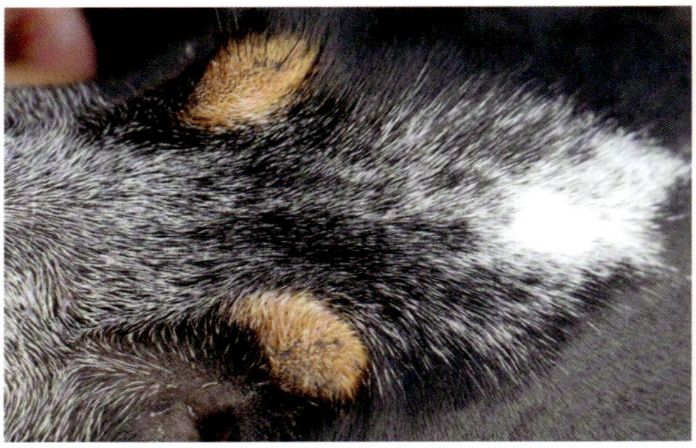

Grand Bleu de Gascogne

Australian Cattle Dog

Bracco Italiano

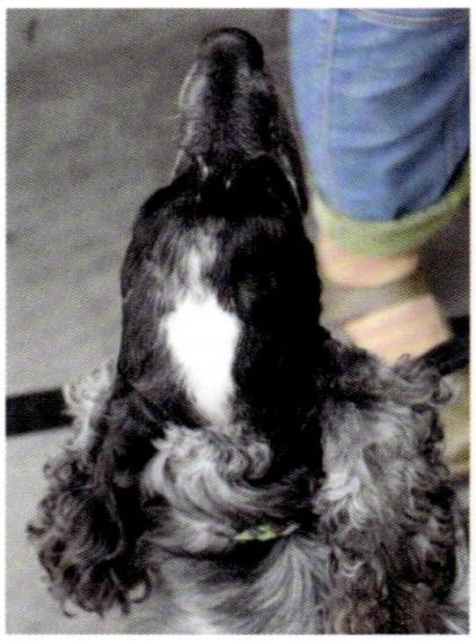

Cocker Spaniel

Lagotto Romagnolo

Typisch für alle Hunde mit Ticking und unpigmentiertem Oberkopf ist, dass sich dasTicking in diesem Bereich nicht ausprägt (beim Australian Cattle Dog nennt man das den „Bentley-Fleck“).

Australian Cattle Dog

Grand Bleu de Gascogne

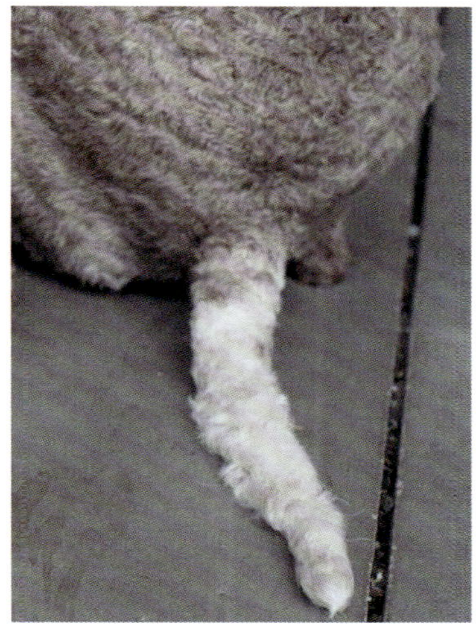

Lagotto Romagnolo

Im Bereich der Rute ist das Ticking meist weniger stark ausgeprägt.

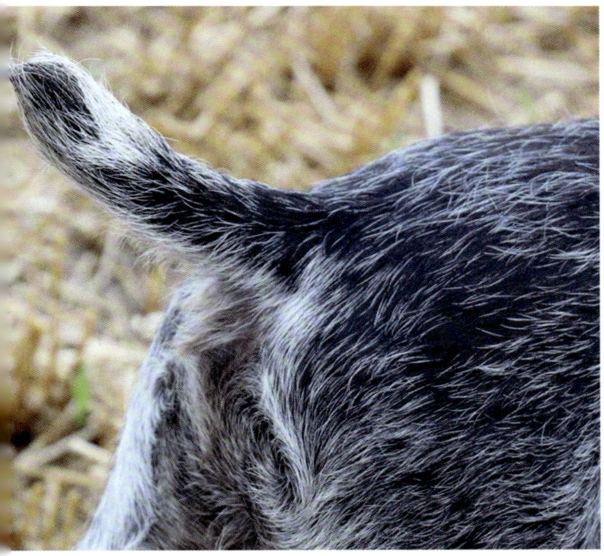

Bei dieser kupierten Rute ist noch der Anfangsbereich des weniger stark ausgeprägten Ticking zu erkennen (Deutsch Drahthaar).

Dalmatiner

Der Felltyp des Hundes spielt übrigens für den optischen Eindruck eine große Rolle: Bei den langhaarigen Rassen Cocker Spaniel und English Setter handelt es sich um eine Tüpfelung, nicht um eine Stichelung, wie man vor allem an kurz behaarten Bereichen wie Gesicht und Vorderseite der Läufe erkennen kann. Beim Cocker Spaniel spricht man von Schimmelung (also Blauschimmel, Orangeschimmel, Braunschimmel etc.).

Bei diesem jungen Australian Cattle Dog ist die Tüpfelung („mottle") zu schwach ausgeprägt und gilt als fehlerhaft.

Blue mottled

Red mottled

Blue speckled

Red speckled

Blue

Red

Nicht erwünscht (zu dunkel)

Praktisch keine weißen Stichelhaare

Beim Dalmatiner sollen schwarze Tupfen (linker Hund) größer sein als braune Tupfen (rechter Hund).

Durch die langen Haare wirken die Tupfen verwischt und es entsteht mitunter der optische Eindruck einer Stichelung. Bei den Deutschen Vorstehhunden bezeichnet man sowohl eine echte Stichelung als auch eine Sprenkelung und Tüpfelung als Schimmelung.

Die Übergänge sind durchaus fließend, es gibt Tupfen und Sprenkel in jeglicher Größe und Dichte, man sieht oft auch Tupfen und Sprenkel auf einem Hund (siehe Foto auf Seite 155). Bei manchen Rassen kommt sowohl Tüpfelung als auch Sprenkelung und Stichelung vor: Beim Australian Cattle Dog etwa bezeichnet man ein getüpfeltes Haarkleid als „mottled“, ein gesprenkeltes Haarkleid als „speckled“ und ein gesticheltes Haarkleid als „even“ („even“ ist englisch und bedeutet „gleichmäßig“).

Wahrscheinlich wird man auf weitere Erkenntnisse der Molekulargenetik warten müssen, um die Beziehung zwischen Tüpfelung, Sprenkelung und Stichelung endgültig klären zu können.

Möglicherweise stellt die auffällige Tupfen-Zeichnung des Dalmatiners eine durch extreme Selektion herausgezüchtete Variante der Tüpfelung dar (s. Kasten S. 169). Der FCI-Standard Nr. 153 für den Dalmatiner lautet unter Farbe: *„(...) Die Tupfen sollen symmetrisch auf dem ganzen Körper verteilt sein, klar abgerundet und ohne Übergang in die weiße Grundfarbe. Die Grösse der Tupfen soll möglichst gleichmässig sein, wobei die Grösse 2–3 cm im Durchmesser betragen soll. Bei der braunen Farbvarietät sind die Tupfen etwas kleiner, im Durchmesser von ca. 2 cm. Tupfen am Kopf und an den Gliedmassen sollen proportional kleiner sein als auf dem Körper. Es ist erwünscht, dass auch die* ***Rute die Tupfen aufweist, die auch proportional kleiner sind als die auf dem Körper.*** *Sprenkeln auf dem Körper ist nicht erwünscht und soll bestraft werden. Die Tupfen dürfen nicht ineinander laufen und grössere Flecken bilden. Die Flecken und Farbplatten sind unerwünscht. Extra aufmerksam soll die Ohrenbetupfung berücksichtigt werden.“*

Mischling

Mischling

Deutsch Kurzhaar

Cocker Spaniel

Im Bereich der Rückenlinie zeigt Ticking in den meisten Fällen eine Verdichtung.

Dalmatiner

Der Dalmatiner nimmt eine Sonderstellung innerhalb der getüpfelten Hunde ein. Keine andere Rasse hat diese großen, runden und klar voneinander abgegrenzten Tupfen (man nennt das Dalmatiner-Muster auch Pardelung). Man geht davon aus, dass diese Zeichnung durch gezielte Selektion aus der „Durchschnitts"-Tüpfelung entstanden ist. Bei zahlreichen Jagdhunden erkennt man bereits einen Ansatz zu einzelnen, klar abgegrenzten Tupfen und es erscheint gut vorstellbar, dass aus solchen Hunden mittels gezielter Zuchtwahl sich das Dalmatiner-Muster entwickeln konnte. Interessant ist, dass es einen Zusammenhang zwischen der Dalmatiner-spezifischen Pardelung und einem Defekt im Purin-Stoffwechsel zu geben scheint, von dem alle Dalmatiner betroffen sind. Bei dieser Erkrankung kann Harnsäure nicht abgebaut werden und reichert sich in Blut und Urin an, was zu Harnsteinen führen kann.[66,67] Die für den Stoffwechseldefekt verantwortliche Mutation wurde 2008 entdeckt. Man vermutet, dass das Gen für die Tupfengröße sehr nah bei dieser Mutation lokalisiert ist.[66] Im Rahmen eines Zuchtprogrammes an der Indiana University in den USA wurden in den 1970er Jahren Dalmatiner und Pointer gekreuzt, um das Gen für normalen Purin-Stoffwechsel wieder in die Dalmatiner-Rasse einzuführen.[68] Interessant ist, dass auch nach vielen Generationen bei den Nachkommen mit niedrigen Harnsäurekonzentrationen die Tupfengröße kleiner ist als bei „regulären" Dalmatinern.[69]

Auffällig ist hier, dass bei der braunen Varietät (also genetisch b/b) die Tupfen kleiner sein sollen als bei der schwarzen Varietät (also genetisch B/-). Es ist eine interessante Frage, ob der B-Lokus die Größe der Tupfen beeinflussen kann oder nicht – allerdings kann sie an dieser Stelle nicht beantwortet werden (s. Foto S. 167).

Verwechslungsmöglichkeiten

Verwechslungsmöglichkeiten bestehen unter Umständen zu bestimmten Merle-Zeichnungen (s. S. 120 ff.). Vor allem bei der Deutschen Dogge gibt es den Harlekin-Farbschlag mit schwarzen Flecken auf weißem Grund. Früher

Tabelle 18: Farbentwicklung beim Lagotto Romagnolo

2 Wochen	5 Monate	2 Jahre

Farbentwicklung bei einem Lagotto in braun and tan („focato") mit Ticking und progressiver Ergrauung.

Tabelle 19: Ticking

Diese Hunde wurden auf den mit Roaning assoziierten Marker TR am bislang hypothetischen R-Lokus bzw. T-Lokus getestet: Die Genotypen TR/TR und TR/N korrespondieren mit mehr oder weniger eng getüpfelten und/oder gestichelten Bereichen, die sich innerhalb der gesamten Weißscheckung verteilen, der Genotyp N/N korrespondiert mit einer weitgehend ungetüpfelten Weißscheckung (einzelne Sprenkel, insbesondere an Läufen und Fang sind möglich). Insbesondere die Läufe wirken bei den Hunden mit TR/TR und TR/N durch Stichelung fast ganz pigmentiert.[65]

dachte man, diese Zeichnung sei identisch mit der Pardelung des Dalmatiners – heute weiß man, dass dem nicht so ist (siehe S. 139 (Tabelle 14) und Gemälde auf S. 171).

Eine sehr dichte Schimmelung kann unter Umständen mit einem gebänderten (agouti) Fell verwechselt werden (wie es etwa die Pfeffer-Salz-Schnauzer zeigen). Vor allem bei rau- oder langhaarigen Hunden besteht diese Verwechslungsmöglichkeit, da hier die Zeichnung nicht klar zu sehen ist, sondern durch die Fellstruktur gewissermaßen verwischt. Schwarz getüpfelte, gesprenkelte oder gestichelte Haarkleider werden oft als „blau" bezeichnet, haben aber mit anderen Arten von Blau (zum Beispiel Dilute oder progressive Ergrauung) nichts zu tun. Bei der progressiven Ergrauung werden ja in ein zunächst dunkles Haarkleid zunehmend weiße Haare eingemischt. Dies kann natürlich zu einer Verwechslung führen, denn in beiden Fällen handelt es sich ja um eine Vermischung von pigmentierten und unpigmentierten Haaren. Ein gravierender Unterschied besteht darin, dass Hunde mit progressiver Ergrauung voll pigmentiert auf die Welt kommen und sich zunehmend die unpigmentierten Haare einmischen. Hunde mit Ticking kommen hingegen weiß gescheckt auf die Welt, und die pigmentierten Haare mischen sich zunehmend in die unpigmentierten Bereiche ein. Verwirrend kann es natürlich werden, wenn ein Hund

beide Faktoren zugleich aufweist: Ein solcher Hund kommt als Schecke auf die Welt, wird zunächst durch den Ticking-Faktor zunehmend dunkler in den weißen Bereichen, um dann schließlich durch die progressive Ergrauung wieder aufzuhellen (bei vielen Lagotti Romagnoli zu beobachten, siehe Tabelle 18 auf S. 169).

Bereits im 19. Jahrhundert wurden die beiden ähnlichen Fellzeichnungen Harlekin (Merle) und Tüpfelung künstlerisch dargestellt, hier auf einem 1867 entstandenen Gemälde von Charles Christian Nahl.

Progressive Ergrauung (G-Lokus)

Hunde mit dem Faktor für progessive Ergrauung werden voll pigmentiert geboren, im Laufe der ersten Lebensmonate bis -jahre wird die Pigmenteinlagerung ins Haar zunehmend eingestellt. Ein ähnliches Phänomen gibt es beim Pferd: Schimmel werden mit pigmentiertem Haar geboren und „ergrauen" über die Jahre immer mehr, bis sie schließlich ganz weißes Haar haben. Während beim Schimmel (Pferd) jedoch die unpigmentierten Haare bei jedem Haarwechsel mehr werden, soll beim ergrauenden Hund das Haar mit zunehmendem Längenwachstum verblassen.[56]

Auffällig ist, dass vor allem lang- bzw. rauhaarige Hunde eine progressive Ergrauung zeigen. Typische Rassen sind Pudel (mehr zum Pudel s. S. 172 ff.), Bobtail, Bearded Collie, Briard, PON, Kerry Blue Terrier, Bedlington Terrier, Yorkshire Terrier, Irish Wolfhound, Deerhound, Lagotto Romagnolo sowie einige weitere Rassen.

Die progressive Ergrauung wirkt sich vor allem auf Eumelanin aus, der Einfluss auf Phäomelanin ist umstritten. Bei Geburt schwarze Hunde hellen zu blaugrau bis silbergrau auf (typisch etwa beim Kerry Blue Terrier), braune Hunde

Der Buchstabe G leitet sich vom englischen „Greying" ab (zu deutsch: Ergrauen). Am G-Lokus vermutet man zwei Allele: Die Mutation G für progressive Ergrauung und den Wildtyp g (keine Ergrauung). Die Dominanzfolge ist G > g, wobei es sich um eine unvollständige Dominanz zu handeln scheint: Mischerbige Hunde beginnen gemäß Züchterbeobachtungen erst später mit der Ergrauung und ergrauen insgesamt weniger stark.

Tabelle 20: Die vier Eumelanin-Farben mit progressiver Ergrauung

Schwarz	Blau	Braun	Lilac (Fawn)

Die vier Eumelanin-Farben, jeweils mit progressiver Ergrauung und Irischer Scheckung (Bearded Collies)

Deerhound mit progressiver Ergrauung (Grundfarbe: dominantes Gelb mit Stromung).

Yorkshire Terrier mit progressiver Ergrauung (Grundfarbe: Saddle Tan).

Tabelle 21: Ergrauung Pudel

	g/g (keine Ergrauung)	G/g geringe Ergrauung	G/G starke Ergrauung
B/B E/E	Schwarz (black)	Dunkelgrau (blue)	Hellgrau (silver)
b/b E/E	Braun (brown)	Milchkaffee (café au lait)	Silberbeige (silver-beige)

Wirkung der unterschiedlichen Ergrauungsgrade auf die Farben Schwarz und Braun beim Pudel.

hellen zu milchkaffeefarben auf (beim Bearded Collie und Lagotto Romagnolo häufig zu sehen), bei Geburt blaue (also dilute schwarze) Hunde hellen zu hellgrau auf (Bearded Collie und seltener beim Briard) und bei Geburt lilacfarbene Hunde hellen zu einem hellen Beige auf (Bearded Collie).

John ARMSTRONG, ein mittlerweile verstorbener amerikanischer Biologe und Pudelkenner, hat sich intensiv mit der Fellfarbe beim Pudel und deren Vererbung auseinandergesetzt. Er postulierte bei dieser Rasse ein separates Gen, das die Aufhellung beim Silberpudel verursacht und nannte dieses Gen V (abgeleitet vom v in silvering (zu deutsch: Silberung)). Er ging also davon aus, dass neben dem Gen G für „progressive Ergrauung" ein weiteres Gen V für die Silberaufhellung existierte. ARMSTRONG ging weiter davon aus, dass das Allel V im homozygoten Genotyp V/V für Nicht-Silberung steht, die Allelvariante v in der Allelkombination v/v hingegen für eine starke Silberaufhellung. Den heterozygoten Genotyp V/v machte er für eine mittlere Farbaufhellung verantwortlich. ARMSTRONG stützte seine These auf mikroskopische Haaruntersuchungen und auf Zuchtbeobachtungen. Inwiefern er mit dieser These Recht hat, oder ob es sich bei dem Faktor für progressive Ergrauung und dem für Silberung um identische Faktoren handelt, wird sich möglicherweise erst sagen lassen, sobald weitere Erkenntnisse aus der Molekulargenetik hinzukommen.

Auf dieser Detailaufnahme eines ca. einjährigen Silberpudels sieht man das Nebeneinander von schwarzen (noch nicht ergrauten) und unpigmentierten (bereits ergrauten) Haaren.

Interessanterweise führt ARMSTRONG die Farbe Weiß beim Pudel auf die Kombination von e/e (nur Ausprägung von Phäomelanin) und v/v zurück. Dieser Theorie widerspricht, dass es Pudel gibt, die bereits weiß geboren werden. Auf jeden Fall besitzen weiße und fawn (cream, apricot und red) Pudel den Genotyp e/e. Die Kombination aus e/e mit der Phäomelanin-Aufhellung über den I-Lokus (Genotyp i/i) führt zu einer weißen oder cremefarbenen Grundfarbe. Möglicherweise kann bei solchen cremefarbenen Welpen eine progressive Ergrauung dazu führen, dass sie zu Weiß aufhellen.

Lagotto-Hündin (Grundfarbe: Braun, mit Weißscheckung, Ticking und progressiver Ergrauung) mit 2 Tage alten Welpen in Braun und Braun-weiß gescheckt).

Silver-beige Großpudel (Braun plus progressive Ergrauung)

Im Folgenden wird davon ausgegangen, dass auch beim Pudel die progressive Ergrauung für die ergrauten Phänotypen verantwortlich ist.

Verpaart man Silberpudel, die Braunträger sind, kann durch die Genkonstellation b/b G/G das – in Deutschland unerwünschte – ergraute Braun entstehen. Dies gilt natürlich auch für andere Rassen, bei denen Braun und Ergrauung vorkommen (wie etwa beim Deutschen Jagdterrier, bei dem man ergraute Hunde als meliert bezeichnet). Beim Deutschen Jagdterrier sind laut FCI-Standard nur schwarz melierte Hunde zugelassen, braun melierte Hunde nicht.[70]

Beim Pudel soll außerdem vermieden werden, den Silberungsfaktor in eine schwarze Linie zu bringen, da bei der Geburt nicht bzw. nur schwer zwischen schwarzen und ergrauenden Pudeln unterschieden werden kann, und man beim schwarzen Pudel ein rein schwarzes Fell bis ins möglichst hohe Alter wünscht. In diesem Zusammenhang soll noch erwähnt werden, dass Silberpudel bereits ab einem Alter von 6-8 Wochen am silbernen Gesicht und Pfoten zu erkennen sind. Es gibt noch einen weiteren Hinweis: Pudel mit Ergrauungs- bzw. Silberungsfaktor haben bei der Geburt helle Krallen, die in den nächsten Tagen dunkel werden und meist helle Haare zwischen den Pfotenballen.[71] Weitere Stellen, die bereits früh ergrauen, sind die Innenseiten der Ohren sowie ein brillenartiger Bereich um die Augen und die Schnauze.

Welchen Einfluss hat der Felltyp?

Bei progressiver Ergrauung ist die Haarspitze noch pigmentiert, zur Haarbasis hin wird weniger Pigment ins Haar eingelagert. Inwieweit die Fellqualität bzw. –länge sich auf den Grad der Ergrauung auswirkt, ist unseres Wissens nicht wissenschaftlich erforscht.

Brauner Lagotto Romagnolo mit progressiver Ergrauung (beachte die dunklere Pigmentierung der Haare im Bereich eines „Hot Spot“ am Oberschenkel und der Liegeschwiele am Ellenbogen).

Detailaufnahme des „Hot Spot“ (Hierbei handelt es sich um ein lokal begrenzte entzündliche Hautinfektion). Die Haare wurden im Rahmen einer Behandlung bis auf die Haut geschoren, die nachwachsenden Haare hier sind an der Spitze dunkel.

Diagramm: Die Phasen des Haarwachstums

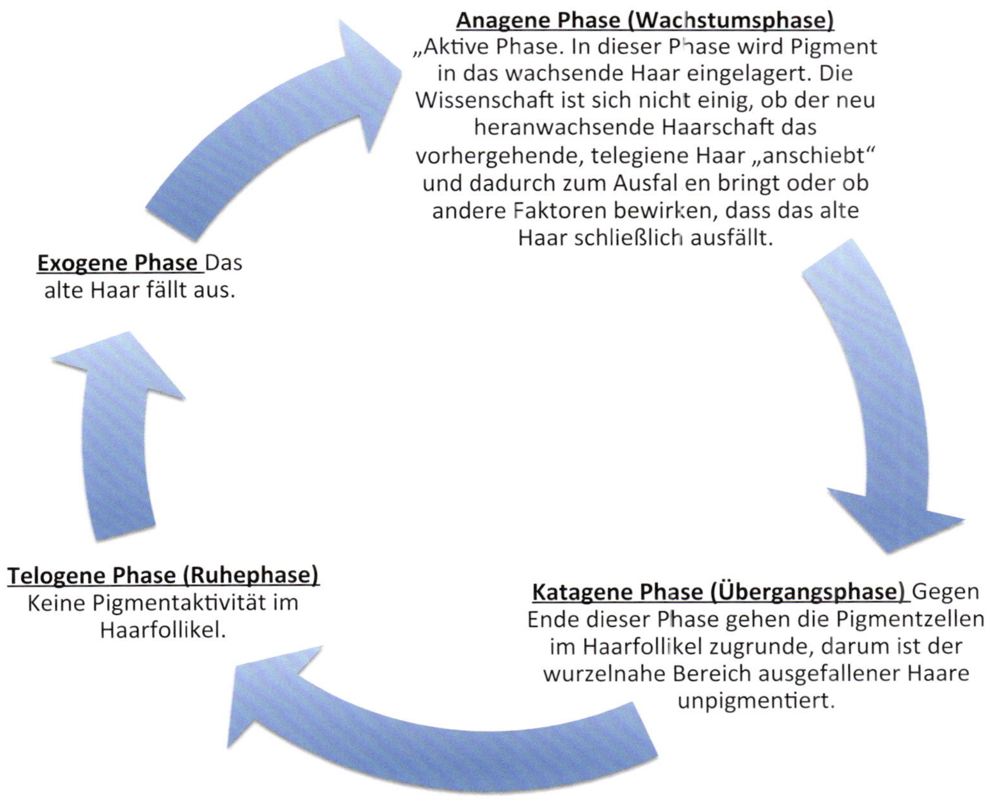

Eine Maske ist nicht von progressiver Ergrauung betroffen (Kerry Blue Terrier).

Kurzhaarige Hunde mit progressiver Ergrauung sind – sofern sie überhaupt existieren – nicht verbreitet. Möglicherweise werden sie aber aufgrund eines anderen Erscheinungsbildes nicht dem gleichen Formenkreis zugeordnet; bei ihnen sehen die betroffenen Hunde möglicherweise einfach „früh gealtert" aus und wegen mangelnder Attraktivität wird bei Kurzhaar nicht auf diesen Phänotyp selektiert (s. S. 183 Fotos unten). Bei der Geburt und beim Welpen sind die Haare bei allen Haartypen noch verhältnismäßig kurz, sodass sich die Ausprägung nicht in dem Ausmaß zeigt. Interessant in diesem Zusammenhang ist, dass neu nachwachsendes Haar stets in der „Originalfarbe" nachschiebt. Man sieht dies etwa bei einem progressiv ergrauten Hund, bei dem ein Teil des Fells (etwa wegen einer Operation oder einer Verletzung) ganz abgeschoren wird. Das neu nachwachsende Haar ist so dunkel wie bei der Geburt und hellt erst in den körpernahen Bereichen wieder auf.

Auch subkutane Injektionen mit bestimmten Medikamenten können an der Injektionsstelle zu einer temporären Farbveränderung (von ergrautem zu dunklerem Fell) führen – aus diesem Grund sollten Ausstellungshunde entsprechender Farbschläge (Silberpudel etc.) an einer diskreten Stelle geimpft werden.

Dort, wo das Haar am längsten wächst, scheint es am stärksten zu ergrauen (etwa auf dem Schopf („Topknot") mancher Terrier. Wo es am kürzesten ist, scheint die Ergrauung am wenigsten stark ausgeprägt (etwa an den Ohren, sofern diese kürzer behaart sind). Dies könnte ein Hinweis darauf sein, dass das Haar seine Fähigkeit zur Pigmenteinlagerung umso stärker verliert, je länger es wächst. Der Haarzyklus lang- und rauhaariger Hunde hat möglicherweise eine längere anagene Phase als bei kurz- und stockhaarigen Hunden. Möglicherweise handelt es sich beim Faktor G um eine Mutation, die bewirkt, dass die Pigmenteinlagerung schon früher eingestellt wird, also noch während des Haarwachstums, und nicht erst in der katagenen Phase (siehe Diagramm S. 175).

Auffällig ist außerdem, dass manche Hunde, die eine Eumelanin-Maske (siehe Seite 52 ff.) haben, in diesem Bereich nicht im gleichen Maße wie am restlichen Körper progressiv ergrauen. Ein schwarzer Hund mit Maskenfaktor und dem Faktor für progressive Ergrauung wird also im erwachsenen Alter grau mit schwarzer Maske sein. Interessant ist in diesem Zusammenhang auch eine Formulierung aus dem FCI-Standard des Kerry Blue Terriers; hier heißt es unter Farbe: *„Blau in jeder Schattierung, mit oder ohne schwarzen Abzeichen. (...)"*. Mit blau ist hier das ergraute Schwarz gemeint. Mit den schwarzen Abzeichen dürfte die Maske gemeint sein.

Es wurde auch schon spekuliert, dass das Pigment bei Hunden mit dem Ergrauungs-Faktor im Laufe der Zeit durch physikalische Einflüsse (etwa UV-Strahlung) aufgehellt wird. Dies würde aber bedeuten, dass auch kurzhaarige Hunde mit G aufhellen müssten – was ja nicht bzw.

nicht in dem Ausmaß der Fall ist. Außerdem würde es wohl auch bedeuten, dass ergrauende Hunde umso stärker ergrauen, desto mehr sie UV-Strahlung ausgesetzt sind. Hierzu liegen keine dokumentierten Beobachtungen vor. Eumelanin neigt durch physikalische Einflüsse auch eher dazu, einen Rotstich anzunehmen, als zu ergrauen (s. S. 199).

Fellpflege und Farbe

Schließlich muss man der unterschiedlichen Haarstruktur Beachtung schenken, da unterschiedliche Haararten sich in der Haarstruktur und somit auch in der Pflege unterscheiden können.

Es gibt Rassen, die getrimmt werden (vor allem verschiedene drahthaarige Terrier, die meisten Schnauzer) und Rassen, die geschoren werden (Pudel, Terrier mit weichem Fell wie Kerry Blue, Bedlington und Soft Coated Wheaten).[72] Bei „Trimm-Rassen" (wie dem drahthaarigen Foxterrier oder dem Airedale Terrier) werden die „reifen" Deckhaare durch Auszupfen entfernt, auch wird ein Teil der Unterwolle entfernt. Die Deckhaare drahthaariger Hunde sind an der Spitze dicker und dunkler als an der Basis, die Unterwolle ist außerdem heller als das Deckhaar. Darum wirken getrimmte Foxterrier bzw. Airedales in den pigmentierten Bereichen dunkler als geschorene Rassevertreter.

Beim frisch getrimmten Hund sind nur die Haarspitzen zu sehen, beim frisch geschorenen Hund ist hingegen hauptsächlich die Haarbasis zu sehen. Somit sind drahthaarige Hunde, die geschoren werden, heller als getrimmte. In Rassen, bei denen die Hunde übli-

Der Scottish Terrier wird am Rumpf getrimmt und an Wangen, Hals und Brust geschoren – dennoch ist er (im schwarzen Farbschlag) überall schwarz ohne sichtbare Aufhellung. Dies ist ein Indiz dafür, dass bei ihm keine progressive Ergrauung vorliegt.

12-jähriger schwarzer Großpudel mit nur minimaler Ergrauung.

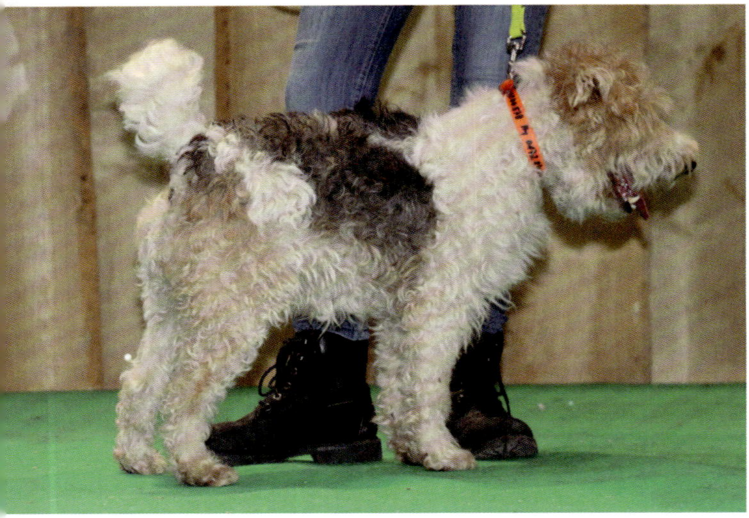

Ungetrimmte Drahthaar-Terrier wirken heller als getrimmte (Foxterrier).

cherweise geschoren werden, gibt es schwarze Hunde, die auch nach dem Scheren schwarz sind (Pudel, Scotch Terrier, manche schwarzen Schnauzer).

Außerdem gibt es in etlichen Rassen sowohl Hunde mit Ergrauung als auch Hunde ohne Ergrauung – unabhängig von der Fellpflege (etwa beim Briard, beim Pudel, auch beim Bearded Collie und Bobtail).

Vererbung

Aufgrund von Züchterbeobachtungen geht man heute davon aus, dass der Ergrauungs-Faktor G unvollständig dominant ist. Hunde, die nicht ergrauen, tragen den rezessiven Faktor g (also die Allelkombination g/g). Bisher ungeklärt ist aber, ob nur diese zwei Allele am Genlokus G existieren oder ob es mehrere Allele gibt. Außerdem ist wahrscheinlich, dass es sich um einen unvollständig dominanten Erbgang handelt, da alle Hunde mit G/g zwar ergrauen, aber nicht so intensiv und früh wie reinerbige Hunde (G/G). Dafür würde sprechen, dass die Ergrauung besonders intensiv in jenen Rassen auftritt, in denen gezielt darauf selektiert wird (also etwa beim Pudel, Bearded Collie, Bedlington Terrier, Česky Terrier etc.) – hier dürfte der Anteil an homozygot G-tragenden Hunden durch die Selektion höher sein.

In diesem Zusammenhang noch ein weiteres Zitat aus dem FCI-Standard des Kerry Blue Terriers: *„Blau in jeder Schattierung, mit oder ohne schwarze Abzeichen. Schwarz ist nur bis zum Alter von 18 Monaten zulässig, (...)"*. Beim Kerry Blue dürften damit alle Hunde zumindest ein Allel G besitzen. Bei Rassen, in denen Ergrauung zwar vorkommt, jedoch nie ein besonderes Zuchtziel war, ist die Ergrauung nicht so stark ausgeprägt – hier ist der Anteil an heterozygoten Hunden höher. Züchterbeobachtungen lassen vermuten, dass Hunde, die reinerbig für Ergrauung sind, früher beginnen zu ergrauen und insgesamt heller werden als mischerbige Hunde. Möglicherweise gibt es sogar mehrere Allele, die für die verschiedenen Ausprägungsgrade der progressiven Ergrauung verantwortlich sind. Zum heutigen Zeitpunkt ist allerdings noch nicht mehr über die progressive Ergrauung bekannt, sodass man als interessierter Züchter auf Forschungsergebnisse der Molekulargenetik warten muss.

Praktischer Tipp für Züchter

Als Faustregel zur Unterscheidung, ob ein Hund reinerbig oder mischerbig für Ergrauung ist, kann gelten:

Reinerbig (G/G): Früher Start der Ergrauung – schnelles Fortschreiten – signifikante Veränderung

Mischerbig (G/g): Später Start der Ergrauung – langsames Fortschreiten – subtile Veränderung

Dieser Bearded Collie ist zugleich dilute und progressiv ergraut.

Vorsicht Verwechslungsgefahr: Beide Bergamasker haben progressive Ergrauung, der rechte ist zusätzlich noch Merle.

Verwechslungsmöglichkeiten

Es ist manchmal nicht ganz einfach, einen Hund mit ergrautem Fell von einem Hund mit einem aus anderem Grund grauen Fell zu unterscheiden (S. 30 ff., Tabelle 2). Häufig wird ergrautes Schwarz mit Dilute (Genotyp d/d am D-Lokus, siehe S. 112 ff.) verwechselt. Beim Briard beispielsweise unterscheidet man zwischen ergrauten Hunden („gris né noir", zu deutsch: „schwarz geborenes Grau") und dilute Hunden, die bereits bei Geburt grau sind („gris né gris", zu deutsch: „grau geborenes Grau"). Im englischsprachigen Raum unterscheidet man analog zwischen „black turned blue"/"blue born black" und „blue born blue". Eine Unterscheidung ist am besten direkt in der Wurfkiste zu treffen, bevor die Ergrauung begonnen hat. Beim erwachsenen Hund kann es mitunter schwierig sein, die beiden Phänotypen rein optisch zu unterscheiden. Dilute Hunde haben schiefergraue Nasenspiegel (im Gegensatz zu schwarzen Nasen bei progressiver Ergrauung). Die Augenfarbe bei Dilute kann (muss aber nicht) heller sein. Eine sichere Unterscheidung ist nur per Gentest auf den D-Lokus möglich. Da der Ergrauungs-Faktor aber auch zusammen mit Dilution auftreten kann, können auch

Eine Stromung kann vor allem bei rauhhaarigen Hunden mit progressiver Ergrauung verwechselt werden, insbesondere, wenn das Phäomelanin sehr hell ist (links: Hollandse Herder, rechts: Bouvier des Flandres).

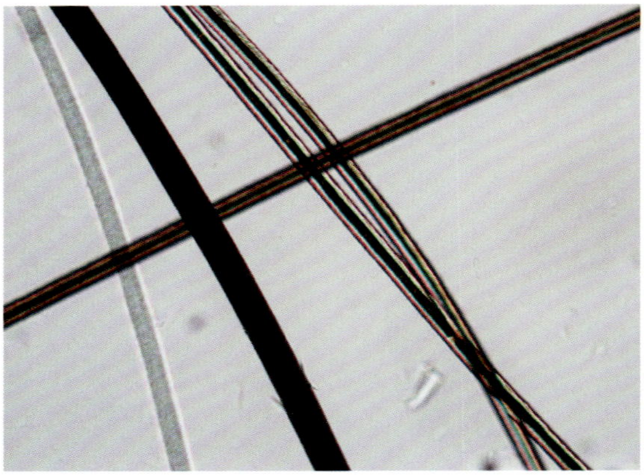

Bobtail

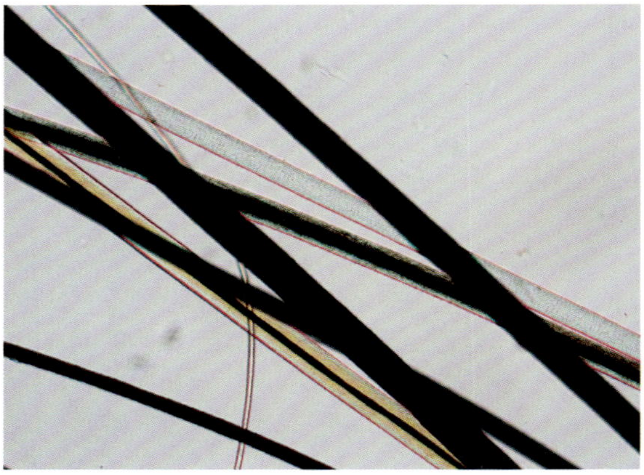

Briard

Trichogramme Greying: Lichtmikroskopische Aufnahme der Haare eines Hundes mit Ergrauung bei 100-facher Vergrößerung. Die einzelnen Haare enthalten unterschiedlich viel Pigment im Haar-Cortex und erscheinen daher in verschiedenen Graustufen. Haare ohne Struktur in der Medulla und ohne erkennbares Pigment im Haar-cortex erscheinen weiß.

dilute Hunde zusätzlich ergrauen (etwa beim Bearded Collie (siehe Foto S. 179).

Eine weitere Verwechslungsmöglichkeit besteht bei Hunden mit wildfarbenem Fell, das zudem stark aufgehellte Phäomelaninbanden trägt (eine typische Rasse ist der Pfeffer-Salz-Schnauzer). Dieses Fell wirkt beim erwachsenen Hund wie meliert und kann mitunter den Eindruck eines ergrauten Felles vortäuschen. Zudem sind wildfarbene Hunde als Welpen ebenfalls dunkler als im Erwachsenenalter. Auch ein gestromtes Fell (gerade bei rauhaarigen Rassen) kann auf den Betrachter wie ein ergrautes Fell wirken. Typische rauhaarige gestromte Rassen sind etwa Cairn Terrier, Scotch Terrier, Bouvier des Flandres, rauhaariger Hollandse Herder und die rauhaarigen Windhunde wie Irish Wolfhound und Deerhound. Beim Irish Wolfhound und beim Deerhound scheint zusätzlich zur Stromung noch progressive Ergrauung vorzukommen.

Da kein Gentest für die progressive Ergrauung existiert, kann es im Einzelfall schwer bis unmöglich sein, bei einem Hund definitiv zu sagen, ob er den Ergrauungs-Faktor trägt oder ob die Farbaufhellung durch andere Faktoren bzw. eine Kombination mehrerer Faktoren hervorgerufen wird.

Weiße Stichelhaare

Manche Hunde entwickeln ein mit weißen Stichelhaaren durchsetztes Fell, auch hier am auffälligsten bei einfarbig dunklen Hunden. Ob und welcher Zusammenhang dieser weißen Stichelhaare mit dem Faktor für progressive Ergrauung bestehen könnte, ist unbekannt. Dieses Phänomen kann man bei diversen Rassen beobachten, so gibt es anekdotische Berichte und Fotos von weißen Stichelhaaren bei schwarzen Schnauzern, Labrador Retrievern, Basset Hounds, Beagles und etlichen weiteren Rassen. Laut Züchterberichten sind solche weißen Stichelhaare meist transient, werden also nach einer gewissen Zeit wieder durch farbige Haare ersetzt.

In der Regel sollen die Hunde im Laufe des zweiten Lebensjahres wieder „normal" pigmentiert sein. Ob eventuell ein Zusammenhang mit Hauterkrankungen beim Junghund besteht (etwa durch eine Haarbalgentzündung) ist unseres Wissens noch nicht wissenschaftlich erforscht.

Schließlich gibt es das Phänomen, dass Haare in verletzten Körperarealen weiß nachwachsen (die Haarfollikel in vernarbten Hautbezirken haben keine funktionstüchtigen Pigmentzellen mehr). Gleiches gilt auch für Haut und Nasenspiegel: Auch hier kann nach Verletzungen eine helle Stelle zurückbleiben (siehe S. 211 Fotos unten).

„Fever Coat"

Als „Fever Coat" (zu deutsch: „Fieberfell") bezeichnet man ein bereits bei oder kurz nach der Geburt mit weißen Stichelhaaren durchsetztes Fell. Man sieht dies häufig bei Kätzchen, hier

Junge spanische Straßenkatze mit „Fever Coat".

vermutet man, dass eine fiebrige Erkrankung des Muttertieres während der Trächtigkeit die Ursache ist.

Auch bei Hundewelpen kann man ein solches Phänomen beobachten, es gibt Berichte über das Vorkommen bei schwarzen Bearded

So genanntes „hailstone" wurde bereits vor rund 150 Jahren fotografisch dokumentiert.

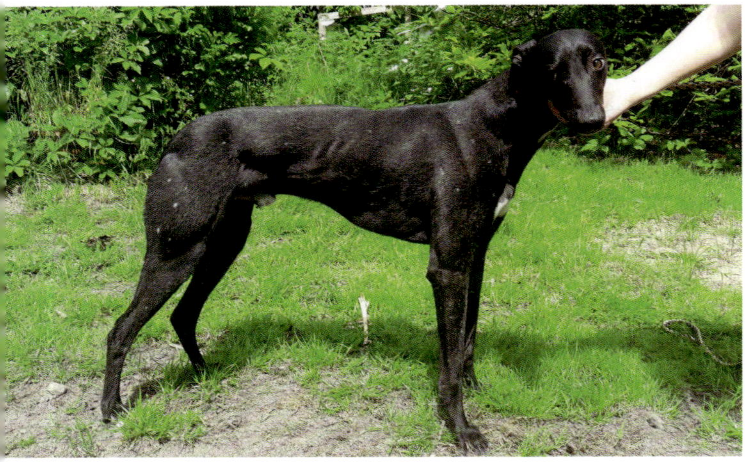

„Greyhound Ticking" wird mit zunehmendem Lebensalter immer intensiver. Man kennt analoge Zeichnungen auch beim Labrador, Beagle und weiteren Rassen.

Collies, schwarzen Border Collies, Australian Shepherds, Neufundländern und tricolour Collies. Bei den Collies nennt man dieses Phänomen auch „powder puff".

Hier geht man von einer genetischen Ursache aus und vermutet, dass es sich um ein dominantes Merkmal gegenüber der normalen Farbentwicklung handelt.[73] Die betroffenen Hunde haben in ihren (eigentlich schwarz) pigmentierten Bereichen weiße Stichelhaare, die das Fell grau statt schwarz erscheinen lassen. Auffällig ist, dass sich diese Stichelung auf den Rumpf beschränkt, im Gesicht und an den Läufen finden sich kaum Stichelhaare. Mit zunehmendem Alter werden die weißen Stichelhaare durch normal pigmentierte Haare ersetzt, bis die Hunde im erwachsenen Alter keine weißen Stichelhaare mehr haben. Die Ursache ist unbekannt. Neben der oben erwähnten genetischen Ursache sind fiebrige Erkankungen des Muttertieres (oder der Feten) während der Trächtigkeit, Impfungen während der Trächtigkeit sowie eine Hypothyreose während der Trächtigkeit im Gespräch. Nachgewiesen wurde bisher keine dieser Ursachen.

Tricolour „powderpuff" Colliewelpe (beachte den voll pigmentierten Kopf). Die transienten Stichelhaare verschwinden bis zum Erwachsenenalter wieder.

Greyhound Ticking

Unter Greyhound Ticking versteht man eine eigentümliche Fellzeichnung beim Greyhound. Es handelt sich um weiße Sprenkel auf einem schwarzen Fell. Die betreffenden Hunde sehen aus wie von Schneeflocken übersät, daher auch die Bezeichnung „Snowflake“ Greyhounds. Die Ursachen für dieses Phänomen sind nicht bekannt (siehe Foto oben auf S. 182).

Ein ähnliches Phänomen kennt man beim schwarzen Labrador unter der Bezeichnung „Hailstone“ (zu deutsch.: Hagelkörner), auch bei anderen Rassen wie Beagles und bei anderen Farben als Schwarz kann es auftreten (siehe Abbildung unten S. 181).

Bei vielen Hunden ist die Altersergrauung besonders in den Bereichen ausgeprägt, in denen sich die Wildfarbigkeitsabzeichen bei Black and Tan befinden (Deutsch Kurzhaar).

Altersbedingte Ergrauung

Neben der progressiven Ergrauung, die oft bereits beim Welpen bzw. Junghund im ersten Lebensjahr beginnt und das gesamte Haarkleid

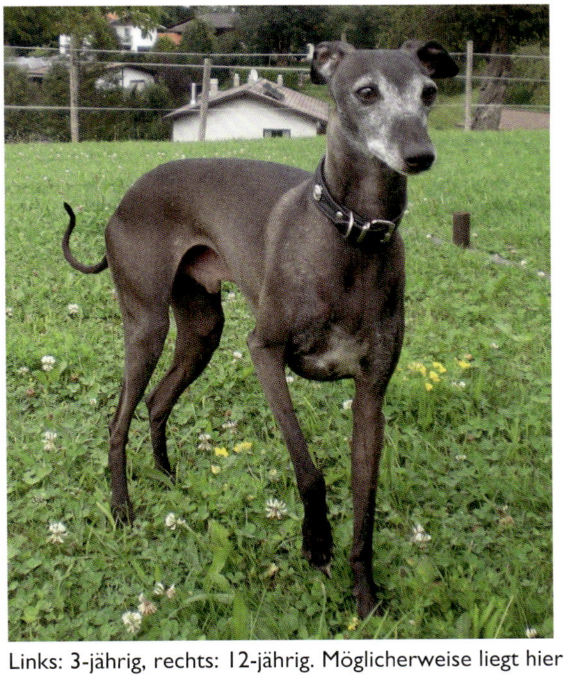

Links: 3-jährig, rechts: 12-jährig. Möglicherweise liegt hier eine Form von progressiver Ergrauung vor (Italienisches Windspiel in Seal).

Deutscher Wachtelhund: Altersergauung

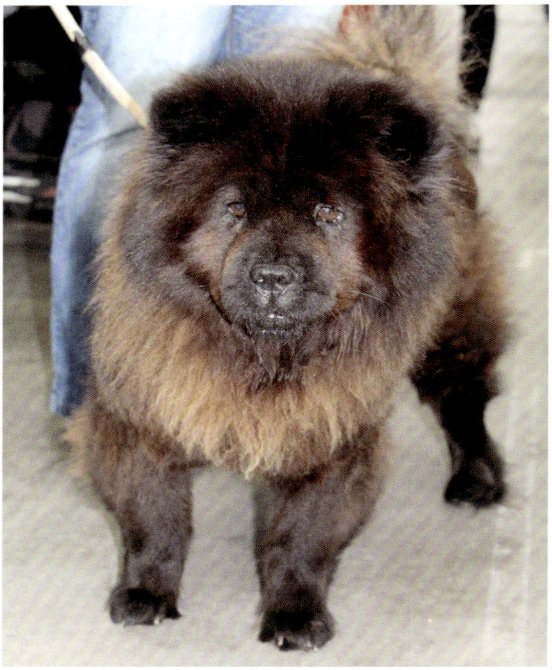

Seal kann mit Braun und Rotstichigkeit verwechselt werden, insbesondere, wenn das Phäomelanin sehr farbintensiv ist (siehe Tabelle 3 auf S. 33). Ein Unterscheidungsmerkmal ist die Nasenfarbe, die bei Braun immer braun ist (Chow Chow).

eines Hundes betrifft, gibt es bei Hunden – wie beim Menschen – ein altersbedingtes Ergrauen. Dies zeigt sich am ausgeprägtesten im Gesicht (um den Fang und die Augen), kann aber auch an den Läufen und am Rumpf auftreten – interessanterweise sind dies die Stellen, an denen sich auch die Wildfarbigkeitsabzeichen befinden. Besonders auffällig tritt die altersbedingte Ergrauung natürlich bei dunklen Hunden in Erscheinung, da hier der Farbkontrast am größten ist. Je nach Rasse und Individuum kann dieses altersbedingte Ergrauen früher oder später einsetzen: Bei manchen Doggen beginnt es schon mit wenigen Jahren, andere Hunde werden auch im hohen Alter kaum grau. Ob bzw. welcher Zusammenhang mit der progressiven Ergrauung besteht, ist unbekannt.

Seal

Als Seal (engl. für Seehund) bezeichnet man ein eigentlich schwarzes Fell, das aber nicht ganz schwarz ist, sondern eine hellere Haarbasis und hellere Haarspitzen hat. Auch die Unterwolle ist in der Regel nicht schwarz, sondern heller. Dadurch wirkt das Fell nicht schwarz, sondern bräunlich bis silbergrau (je nach Farbintensität des Phäomelanins, s. S. 194 ff.). Manche seal-

Junger Shih Tzu in Seal mit Weißscheckung.

Shar Pei (offizielle Farbbezeichnung: schwarz; es scheint sich jedoch eher um Seal bzw. „Silver Sable“ zu handeln).

Seal Shar Pei

farbenen Hunde sehen braunen (also genetisch b/b) Hunden sehr ähnlich, ein Unterschied besteht aber z. B. bei der Nasenfarbe: Diese ist bei braunen Hunden braun, bei seal Hunden ist sie schwarz. Da der Seal-Faktor aber unabhängig von der Farbe des Eumelanins auftritt, gibt es auch blue seal, chocolate seal und lilac seal – hier kann die Nasenfarbe natürlich nicht als Unterscheidungskriterium herangezogen werden. Es gibt wenige Rassen (wie den Boston Terrier), bei denen Seal ein anerkannter (und erwünschter) Farbschlag ist. Seal kommt häufiger bei Border Collies, Shar Peis und einigen anderen Rassen vor; außerdem bei American Staffordshire Bull Terriern, Pit Bull Terriern und Mischlingen.

Es handelt sich in diesem Fall wahrscheinlich um Domino Schwarz (s. S. 60 ff.), das leicht mit Seal verwechselt werden kann. Ein Gentest auf eA (bzw. je nach Rasse auch eg) ermöglicht die Unterscheidung (Husky-Mix).

Zweimal derselbe Hund: links im Schatten, rechts bei Sonnenlicht (Seal Mischling)

Vollgeschwister mit dem Genotyp KB/ky, links dilute Seal, rechts dilute (kein Seal).

Je nach Felltyp, Farbintensität des Phäomelanins und Dichte der Unterwolle kann sich der Phänotyp von seal Hunden stark unterscheiden. So kann ein seal Hund im Sommer sehr viel dunkler aussehen als im Winter, da im Winter viel mehr (helle) Unterwolle vorhanden ist. Meist ist die Aufhellung am Körper deutlicher ausgeprägt als an kurz behaarten Körperstellen mit wenig Unterwolle wie dem Gesicht und den Vorderseiten der Läufe. Der Lichteinfall spielt eine große Rolle – je nach Beleuchtung kann Seal ganz unterschiedlich aussehen. Die zugrundeliegende genetische Ursache für Seal kennt man noch nicht. Auffällig ist, dass bisher getestete seal Hunde nahezu immer KB/ky auf dem K-Lokus sind, mindestens ein Allel Ay auf dem A-Lokus haben und oft ein Allel e auf dem E-Lokus.

Seal Hunde haben einen breiten dunkleren Rückenstreifen (oben links: American Staffordshire Terrier, oben rechts: Mischling, unten: Deutsche Dogge).

Seal Shar Pei mit hellem Phäomelanin (auch „silver sable" genannt).

Bei Möpsen nennt man Seal mit hellem Phäomelanin auch „silbergrau". Der Unterschied zwischen Silbergrau, Seal und Schwarz mit etwas aufgehellter Unterwolle ist phänotypisch nicht immer eindeutig zu bestimmen (links: Silbergrau, rechts: Schwarz).

Es gibt drei Theorien zu Seal:

1) Es handelt sich um ein Allel auf dem K-Lokus, das sich zwischen KB und ky befindet. Die Dominanzfolge wäre also KB > K^{seal} > ky. Im derzeit kommerziell verfügbaren Gentest erschiene K^{seal} als KB. KB^{seal} kann man sich als eine Art „unvollständiges" KB vorstellen. Normalerweise überlagert KB komplett die Allele des A-Lokus. K^{seal} läßt die Allele des A-Lokus durchschimmern – im Falle von Seal also das Ay (dominantes Gelb). Je nach beteiligtem Phäomelanin ist der helle Farbanteil also cremeweiß über gelblich bis rötlich.

2) Es handelt sich um eine Variante des E-Lokus-Komplex, die analog zu den Domino-Faktoren wirkt, allerdings mit etwas schwächerem Effekt. Diese könnte man hypothetisch als e(seal) bezeichnen, in der Dominanzfolge wäre sie zwischen E und eg/eA/eh einzureihen. Dies würde auch erklären, dass seal Hunde oft den Genotyp E/e bzw. N/e haben, da e(seal) im Test auf den E-Lokus als E bzw. N erscheint.

Trotz optischer Parallelen handelt es sich beim „Seal" der Burma- und Siam-Zeichnung von Katzen nicht um das gleiche wie beim „Seal" von Hunden (Bombay-Katze).

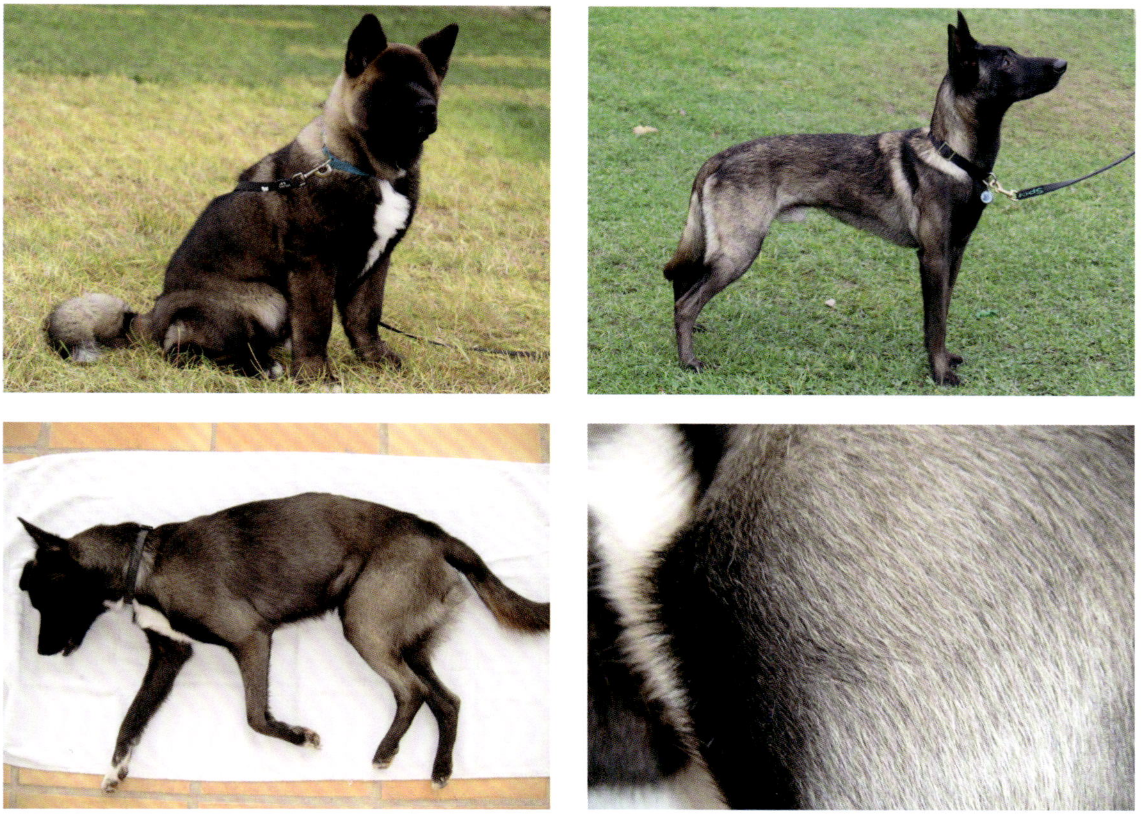

Eine Verwechslungsmöglichkeit besteht zwischen Seal und dominantem Gelb mit ausgeprägter Maske und viel dunklem Overlay. Zur Unterscheidung kann der Test auf den K-Lokus genutzt werden: Hunde mit Seal haben mindestens ein Allel KB, Hunde mit dominantem Gelb haben den Genotyp ky/ky. Die abgebildeten Hunde sind dominant gelb mit viel schwarzem Overlay und ausgeprägter Maske.
Links oben: American Akita, rechts oben: Malinois, links unten: Mischling (der abgebildete Hund aus dem Tierschutz befand sich bereits für einen bevorstehenden Routineeingriff in Narkose), rechts unten: Detailaufnahme des links abgebildeten Hundes.

3) Es handelt sich um einen separaten Faktor, der unabhängig vom K-Lokus auftritt und bewirkt, dass das KB etwas abgeschwächt wird, sodass der A-Lokus hindurchschimmern kann.

Ein Blick über den Tellerrand ist interessant: Bei Kaninchen gibt es z. B. die so genannte Marderfärbung, bei der genetisch schwarze Kaninchen durch den Marderfaktor eine bräunliche Farbe zeigen, mit ebenfalls dunklerem Rückenstreifen und dunkleren Gesichtern. Bei Katzen gibt es den so genannten Burmafaktor, der eine analoge Auswirkung auf schwarze Katzen hat.

Sowohl bei Kaninchen als auch bei Katzen gibt es zusätzlich den Siam-Faktor (wird bei diesen beiden Tierarten auch als „Himalayan“ bezeichnet). Bei der Katze befinden sich das Siam-Allel und das Burma-Allel auf dem gleichen Genort. Kreuzt man Marder (Burma) mit Siam, so erhält man mischerbige Tiere, die auch phänotypisch eine Zwischenstellung zwischen Marder (Burma) und Siam einnehmen. Bei Siam handelt es sich um einen partiellen Albinismus, bei dem eine hitzelabile Tyrosinase gebildet wird. Siamkatzen kommen darum weiß auf die Welt und bilden nur in Körperteilen mit kühlerer Hauttemperatur (also die nicht oder kaum von Fett unterfütterten Bereiche wie Gesicht, Ohren, Schwanz und Gliedmaßen) Pigmente. Siamkatzen haben außerdem blaue Augen. Eine vergleichbare Mutation ist beim Hund im Jahr 2020 beschrieben worden[74] (s. S. 198 f. und 243 f.).

Bei der Katze gibt es außerdem die so genannte Smoke-Zeichnung. Hier wird bei schwarzen Katzen ein mehr oder weniger stark ausgedehnter Bereich der Haarbasis aufgehellt.

Der Unterschied zwischen Kaninchen und Katzen einerseits und Hunden andererseits besteht aber darin, dass bei Kaninchen und Katzen schwarze Tiere rezessiv schwarz sind, Hunde hingegen dominant schwarz (es gibt bei Hunden außerdem ein rezessives Schwarz, das aber für Seal keine Rolle zu spielen scheint).

Ausgeprägte Geisterzeichnung bei einem Mischling.

Geisterzeichnung

Mit Geisterzeichnung oder „ghost tan" bezeichnet man schwarze (bzw. blaue, braune oder lilac) Hunde, bei denen eine Tan-Zeichnung bei bestimmtem Lichteinfall durchzuschimmern scheint. Möglicherweise handelt es sich hier um den gleichen Faktor wie bei Seal, nur dass bei der Geisterzeichnung der Genotyp at/at am A-Lokus vorliegt und nicht Ay/- wie bei Seal.

Dezente Geisterzeichnung bei einem Catahoula Leopard Dog (bei diesem Hund begünstigt möglicherweise auch ein atypisches Merle-Allel die Ausprägung der Geisterzeichnung).

Brauner Cocker Spaniel mit Geisterzeichnung.

Urajiro („Countershading“)

Als Urajiro bezeichnet man die hellen Abzeichen bei den Japanischen Spitzen Akita Inu und Shiba Inu. Bei anderen Rassen nennt man diese Zeichnung auch Countershading. Die Grundfarbe wird bei diesen Hunden durch den A-Lokus bestimmt. Urajiro ist am besten bei Hunden mit dem Phänotyp Ay/- und bei intensivem Phäomelanin zu erkennen.

Je heller das Phäomelanin der Grundfarbe ist, desto schlechter lässt es sich vom Urajiro abgrenzen. Die genetische Grundlage ist noch nicht bekannt, möglicherweise gibt es einen eigenen Genort. Interessant ist die Parallele zwischen den Wildfarbigkeitsabzeichen bei Black and Tan und den Urajiro-Abzeichen. Hunde mit Saddle Tan-Zeichnung können zusätzlich auch Urajiro-Abzeichen haben. Es gibt auch Black and Tan mit zusätzlichen Urajiro Abzeichen (siehe Foto S. 29).

Nicht verwechseln darf man die „weißen Abzeichen“ des Urajiro mit weißen Abzeichen durch Scheckungsgene. So kann ein Hund sowohl weiße Abzeichen durch Scheckungsgene als auch Urajiro haben – die Abgrenzung kann mitunter schwer fallen. Am einfachsten fällt die Unterscheidung am Fang: Im Bereich einer weißen Blesse hat ein Hund unpigmentierte Sinushaare, im Bereich der Urajiro-Abzeichen sind die Sinushaare schwarz.

Urajiro tritt vor allem bei ursprünglichen Rassen wie Nordischen und Japanischen Spitzen auf, aber auch bei manchen Windhunderassen, Schäferhunden und bei Bulldoggen. Beim Whippet bezeichnet man diese Zeichnung auch als „deer ...“ (zu deutsch „hirsch ...“), also z. B. als „deer red“ („hirschrot“ – nicht zu verwechseln mit dem der deutschen Bezeichnung hirschrot für ein kräftiges Phäomelanin, wie es

Akita Inu mit kräftigem Phäomelanin und Urajiro.

Kopfstudie des oben abgebildeten Hundes.

Je heller das Phäomelanin, umso schwächer ist der Kontrast zum Urajiro (Akita Inu).

vor allem bei deutschen Schweißhunden oder Pinschern üblich ist).

Hunde mit Urajiro können eine schwarze Maske haben und/oder gestromt sein. Dabei überlagert die schwarze Maske das Urajiro. Dies unterscheidet Urajiro vom Grizzle (Saluki), Domino (Afghane), Sable (Barsoi) und Zobel (Cocker Spaniel) – diese Zeichungen können nicht gleichzeitig eine Maske haben. Stromung zeigt sich auch im Bereich der Urajiro-Abzeichen. Grizzle (Saluki), Domino (Afghane) und Sable (Barsoi) kann zugleich auch Brindle zeigen, allerdings ist die Ausprägung der Stromung im aufgehellten Bereich schwächer als am restlichen Körper – im Gegenatz zum Urajiro, bei dem die Stromung sich in allen Bereichen gleich stark ausprägt.

Bei dominantem Creme ist Urajiro kaum zu erkennen (Italienisches Windspiel).

Dominant gelber Kurzhaar-Chihuahua mit Urajiro.

Urajiro kann auch in Kombination mit Saddle Tan vorkommen; von einer dunklen Maske wird es jedoch überlagert (Deutscher Schäferhund).

Bei Saddle Tan ohne Maske und mit kräftigem Phäomelanin kommt das Urajiro voll zur Geltung (Mischling).

Im Unterschied zu Urajiro überlagern weiße Abzeichen eine schwarze Maske. Außerdem interessant: Dieser Barsoi hat den Genotyp EM/eg, Der Maskenfaktor EM ist dominant gegenüber dem Domino-Faktor eg.

Akita Inu

Kleinspitz

Mischling

Elo

Lundehund

Lundehund

Shiba Inu

Kleinspitz

Linke Spalte: Urajiro ohne Weißscheckung (schwarze Sinushaare), rechte Spalte: Weiße Sinushaare im Bereich einer weißen Blesse.

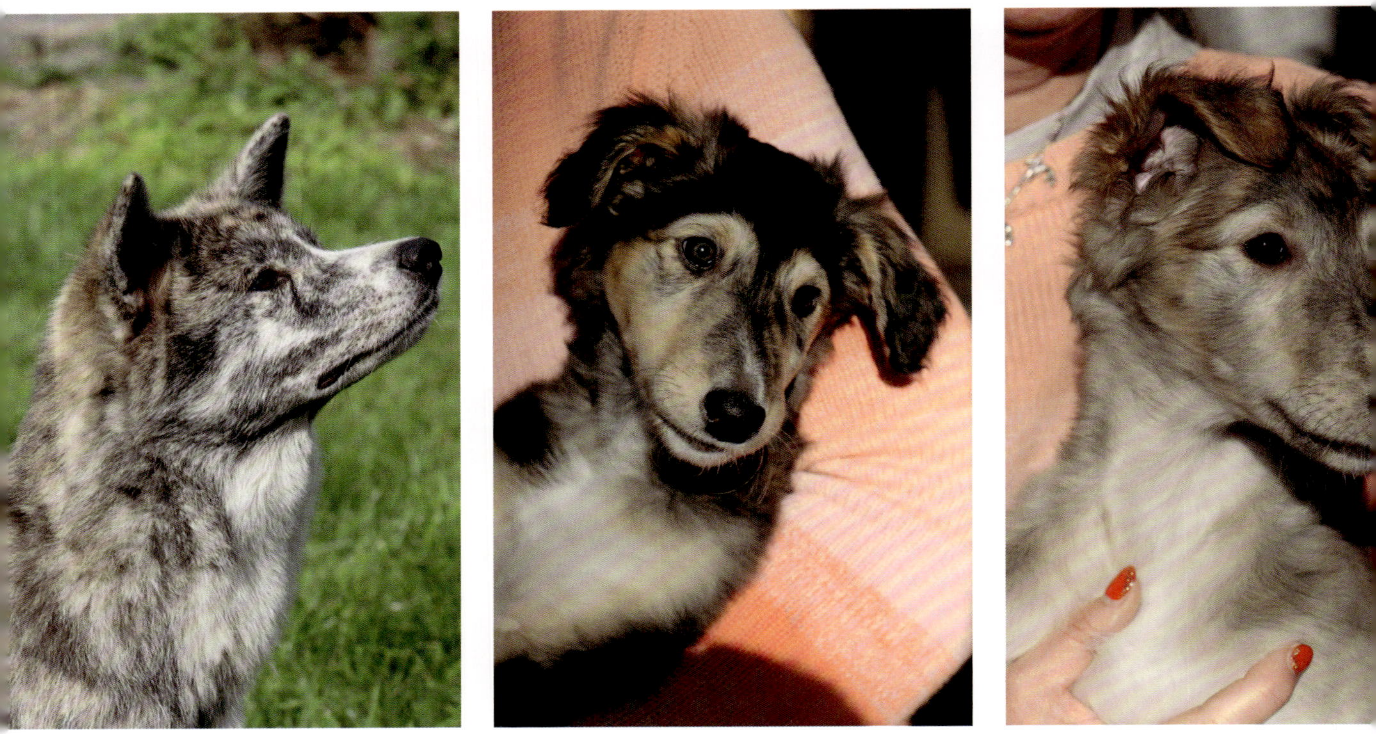

Links: Brindle Akita mit Urajiro (Genotyp unbekannt); Mitte: Brindle Barsoi, Genotyp eg/eg at/at KB/ky; rechts: Brindle Barsoi, Genotyp eg/eg Ay/at KB/ky
Beachte die Aufhellungen bei dem Barsoiwelpen in der Mitte, in denen die Eumelanin-Stromung durch den Domino-Faktor verdrängt wird. Bei dem Akita links erstreckt sich die Stromung auch in die aufgehellten Urajiro-Bereiche. Bei dem rechten Barsoiwelpen wird die Stromung teilweise durch den Domino-Faktor unterdrückt.

Farbintensität des Phäomelanin

Bereits bei Wildcaniden gibt es eine recht breite Bandbreite an Phäomelanin-Intensitäten. Diese reichen von weiß bei arktischen Wölfen über cremefarben und gelblich (bei Europäischen und Iberischen Wölfen) bis hin zu einem intensiven Orangerot (bei Äthiopischen Wölfen).[75]

Wenn man für Phäomelanin als „Grundton" eine gelbe Farbe annimmt, so muss es sowohl abschwächende Faktoren geben, die Gelb zu Creme modifizieren, als auch intensivierende Faktoren, die Gelb zu Rot modifizieren.

Die Syntheseschritte von Eumelanin und Phäomelanin verlaufen anfangs gleich. Das Synthese-Zwischenprodukt Dopaquinon wird dann über die Anlagerung von Cystein (einer schwefelhaltigen Aminosäure) und einige weitere Syntheseschritte zu Phäomelanin. Welche Faktoren im Verlauf dieser Synthese darauf einwirken, welche Farbintensität das Phäomelanin entwickelt, ist noch nicht restlos bekannt.

Shiba Inu

Saluki

„Double Doodle“

Buhund

Windspiel

Canaan Hund

Border Collie

Golden Retriever

Labrador Retriever

Kleinspitz

Épagneul Breton

Vizsla-Mix

Vizsla

Irish Setter

Wachtelhund

Obere Reihe: creme Phäomelanin; mittlere Reihe: gelbes Phäomelanin; untere Reihe: rotes Phäomelanin

Zum Zeitpunkt der Geburt ist das Phäomelanin in der Regel heller als beim ausgewachsenen Hund.

Verschiedene Farbintensitäten von Phäomelanin im direkten Vergleich und eine Frage: Welcher der abgebildeten Kleinspitze ist e/e?

(Antwort: Nur der zweite von rechts)

Extrem aufgehelltes Phäomelanin in Verbindung mit der Black and Tan-Zeichnung ergibt das „Schwarzsilber" des Zwergschnauzers.

Extrem aufgehelltes Phäomelanin (Großpudel).

Farbabschwächung von Phäomelanin

TJEBBES und WRIEDT (1927) gaben an, dass die Allele der so genannten C-Serie (C wurde von der Bezeichnung „Chinchilla" abgeleitet) einen drastischeren Effekt auf gelbes (also Phäomelanin) als auf schwarzes (also Eumelanin) Pigment hätten. Sie untersuchten Samojeden sowie Mischlinge zwischen Samojeden und anderen Rassen und vermuteten aufgrund ihrer Beobachtungen, dass der Faktor, der die Fellfarbe beim Samojeden bedingt, in die Albino-Serie gehört und dass dieser bei den heterozygoten Anlageträgern das anwesende gelbe Pigment, nicht aber das schwarze abschwächt.[76]

Noch 1989 gab ROBINSON[77] folgende Allele an:

C Farbfaktor

c^{ch} Chinchilla (aufgehelltes Phäomelanin bei unverändertem Eumelanin)

c^{b} Cornaz (unvollständiger Albino mit hellgrauem bis cremefarbenem Fell und blauen Augen)

c Albino

In einer Studie aus dem Jahr 2007 wurden cremefarbene Akita, Shar-Pei, Golden Retriever, Labrador Retriever, Pudel und Puli untersucht. Alle diese Hunde waren e/e auf dem E-Lokus (ihre Fellfarbe wurde also rein durch Phäomelanin bestimmt). Es konnten keine Mutationen an zwei bekannten Genorten (TYR auf Chromosom 20 und SLC45A2 auf Chromosom 2), die auf die Tyrosinase einwirken, festgestellt werden.[78] Im Jahr 2019 konnte eine Variante am I-Lokus (das Gen MFDS12 auf dem Chromosom 20) identifiziert werden, die zu einer Phäomelanin-Aufhellung von Gelb (Genotypen I/I und I/i) zu Creme bis Weiß (Genotyp i/i) führt.[79] Getestet wurden im Rahmen dieser

Tabelle 22: I-Lokus

	I/I	I/i	i/i
Dominantes Gelb			
Rezessives Gelb			

Studie diverse Hunderassen wie Leonberger, Deutscher Schäferhund, Puli, Saluki, Afghane, Scottish Terrier und Wölfe.

In der oben erwähnten C-Serie werden albinotische Gene sowie Phäomelanin-aufhellende Gene vermischt, was unter molekulargenetischen Aspekten nicht korrekt ist. Man muss also zwischen dem I-Lokus (hier befindet sich die Phäomelanin-aufhellende Variante i) und dem C-Lokus (hier befinden sich diverse albinotische Varianten, die auf beide Pigmentarten einwirken, s. S. 198 f.) unterscheiden.

Mit dem Genotyp i/i alleine lässt sich die Phäomelanin-Aufhellung jedoch nicht vollständig erklären. So ist es zum Beispiel nicht möglich, zwischen cremefarbenen Phäomelanin und weißem Phäomelanin zu unterscheiden. Es scheint also noch einen Faktor zu geben, der Phäomelanin zu Weiß aufhellt (z. B. beim Samojeden, weißen Spitz, West Highland White

Mittelspitz mit extrem aufgehelltem Phäomelanin

Terrier oder weißen Pudel). Es gibt außerdem auch Hunde mit aufgehelltem Phäomelanin, die nicht den Genotyp i/i haben (z. B. beim Beagle). Das Allel I ist dominant gegenüber i.

Für Züchter ist dies insofern relevant, als es schwierig ist, ein intensives Phäomelanin zu erreichen, wenn zur Zucht nur noch Hunde mit blassem Phäomelanin zur Verfügung stehen (dies könnte etwa beim Golden und Labrador Retriever relevant werden, wenn der Trend (zumindest in Europa) weiter zu sehr hellem Phäomelanin geht.

Eine Erbanlage für farbinintensiveres Phäomelanin könnte sich hinter schwarzen Hunden „verstecken" und durch Farbverpaarungen in andere Farbschläge gebracht werden. Ein Beispiel wäre der Zwergschnauzer: Hier werden die Farbschläge getrennt gezüchtet (was die Gefahr einer gewissen Verengung des jeweiligen Genpools mit sich bringt). Bei weißen, schwarz-silbernen und pfeffer-salzfarbenen Zwergschnauzern wird auf sehr helles Phäomelanin Wert gelegt.

In der Population schwarzer Schnauzer wurde nie auf die Farbintensität des Phäomelanins selektiert. Darum ist es möglich, dass in dieser Population (getreu der dritten Mendelschen Regel, dem Unabhängigkeitsgesetz s. S. 41 f.) Hunde mit der Erbanlage für gelbes Phäomelanin vorkommen. Werden solche Hunde nun mit weißen, pfeffer-salzfarbenen oder schwarz-silbernen Hunden verpaart, so besteht die Möglichkeit auf gelbe, schwarz-gelbe oder wildfarbene Hunde mit gelbem Farbton.

Farbintensivierung von Phäomelanin

Es gibt sehr farbintensive Erscheinungsformen von Phäomelanin, zum Beispiel beim Irish Setter, beim Vizsla, beim Do Khyi, bei manchen Spanielrassen und vielen anderen Rassen. Bislang sind keine molekulargenetischen Ursachen für diese Farbintensivierung entdeckt worden. In der Literatur werden so genannte „Rufus-Polygene" mit dominanten „Plus-Varianten" und rezessiven „Minus-Varianten" beschrieben.[77]

Ein solcher „Rufus"-Lokus hat möglicherweise epistatische Wirkung auf den I-Lokus, da es auch rote Hunde mit dem Genotyp i/i gibt.

Albinismus (C-Lokus)

Beim C-Lokus handelt es sich (anders als bei anderen Farbloki) nicht um einen definierten Genort auf einem bestimmten Chromosom, sondern um verschiedene albinotische Varianten, die sich an unterschiedlichen Genorten auf verschiedenen Chromosomen befinden.

Diese Varianten beeinträchtigen die Produktion eines für die Pigmentsynthese essentiellen Enzyms namens Tyrosinase. Je nach Variante kann gar keine Tyrosinase gebildet werden (resultierend in einem weißen Fell und rötlichen Augen), die Tyrosinase nicht voll funktionsfähig sein (zu Grau oder Beige aufgehelltes Fell und helle (meist grünliche oder gelbe) Augen) oder die Tyrosinase thermolabil sein (voll ausgeprägtes Pigment in kühleren Körperregionen wie Gesicht, Ohren, Gliedmaßen und Rute, aufgehelltes Pigment in wärmeren Körperregionen wie dem Rumpf).

Mittlerweile konnten diverse Varianten molekulargenetisch identifiziert werden:

OCA (Dobermann)[80]

caL (Pekingese, Lhasa Apso, Pomeranian)[81]

OCA2 (Großspitz)[82]

OCA4 (Bullmastiff)[83]

ch (Dackel)[74]

Weitere Varianten werden vermutet, da es in vielen Rassen albinotische Phänotypen gibt, die sich keinem der bereits identifizierten Genotypen zuordnen lassen.

Mehr zu möglichen gesundheitlichen Einschränkungen s. S. 243 ff.).

Unterschiedliche Ursachen können zu einer Entfärbung bzw. Verfärbung der Haare führen (brauner Barbet).

Rotstichigkeit

Schwarzes Fell entwickelt manchmal einen Rotstich. Auch braunes (also genetisch b/b) Fell kann betroffen sein – nur wird dieses nicht rötlich, sondern blasser. Was die Rotstichigkeit auslöst, ist nicht sicher bekannt, es gibt verschiedene Erklärungsversuche zu möglichen Ursachen.

Speichel kann rötliche Verfärbungen (vor allem auf hellem Fell) verursachen.

Vor allem bei rundköpfigen Kleinhunderassen kann es zu rötlichen Verfärbungen heller Fellpartien durch Tränensekret kommen (Shih Tzu).

Chemische Ursachen

Durch in Speichel, Tränensekret und Entzündungssekret enthaltene Porphyrine kann Hundefell sich rötlich verfärben – meist um den Fang, als „Tränenstraßen" um die Augen oder an den Pfoten, inklusive der Krallen (durch Belecken). Besonders augenfällig sind solche Verfärbungen natürlich bei hellem Haar. Beim Dalmatiner gibt es sogar eine eigene Bezeichnung für die rötliche Verfärbung im Bereich entzündeter Hautstellen: Das „Dalmatiner Bronzing Syndrom" (das übrigens mit durch die erhöhten Harnsäurespiegel in Blut und Urin verursacht werden soll, s. S. 169).

Chlor (in Pools), bleichende Wirkstoffe in Reinigungsmitteln (auch Shampoos) und sonstige Wirkstoffe aus der Umgebung können ebenfalls eine Farbveränderung auslösen.

Dieser Border Collie lebt auf Ibiza (Spanien), sein schwarzes Fell hat durch häufige Bäder im Chlorwasser und die starke Sonnenstrahlung einen starken Rotstich angenommen (alle drei Fotos wurden im Abstand von 5 Minuten aufgenommen).

Physikalische Ursachen

Sonneneinstrahlung kann einen Effekt auf die Haarfarbe haben (das Farbpigment im Haar wird oxidiert und dadurch rötlich), möglicherweise wird dieser Effekt auch noch verstärkt, wenn der Hund viel ins Wasser geht. Es gibt Hunde, deren schwarzes Fell nur saisonal bedingt rötlich wird (also im Winter schwarz und im Sommer dann wieder rötlich-schwarz). In dem Zusammenhang sei an die so genannten „Winter-Rappen" beim Pferd erinnert, die ebenfalls saisonal von schwarz zu rötlich-schwarz wechseln. Bei einem solch saisonalen Farbwechsel könnte auch die Tageslichtlänge über hormonelle Rückkopplungen einen Einfluss auf die Pigmentproduktion nehmen (erforscht ist dies beim Hund allerdings nicht).

Beim Bergamasker kommt es zu rötlichen Verfärbungen des Eumelanins durch die Haaralterung, wenn die typische Zotteln gebildet werden (die Zotteln bestehen vor allem aus abgestorbenen Haaren, die dann mitunter mehrere Jahre alt sind).

Selbst bei lackschwarzen Hunden ist bei direktem Sonnenlicht oft ein gewisser Rotstich zu sehen (wie bei diesem schwarzen Norwegischen Elchhund an der Befederung der Rute).

Haaralterung

Kurz vor dem Haarwechsel ist die Lebensdauer des Haares und auch des eingelagerten Melanins abgelaufen, das Melanin wird (von der Haarspitze ausgehend, denn dort ist das Haar am ältesten) rötlich statt schwarz.

Bei drahthaarigen Rassen lässt sich der Farbeindruck durch Trimmen des Fells (statt Scheren) verbessern.

Genetische Ursachen

Es gibt höchstwahrscheinlich auch eine genetische Komponente, die zu einer Abschwächung des schwarzen Pigmentes hin zu rötlich führt - hierzu gibt es allerdings keine Studien. Ein Rotstich im Fell kommt bei vielen schwarzen Hunderassen vor. Durch Färben des Felles vor Ausstellungen wird mitunter ein unerwünschter Rotstich „vertuscht" und kann sich so weiter in der Zucht ausbreiten.

Ernährungs-/ stoffwechselbedingt

Ein Kupfermangel (auch sekundär durch einen Zinküberschuss) kann zu einer rötlichen Aufhellung des Felles führen (Kupfer ist ein wichtiger Baustein von Tyrosin, und Tyrosin wird für die Melaninsynthese benötigt).

Eine Tyrosin-arme sowie eine Phenylalanin-arme Ernährung kann ebenfalls zu einer rötlichen Verfärbung des schwarzen Pigments führen (dies ist zumindest bei schwarzen Katzen beobachtet worden[84,85]). Beide Aminosäuren sind Ausgangsstoffe in der Melaninsynthese. Bei einer ausgewogenen Ernährung ist es jedoch kaum möglich, eine so gravierende Nährstoffimbalance auszulösen. Bei selbst zusammengestellten Rationen sollte man allerdings bei Verdacht die Rationszusammensetzung von einem Fachtierarzt überprüfen lassen.

Ernährungsbedingte Haarverfärbungen können außerdem durch einen Mangel an folgenden Stoffen entstehen: Eisen, Jod, Zink, Biotin (Vit. H oder Vit. B7)[86], Pantothensäure (Vit. B5), Mangan, Paraaminobenzoesäure (PABA)[87] sowie durch einen Überschuss an Molybdän und Sulfaten[87].

Krankheitsbedingt

Eine Aufhellung des Fells wurde schon in Verbindung gebracht mit Schilddrüsenunterfunktion, Hypercortisolismus und vor allem mit dem so genannten Sertolizell-Tumor (eine Art von Hodenkrebs). Bei dieser Tumorart fallen „reife" Haare nicht aus, sondern verbleiben (zum Teil für Jahre), durch die diversen Umwelteinflüsse wie UV-Strahlung etc. verblasst das Pigment.[4]

Somatische Mutation

Hierbei handelt es sich um ein interessantes Phänomen, das zu teilweise bizarren Farb-Phänotypen führen kann. Eine somatische Mutation bedeutet, dass in bestimmten Hautzellen ein anderer Genotyp als im restlichen Körper vorliegt, es handelt sich also um eine Mutation einzelner Körperzellen. So eine Mutation kann spontan auftreten, sie vererbt sich nicht an die Nachkommen weiter – solange nicht auch die Keimbahn (also die Samen- oder Eizellen) betroffen ist. Je früher in der Entwicklung eines Individuums eine solche somatische Mutation auftritt, desto größer ist die Zahl betroffener Körperzellen.[88] Besonders auffällig ist eine solche somatische Mutation bei rezessiv gelben oder roten Hunden. Diese haben dann einen meist schwarzen Fleck, der in seiner Ausdehnung von einem kleinen Sprenkel (wenn die Mutation erst in einem späten Entwicklungsstadium aufgetreten ist) über einen größeren

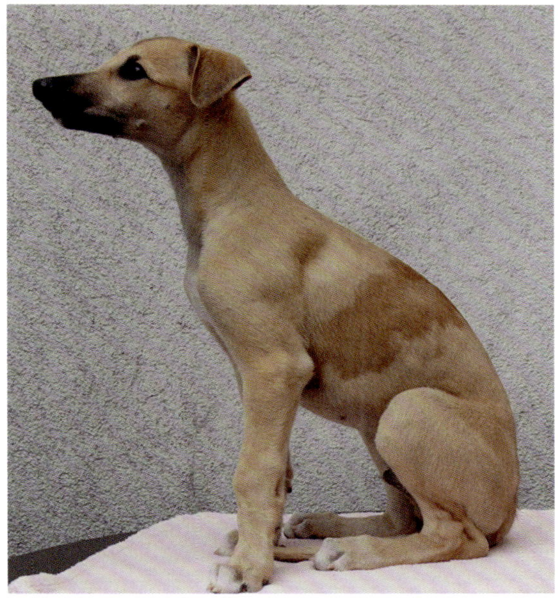

Der dunklere Fleck am Rumpf dieses dominant gelben Greyhounds könnte auf eine somatische Mutation zurückzuführen sein.

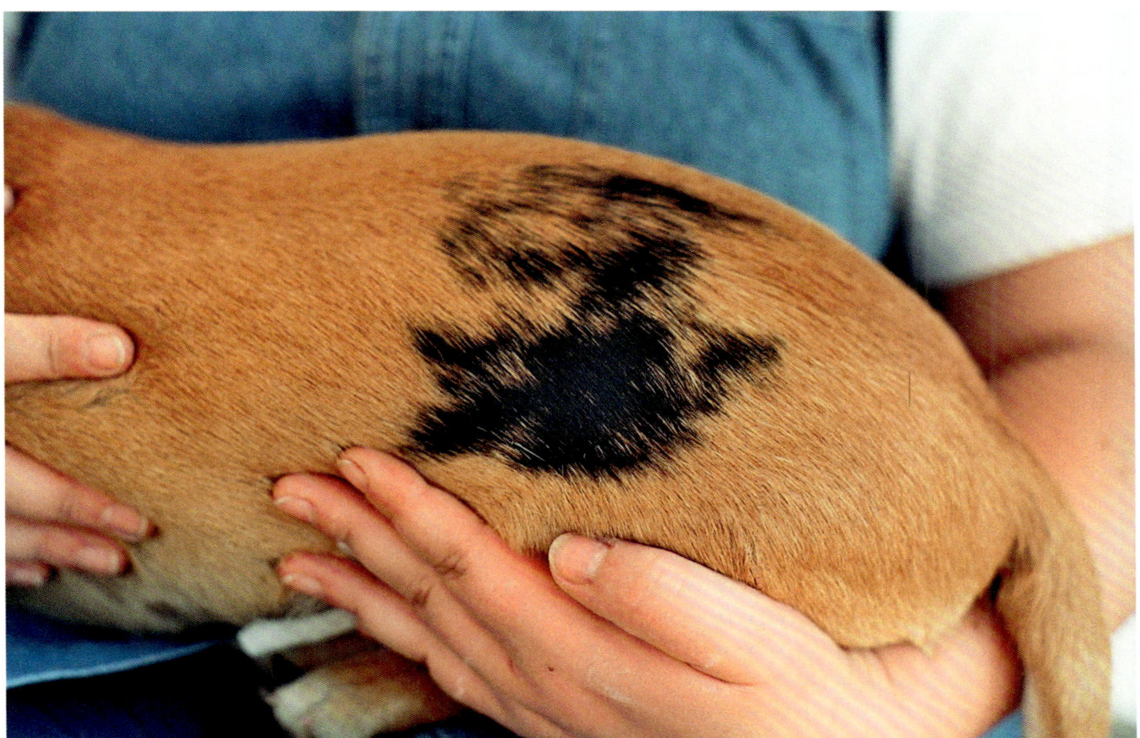

Am auffälligsten sind somatische Mutationen bei rezessiv gelben Hunden mit schwarzem Fleck (Mischling).

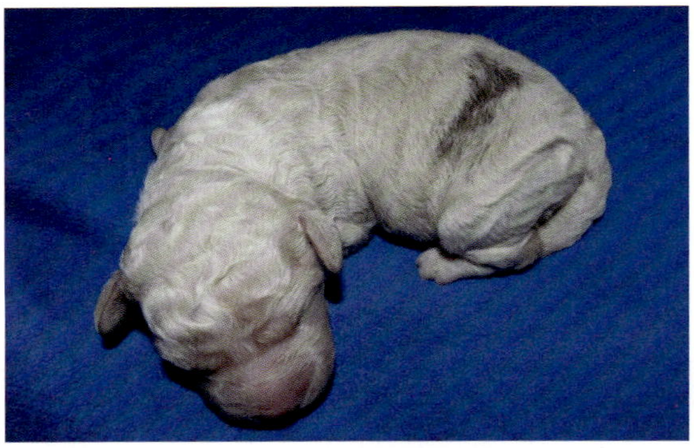
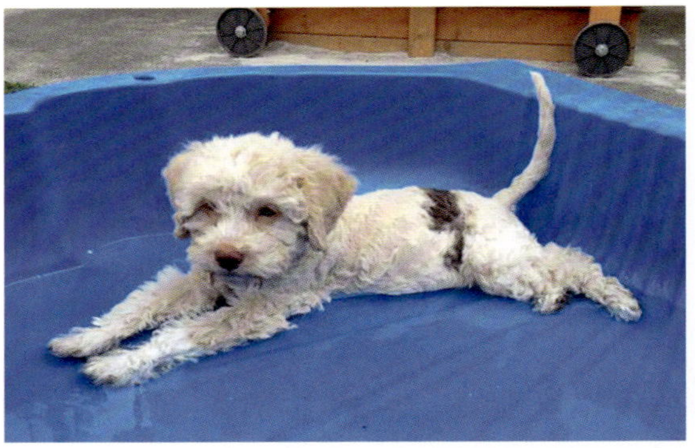

Rezessiv gelber Lagotto Romagnolo mit Weißscheckung und brauner somatischer Mutation im Bereich der linken Hüfte. Am deutlichsten ist der Fleck beim Welpen und Junghund zu erkennen. Im Zuge einer progressiven Ergrauung verblasst der Fleck beim erwachsenen Hund wieder.

Fleck bis hin zu einem ausgedehnten, mosaikartigen Muster (wenn die Mutation bereits in einem frühen Entwicklungsstadium aufgetreten ist) reichen kann.

Als Chimärismus bezeichnet man es, wenn Zellen (und somit Erbinformationen) von einer befruchteten Eizelle auf eine andere übergegangen sind. Eine Chimäre hat also nicht nur eine einzelne Mutation in manchen Körperzellen, sondern sie setzt sich aus Genen zweier unterschiedlicher Individuen zusammen. Auch dies kann zu bizarren Phänotypen führen, die betroffenen Hunde sehen aus, als seien sie wie ein Flickenteppich aus zwei unterschiedlichen Farben zusammengesetzt worden.[89]

Kapitel 4: Farbe der Sinushaare, Nase und Augen

Sinushaare

Ein schwarzer Hund hat schwarze Sinushaare, ein rezessiv gelber Hund hat helle Sinushaare. Hunde, die die Farben des A-Lokus ausprägen (also Genotyp ky/ky) haben schwarze Sinushaare (bzw. braune, blaue oder lilac gefärbte). Ein Hund, der im Bereich der Sinushaare weiß gescheckt ist, hat hier farblose (also weiß erscheinende) Sinushaare. Das kann dazu führen, dass ein Hund mit weißer Blesse im Bereich der Blesse weiße Sinushaare hat, und im Bereich, der außerhalb der Blesse liegt, dunkle Sinushaare.

Bei Hunden, deren Fellfarbe durch den Domino-Faktor bestimmt wird, sind die Sinushaare im hellen Bereich hell, und im dunkleren Bereich dunkel.

Die Sinushaare können also unter Umständen zur Definition der Fellfarbe herangezogen werden; etwa, um einen dominant gelben Hund von einem rezessiv gelben Hund zu unterscheiden.

Shetland Sheepdog mit nur halbseitig weißem Fang und ebenso asymmetrisch pigmentierten Sinushaaren.

Linke Spalte von oben: Rezessiv gelb (Golden Retriever), rezessiv rot (Vizsla-Mix), rezessiv creme (Saluki): jeweils mit hellen Sinushaaren.
Rechte Spalte von oben: Dominant gelb (Pinscher-Mix), dominant rot („orange“ Kleinspitz), dominant creme (Saluki); jeweils mit schwarzen Sinushaaren.

Sable Barsoi (EG/EG at/at) mit hellen Sinushaaren im Phäomelanin-Bereich.

Shetland Sheepdog (E/E Ay/-) mit dunklen Sinushaaren im Phäomelanin-Bereich.

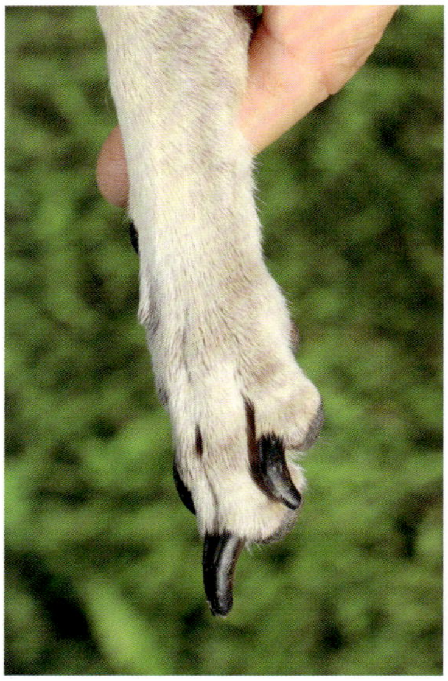

Italienisches Windspiel: Schwarze Krallen bei dominantem Creme.

Vizsla-Mix: Rötliche Krallen bei rezessivem Rot.

Unpigmentierte Krallen bei rezessivem Creme (Italienisches Windspiel)

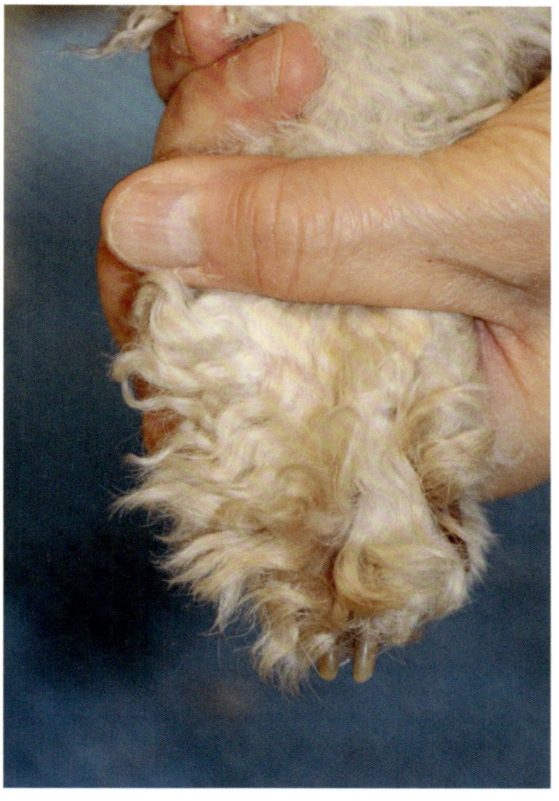

Links: Weißscheckung ohne Ticking mit Grundfarbe b/b e/e (helle Krallen)
Rechts: Weißscheckung mit Ticking mit Grundfarbe b/b E/- KB/KB (dunkle Krallen)

Nasenfarbe

Die „normale“ Nasenfarbe beim Hund ist schwarz, es gibt jedoch auch einige Genotypen, bei denen bereits beim Welpen eine andere Nasenfarbe vorliegt. Hunde mit dem Genotyp d/d werden mit schiefergrauen Nasen geboren, jegliches schwarze Pigment ist bei solchen Hunden zu blaugrauem Pigment verdünnt (ein typisches Beispiel ist die blaue Deutsche Dogge). Hunde mit dem Genotyp b/b werden mit braunen Nasenspiegeln geboren (ein typisches Beispiel ist etwa der schokobraune Labrador). Treffen beide Genotypen zusammen (b/b + d/d), so wird jegliches schwarze Pigment zu einem hellen Beige (Lilac) aufgehellt, die Nasenspiegel sind entsprechend von Geburt an sehr hell (ein typisches Beispiel ist der Weimaraner).

Je nachdem, ob die genetische „Grundpigmentierung“ einer Nase schwarz, braun, blau oder lilac ist und wie stark die zusätzliche Veranlagung zur Entwicklung einer Wechselnase (siehe unten) ist, kann dies bis zu einer fleischfarbenen Nase beim älteren Tier führen.

Bei Hunden mit dem Genotyp e/e (also rezessives Creme, Gelb oder Rot) wird durch die Genotypen b/b bzw. d/d ebenfalls die Nasenfarbe verändert. Typische Beispiele sind etwa Magyar Vizsla und Podenco Ibicenco (e/e + b/b) oder manches Italienische Windspiel (e/e + d/d).

Tabelle 23: Nasenfarbe

	Genotyp	Bezeichnungen	
Schwarz	B/- D/- E/-	schwarz	 Shetland Sheepdog Nase
Braun	b/b D/- E/-	Braun, leberfarben	 Dackel  Australian Shepherd  Korthals Griffon
Blau	B/- d/d E/-	Grau, schieferfarben, anthrazit	 Chihuahua  Bearded Collie
Lilac	b/b d/d E/-	fleischfarben	 Slowakischer Rauhbart 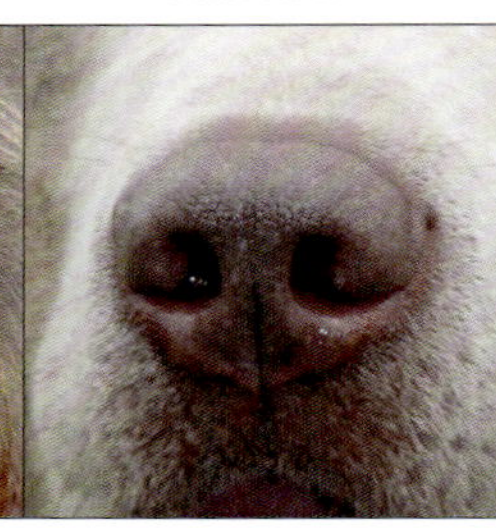 Labrador
„Rednose"	e/e b/b	Dudley nose, fleischfarben	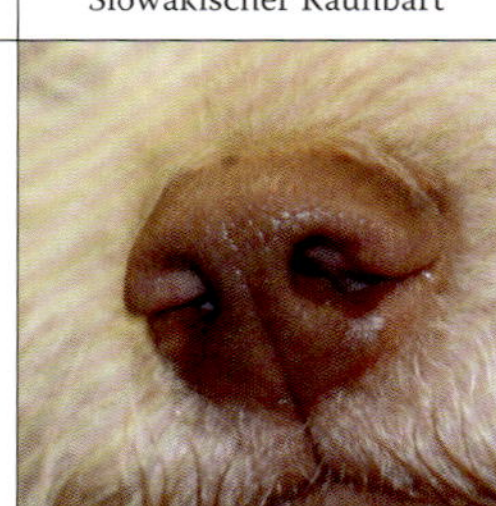 Lagotto Romagnolo 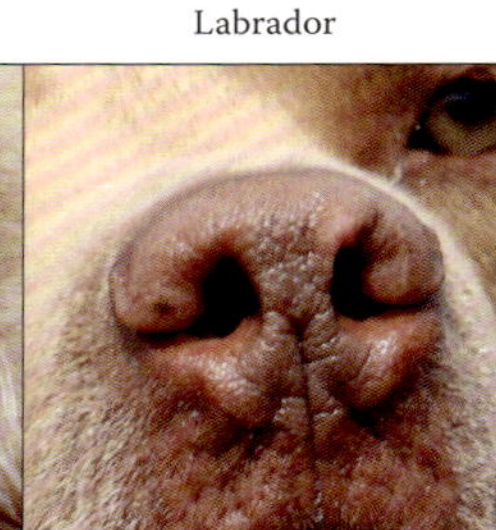 Mischling 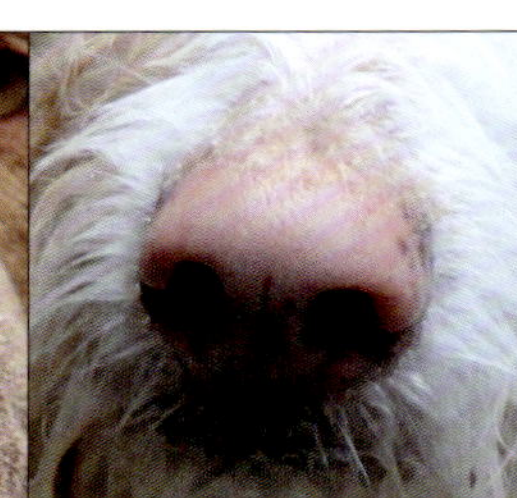 Podenco Ibicenco

	Genotyp	Bezeichnungen	
Wechselnase	e/e	Dudley nose, fleischfarben, Winternase	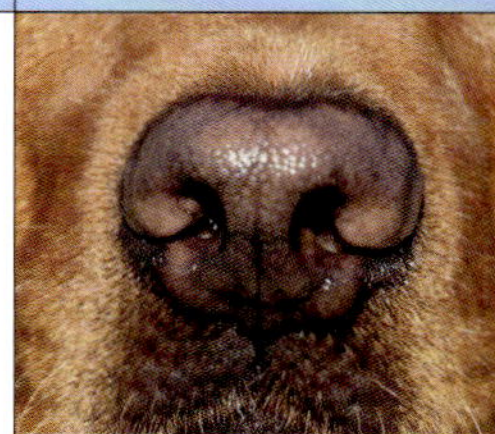 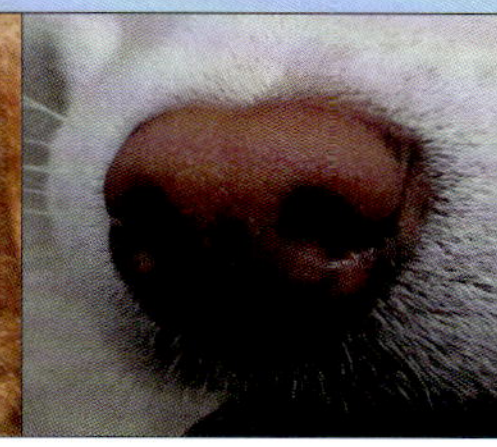 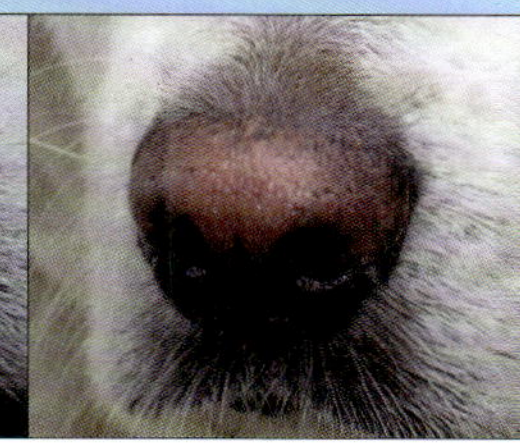 Vizsla-Mix Shiba Inu Golden Retriever
Partielle Wechselnase	EG/- oder Eh/- oder unbekannte Faktoren	Snow nose, Schmetterlingsnase	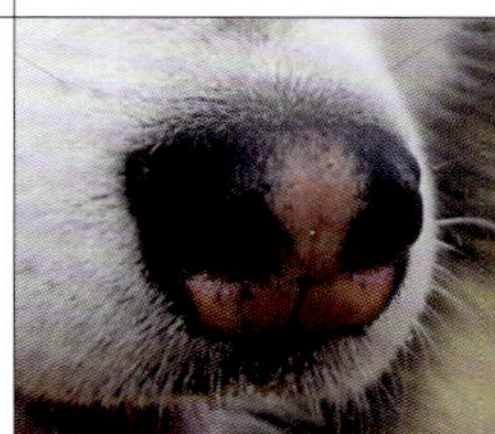 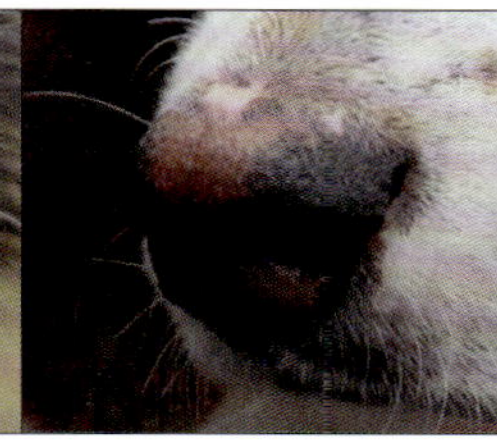 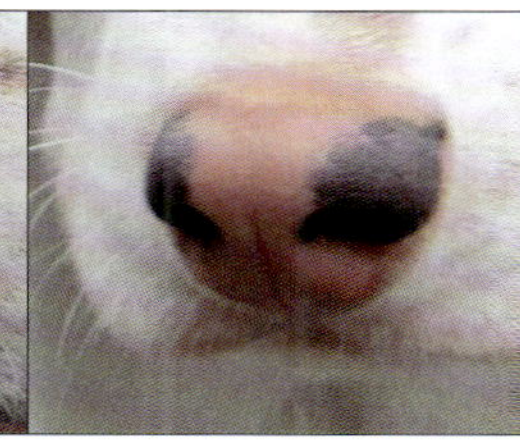 Husky Deutsche Bracke Deutsche Bracke Mittleres Bild: depigmentierter Bereich am oberen Nasenrand durch Scheckungsfaktor
Teilweise depigmentierte Nase	M/m oder M/M und/ oder H/h	Butterfly nose	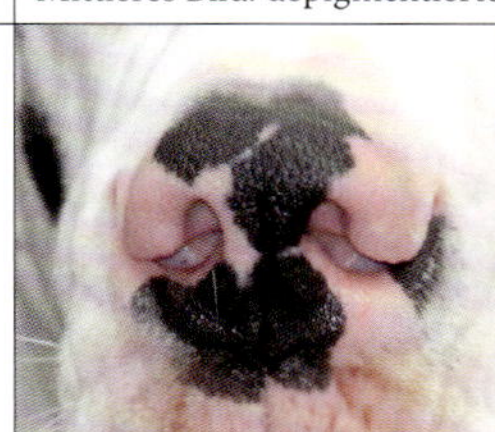 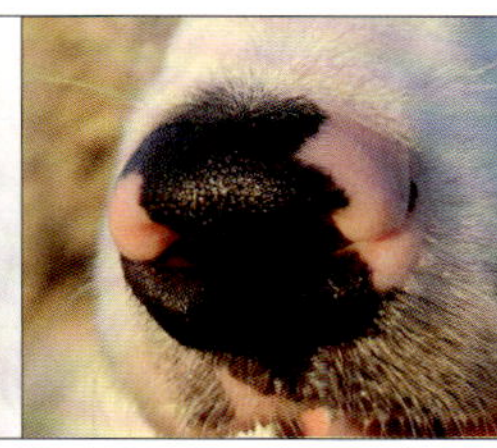 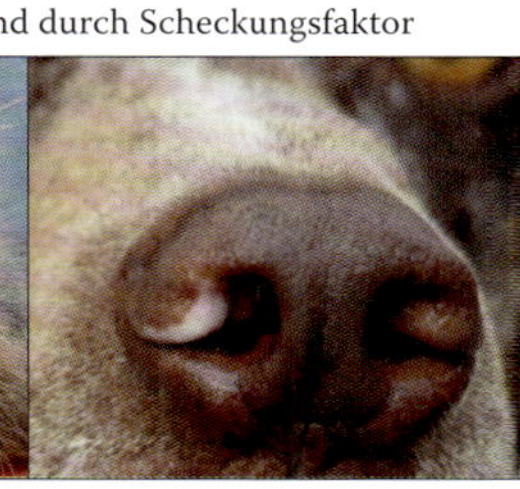 Deutsche Dogge Border Collie Catahoula Leopard Dog
	S/S	Butterfly nose	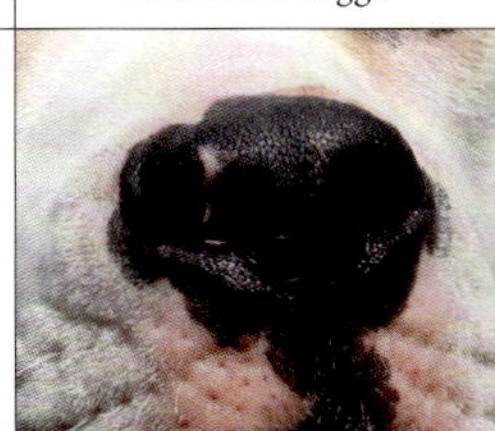 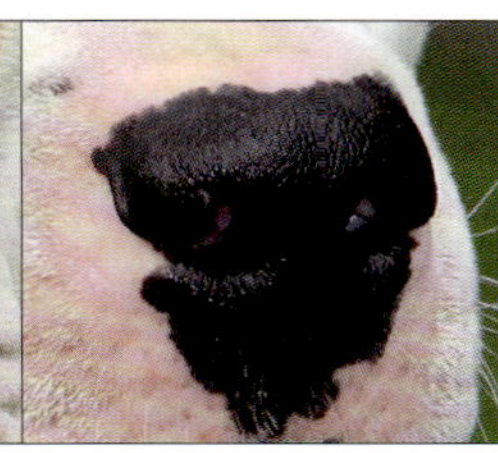 American Bulldog Mix
Vollständig depigmentierte Nase	Albinismus (diverse Genotypen)		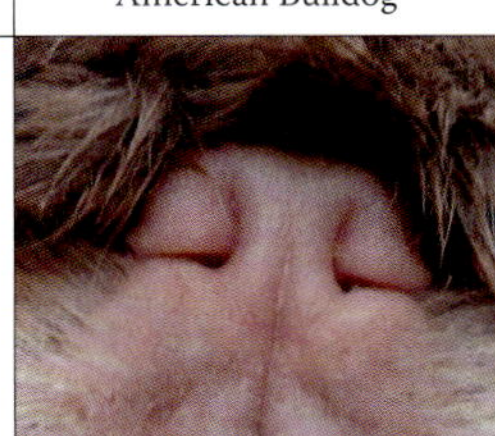 Pekingese
Depigmentierte Nase durch Narben			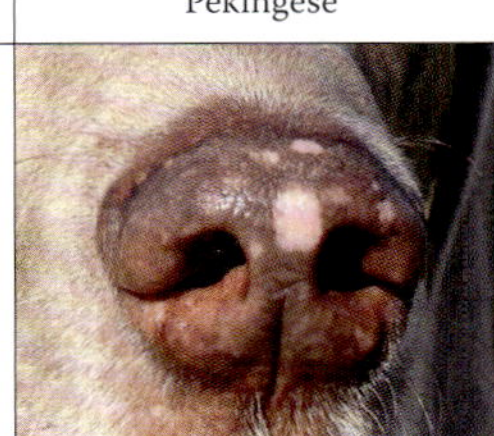 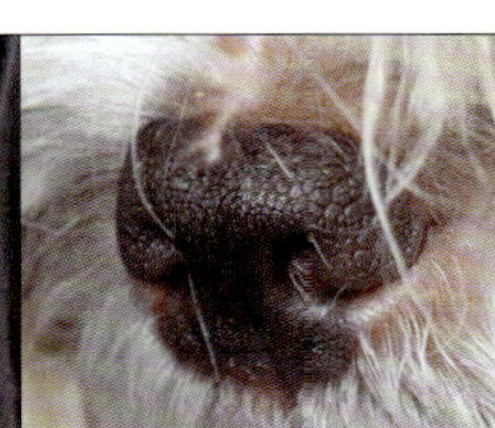 Weimaraner Shih Tzu

Wechselnase

Die medizinisch korrekte Bezeichnung für eine Wechselnase lautet „saisonale nasale Depigmentierung“. Depigmentierung, da das Pigment bei einer Wechselnase schwächer eingelagert wird als bei einer intensiv gefärbten Nase; und saisonal, weil die Depigmentierung vor allem in den Wintermonaten ausgeprägt ist. Hunde mit Wechselnasen werden (entsprechend ihres Genotyps am B- und D-Lokus) normal pigmentiert geboren. „Normal pigmentiert“ bedeutet in diesem Zusammenhang, dass – je nach Genotyp – die Nase beim neugeborenen Welpen auch rosa sein kann, da sich das Pigment erst im Verlauf der ersten Lebenstage bis -wochen einlagert. Hunde mit dem Genotyp e/e werden in der Regel mit rosafarbenen Nasen geboren. Hunde mit Weißscheckung, bei denen die Umgebung der Nase im weißen Bereich liegt, haben bei der Geburt in der Regel ebenfalls rosa Nasenspiegel. Meist zeigt sich die saisonale Depigmentierung bei Hündinnen erstmals ab dem Zeitpunkt der ersten Läufigkeit (bei Rüden im entsprechenden Alter), zunächst nur während der Wintermonate. Diese zunächst nur saisonale Entfärbung führte dazu, dass die Wechselnase im englischen Sprachraum auch als „winter nose“ oder „snow nose“ bezeichnet wird.

Rezessiv gelber Labrador Retriever: Hunde mit dem Genotyp e/e entwickeln häufig eine Wechselnase.

Dominant gelber Pinscher-Mix: Hunde mit dem Genotyp E/E ky/ky Ay/- können ebenfalls eine Wechselnase entwickeln, die aber in der Regel nur sehr leicht ausgeprägt wird – wenn überhaupt.

Berner Sennenhund: Auch Hunde mit Black and Tan Grundfarbe können eine Wechselnase bilden, die dann meist nur einen mittig aufgehellten Streifen darstellt.

Mit zunehmendem Alter verstärkt sich die Depigmentierung in der Regel; bei manchen Hunden bleibt die Aufhellung schließlich das ganze Jahr über bestehen. Manche Hundebesitzer berichten, dass nach einer Trächtigkeit die Nase wieder dunkleres Pigment einlagert (bis hin zur vollständigen Pigmentierung) – dies könnte für eine hormonelle Beteiligung sprechen. Früher dachte man, dass die Entstehung einer Wechselnase ausschließlich mit kalten Temperaturen und verringertem Lichteinfall zusammenhängt. Dass dies nicht so sein kann, belegen allerdings die vielen Hunde (auch Schlittenhunde), die in südlichen Gefilden leben und dennoch eine Wechselnase ausbilden. Die genauen biochemischen Zusammenhänge und genetischen Hintergründe sind noch nicht bekannt. Auffällig ist jedoch, dass der Anteil von Phäomelanin an der Grundfarbe des Hundes in Relation zur Ausprägung einer Wechselnase zu stehen scheint. Am deut-

Black and Tan Mischling mit ausgeprägter Wechselnase.

Hunde mit den Genotypen eg/- ky/ky at/at oder eA/- ky/ky at/at zeigen oft eine ausgeprägte partielle Wechselnase mit mittig aufgehelltem Streifen (Grizzle Saluki).

lichsten ausgeprägt ist sie bei Hunden mit dem Genotyp e/e (etwa beim Golden Retriever, gelben Labrador, blonden Hovawart, roten Cocker Spaniel, weißen Pudel, Samojeden).

Dominant gelbe Hunde können eine dezent ausgeprägte Wechselnase haben. Black and tan-farbene Hunde können ebenfalls eine dezent ausgeprägte Wechselnase haben, die meist einen mittigen aufgehellten Längsstreifen bildet. Kommt der Dominofaktor (s. S. 60 ff.) hinzu, kann sich diese Art der Wechselnase deutlich verstärken. Dies sieht man etwa bei domino Afghanen und grizzle Salukis sowie bei Huskies, Chihuahuas, Beagles und Deutschen Bracken mit entsprechender Fellzeichnung (siehe Fotos S. 64 und 68).

Es hilft also nichts, etwa einen schwarzen Labrador in die Zucht zu nehmen, wenn man gelbe Labradore mit möglichst dunklen Nasen züchten möchte. Der richtige Zuchtpartner wäre ein gelber Labrador mit einer möglichst wenig ausgeprägten Wechselnase. Da jedoch eine Wechselnase keine gesundheitliche Beeinträchtigung darstellt, sollte sie auch kein vorrangiges Selektionskriterium sein.

Gesundheitsaspekte

Eine Wechselnase stellt keinen gesundheitlichen Nachteil für einen Hund dar. Im Sommer, wenn die Sonneneinstrahlung stärker ist, wird vom Körper wieder mehr Pigment eingelagert und die Nase so vor Sonnenbrand geschützt. Lediglich, wenn die Wechselnase sehr stark aufgehellt ist und (etwa im fortgeschrittenen Alter) im Sommer nicht mehr nachdunkelt, kann man unterstützend Sonnencreme auftragen. Ebenfalls schützen sollte man eine ausgeprägte Wechselnase, wenn man im Winter mit dem Hund in Höhenlagen mit reflektierender Schneedecke unterwegs ist.

Wichtiger ist der UV-Schutz jedoch bei einer Nase, die stellenweise oder komplett frei von Pigmentzellen bzw. Pigment ist. Solche pigmentfreien Bezirke gibt es etwa bei manchen weiß gescheckten Hunden (siehe weiter unten unter Butterfly nose) oder bei Hunden, die unter einer Pigmentmangelkrankheit leiden (Vitiligo, s. S. 246) oder Albinismus (s. S. 243 ff.).

Auch andere Erkrankungen, wie Lupus erythematodes, Pemphigus (beides sind Autoimmunerkrankungen), Infektionen mit Pilzen und/oder Bakterien oder Kontakt- oder Sonnenallergien sowie Verletzungen mit Narbenbildung können zu einer Zerstörung der Pigmentzellen in der Nase führen. Eine Kontaktallergie kann ein Hund etwa auf Kunststoff bilden; in solchen Fällen sollten man Trink- und Futternäpfe aus rostfreiem Edelstahl oder aus Steingut wählen. Bei allen Formen von pigmentlosen Nasenbereichen ist (neben einer Behandlung der Grunderkrankung) ein Sonnenschutz oft notwendig. Starke UV-Strahlung (im Sommer zwischen 8 und 17 Uhr) sollte möglichst vermieden werden; Sonnenschutzmittel sollten Paraaminobenzoesäure (PABA) enthalten und mindesten LSF 15 haben. Man trägt den Sonnenschutz am besten ein bis zwei Stunden vor der Exposition auf und erneuert ihn alle drei bis vier Stunden. Manchmal liest man die Empfehlung, die pigmentlosen Stellen dunkel tätowieren zu lassen, um den Hund vor Sonnenbrand bzw. Hautkrebs als Spätfolge zu schützen. Diese Empfehlung ist jedoch zweifelhaft, da die Farbe beim Tätowieren in Hautschichten eingebracht wird, die unterhalb der Schichten liegen, die man eigentlich schützen möchte.

Nomenklatur

Es gibt einige (meist englische) Begriffe, auf die man in Zusammenhang mit der Nasenpigmentierung immer wieder stößt:

Dudley nose: Ursprünglich stammt die Bezeichnung von leberfarbenen Bulldogs. Die AKC-Erklärung (AKC – American Kennel Club, amerikanische Hundezuchtorganisation) ist fleischfarbene Nase. Manche Autoren bezeichnen gelbe Hunde mit braunem Pigment als Dudleys, andere meinen damit komplett unpigmentierte, rosafarbene Nasen. Es gibt also keine offizielle Definition, die sich über den Genotyp eines Hundes herleitet, sondern nur Definitionen, die sich über den Phänotyp (das Aussehen) herleiten: einheitlich fleischfarben oder rosafarbene Nase. Dabei bezeichnet „Dudley nose" immer ein unerwünschtes Erscheinungsbild – wenn die gleiche Nasenfarbe laut Standard zulässig ist, wird sie meist als fleischfarben, Wechselnase o.ä. bezeichnet.

Butterfly nose („Schmetterlingsnase"): Hiermit bezeichnet man eine Nase, die pigmentierte und unpigmentierte Anteile hat. In der Regel kommt dies bei weiß gescheckten und merlefarbenen Hunden vor. Vor allem weiß gescheckte Hunde werden oft mit einer rosa gefleckten Nase geboren, innerhalb der ersten Lebenswochen dunkeln die unpigmentierten Bereiche nach, die Hunde haben dann im Erwachsenenalter eine einheitlich dunkle Nase. Nicht zu verwechseln mit der:

Schmetterlingsnase: Diese deutsche Bezeichnung wird auch für die typischerweise in Verbindung mit dem Domino-Faktor auftretende streifige Wechselnase verwendet.

Rednose („Rotnase"): Diese Bezeichnung wird vor allem für American Staffordshire Terrier und Pit Bull Terrier verwendet. Gemeint sind gelbe bis rötliche Hunde mit leberfarbenem Pigment, ihre Nasen erscheinen rötlich. Auch bei vielen anderen Rassen kommt dieser Farbtyp vor, etwa beim Podenco, der Bordeauxdogge und dem Magyar Vizsla.

(siehe Seite 210 f., Tabelle 23)

Standardauszüge einiger Hunderassen, bei denen Wechselnasen vorkommen:

Samojede (FCI-Standard Nr. 212) *Nasenschwamm: Gut entwickelt, vorzugsweise schwarz. Zu bestimmten Zeiten des Jahres kann das Nasenpigment verblassen bis hin zur so genannten „Winternase"; die Nasenränder müssen jedoch stets dunkel sein.*

Siberian Husky (FCI-Standard Nr. 270) *Nasenschwamm : Schwarz bei grauen, lohfarbenen und schwarzen Hunden; leberfarben bei kupferfarbenen Hunden; bei rein weißen Hunden kann er fleischfarben sein. Die rosastreifige „Schneenase" ist zu akzeptieren.*

Alaskan Malamute (FCI-Standard Nr. 243) *Nasenschwamm: Bei allen Farbschlägen, außer bei Rot, sind Nase, Lefzen und Lidränder schwarz pigmentiert. Bei roten Hunden ist eine braune Pigmentierung zugelassen. Eine mit einem helleren Streifen versehene „Winternase" ist annehmbar.*

Akita (FCI-Standard Nr. 255) *Nasenschwamm: Groß und schwarz. Nur bei Hunden mit weißem Haarkleid ist ein leichter, diffuser Pigmentmangel am Nasenschwamm zulässig, schwarz bleibt stets die bevorzugte Farbe.*

Amerikan Akita (FCI-Standard Nr. 344) *Nasenschwamm: Breit und schwarz. Geringfügiger und verwaschener Pigmentverlust an der Nase ist nur bei weißen Hunden akzeptabel, aber schwarz wird immer bevorzugt.*

Beagle (FCI-Standard Nr. 161) *Nasenschwamm: Breit, vorzugsweise schwarz, jedoch ist bei helleren Hunden eine abgeschwächte Pigmentierung statthaft; gut geöffnete Nasenlöcher.*

Golden Retriever *Nasenschwamm: Vorzugsweise schwarz.*

Pudel (FCI-Standard Nr. 172) *Nasenschwamm: Gut entwickelt, im Profil gesehen senkrecht, geöffnete Nasenlöcher. Bei schwarzen, weißen und grauen Hunden ist die Nase schwarz; bei den braunen ist sie braun. Bei apricot- oder rotfalben Hunden kann der Nasenschwamm braun oder schwarz sein je nach Intensität der Apricotfarbe. Bei hellen apricotfarbenen Hunden muss der Nasenschwamm möglichst dunkel sein.*

Weißer Schäferhund (FCI-Standard Nr. 347) *Nasenschwamm: Mittelgroß; schwarzes Pigment erwünscht, Wechselnase und aufgehellter Nasenschwamm zulässig.*

Hovawart (FCI-Standard Nr. 190) *Nase: (...) Bei schwarzmarkenen und schwarzen Hunden ist die Pigmentierung schwarz; Pigmentierung bei blonden Hunden: schwarz, Wechselnase zulässig.*

Augenfarbe

Die Augenfarbe wird durch die Pigmentierung der Iris (Regenbogenhaut) bestimmt. Welche Faktoren die Augenfarbe bestimmen, ist nur teilweise bekannt. So besteht ein Zusammenhang zwischen manchen Fellfarben und der Augenfarbe, es gibt aber auch Augenfarben, die sich unabhängig von der Fellfarbe zu vererben scheinen. Die „normale" Augenfarbe beim Hund ist braun, wobei die Farbintensität von bernsteinfarben über mittelbraun bis zu einem dunkleren Braun reichen kann. Die Farbintensität der Augen vererbt sich unabhängig von der Grundfarbe des Fells. Es gibt also jeweils schwarze, wildfarbene und gelbe Hunde mit bernsteinfarbenen, hellbraunen oder dunkelbraunen Augen. Der Genotyp b/b führt in der Regel zu einem grünlichen Farbton der Augen beim Junghund und oft zu einem gelblichen bis hellbraunen Farbton beim erwachsenen Hund.

Es gibt allerdings auch braune (b/b) Hunde mit relativ dunklen Augen.

Hunde mit dem Genotyp d/d (dilute) haben als Welpen meist bläuliche und als erwachsene Hunde oft bernsteinfarbene Augen. Es gibt aber auch dilute Hunde mit braunen Augen.

Hunde mit dem Genotyp b/b + d/d haben in der Regel als Welpen hellblaue und als erwachsene Hunde gelbliche Augen.

Sehr junge Welpen, die gerade die Augen öffnen, haben in der Regel mittel- bis dunkelblaue Augen. Die Augenfarbe ändert sich graduell, bis

Hunde mit dem Genotyp b/b haben als Welpen grünliche Augen (links: Border Collie, rechts: American Staffordshire Terrier).

sich im Alter von 8 bis 12 Wochen allmählich die endgültige Augenfarbe einstellt. Blaue Augen beim erwachsenen Hund können unterschiedliche Ursachen haben. Eine Weißscheckung von Haut und Haaren kann mit einer unpigmentierten Iris einhergehen, darum haben Hunde mit Piebaldscheckung und/oder einer ausgedehnten weißen Blesse mitunter ein oder zwei blaue Augen. Je weniger Pigment die Iris aufweist, desto lichtempfindlicher ist der Hund. Unpigmentierte Augenlider sind zudem stärker der Schadwirkung der UV-Strahlen ausgesetzt. Man erkennt dies vor allem bei Hunden mit einem blauen Auge mit unpigmentierten Lidern und einem braunen Auge mit pigmentierten Lidern eindrucksvoll: Vor allem bei grellem Sonnenlicht ist die unpigmentierte Seite meist empfindlicher, auf dieser Seite kommt es außerdem häufiger zu Bindehautentzündungen. Außer bei Weißscheckung kommt es in Zusammenhang mit dem Merle-Faktor oft zu einer teilweise oder vollständigen Depigmentierung eines oder beider Augen. Oft findet man hier auch blaue und braune Bereiche im gleichen Auge.

Entgegen der landläufigen Meinung können Hunde mit dem Genotyp b/b (braun) und d/d (dilute/blau) durchaus dunklere Augen haben (links: Braunschimmel Korthals Griffon, rechts: Blue and Tan Kaukasen-Mix).

Bei Albinismus ist die Pigmentierung der Iris stark bis vollständig reduziert, darum haben albinotische Hunde hellblaue bis rötlichblaue Augen. Es gibt neben dem oculokutanen Albinismus (OCA) (bei dem sowohl die Augen als auch Haut und Haare betroffen sind) auch einen okulären Albinismus (OA), bei dem nur die Augen betroffen sind. Ob dieser OA die Ursache für blaue Augen bei Hunden ohne Weißscheckung und ohne Merle-Faktor ist, ist nicht bekannt. Auf jeden Fall gibt es in verschiedenen Rassen und auch bei Mischlingen sporadisch oder gehäuft (z. B. Siberian Husky) blaue Augen, die weder mit einer Weißscheckung noch mit dem Merle-Faktor in Zusammenhang stehen.

Beim Husky wurde 2018 ein Gen identifiziert.[90]

Hundeaugen besitzen ein so genanntes Tapetum lucidum, das sich zwischen der Pigmentzellschicht der Netzhaut (Retina) und den dahinter liegenden Blutgefäßen befindet. Dieses Tapetum lucidum ist lichtreflektierend und ermöglicht so ein besseres Sehen bei Nacht.

Hunde mit dem Genotyp b/b d/d (lilac) haben als Welpen/Junghunde bläuliche Augen und als erwachsene Hunde meist gelbliche Augen (links: junger Langhaar Weimaraner, rechts erwachsener Kurzhaar Weimaraner).

Lagotto-Welpe mit noch bläulichen Augen am 16. Lebenstag.

Lagotto-Welpe am 45. Lebenstag.

Es besteht bei Hunden aus Zellen, die Kristalle enthalten (so genanntes Zinkcysteinhydrat).[91] Werden die Augen im Dunkeln von einer Lichtquelle angestrahlt, so leuchten sie grün bis blau (das ist auch gut auf Fotos zu sehen, die mit Blitzlicht aufgenommen wurden). Fehlt das Tapetum lucidum und/oder die darüber liegende Pigmentzellschicht, so leuchten die Augen bei Lichteinfall im Dunkeln rötlich (durch die Blutgefäße des Augenhintergrundes).

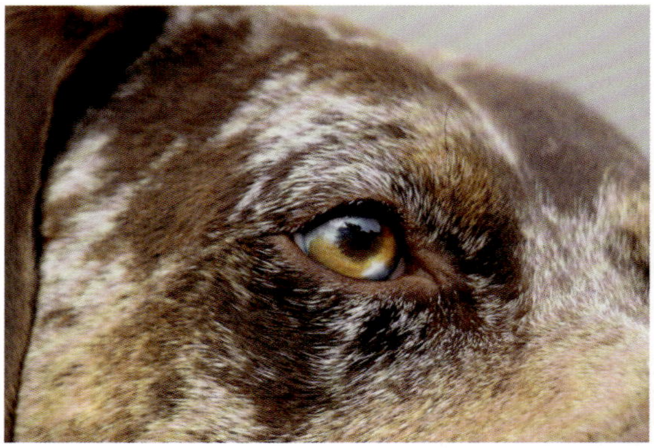

Beim Catahoula Leopard Dog nennt man heterochrome Augen „cracked glass".

Cocker Spaniel mit einem blauen Auge (links als Welpe, rechts als erwachsener Hund).

Bei diesem Border Collie mit heterochromen Augen ist die unterschiedliche Reflektion des Tapetum Lucidum besonders eindrücklich zu erkennen.

Junger Langhaar Weimaraner mit rot reflektierenden Pupillen.

Saarloos Wolfhund mit grün reflektierenden Pupillen.

Braunäugiger Kooikerhondje mit hellrot reflektierenden Augen: Dies liegt entweder am Einfallwinkel des Blitzlichtes oder an einem nur dünn ausgebildeten Tapetum Lucidum.

Tabelle 24: Augenfarbe

Heterochromie (blau und braun gesprenkelte Augen)	**Heterochromie (ein Auge blau, ein Auge braun)**	**Zwei blaue Augen**
Synonyme Begriffe für diesen Phänotypen: Birkaugen/Birkenaugen „china eyes“ „cracked glass“ Parti-coloured Odd eyes Bi-eyed/bicolor	**Synonyme Begriffe für diesen Phänotypen:** Wall eyes/Wallaugen	**Synonyme Begriffe für diesen Phänotypen:** Glasauge „china eyes“
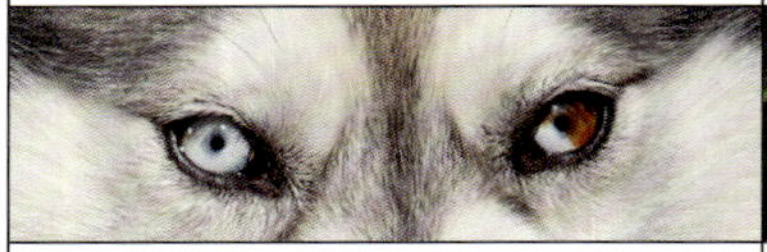		
Malamute Husky-Mix	Border Collie	Australian Shepherd
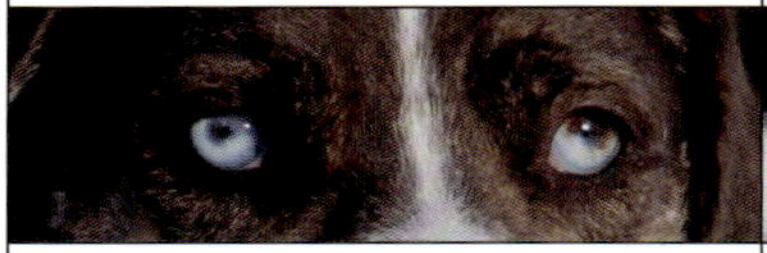	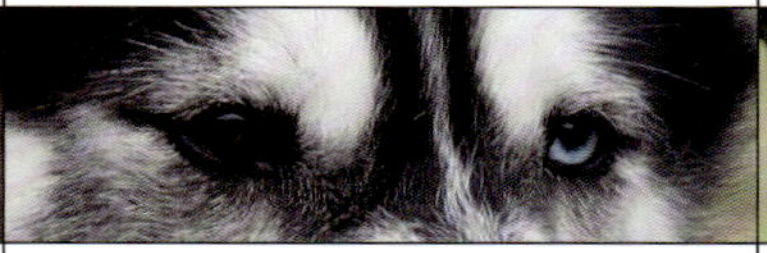	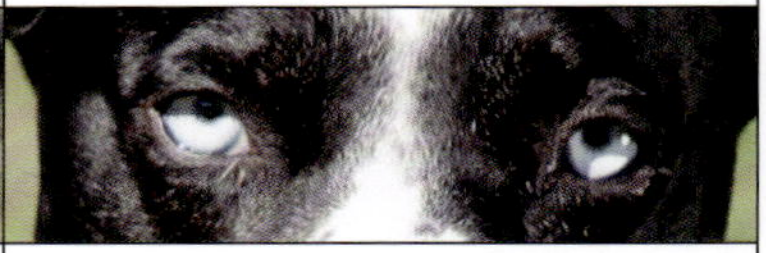
Catahoula Leopard Dog	Husky	Europäischer Schlittenhund
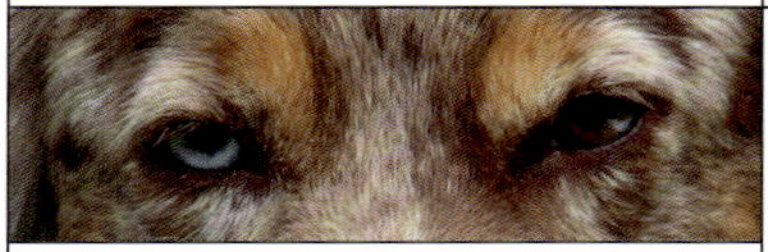		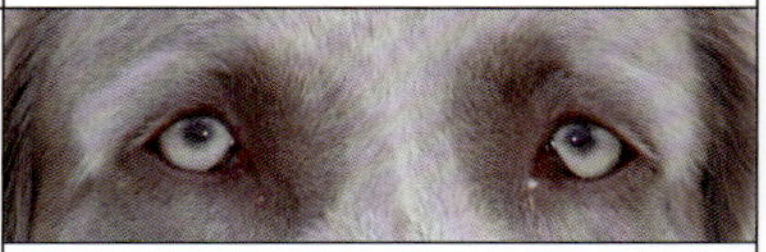
Australian Shepherd		Weimaraner
		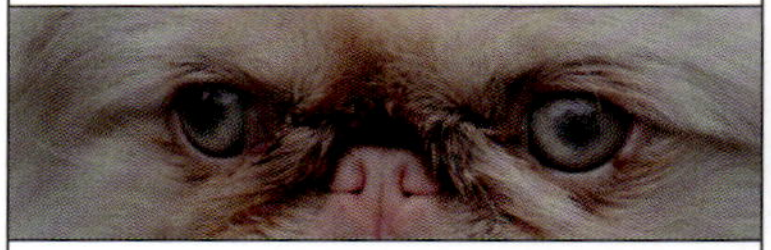
		Pekingese

Gelbliche Augen/grünliche Augen	**Hellbraune Augen**	**Dunkle Augen**
Synonyme Begriffe für diesen Phänotypen: Bärenauge Raubvogelauge Greifvogelauge Habichtsauge Bernsteingelb/amber	**Synonyme Begriffe für diesen Phänotypen:** haselnussbraun	
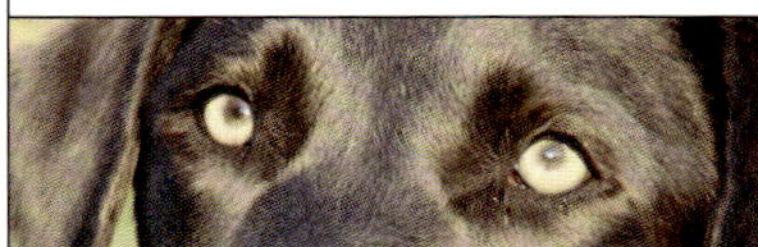	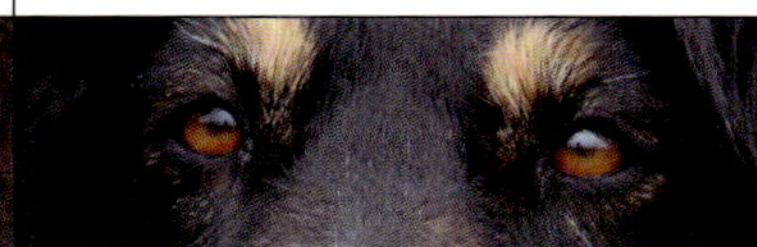	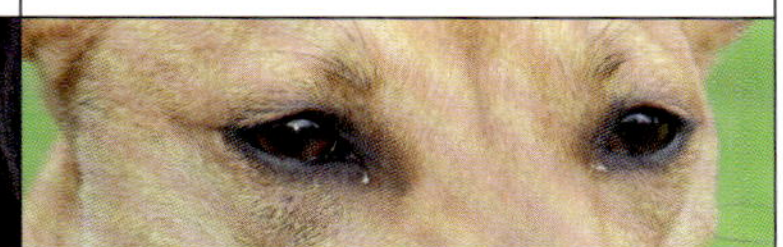
Labrador	Australian Shepherd	Mischling
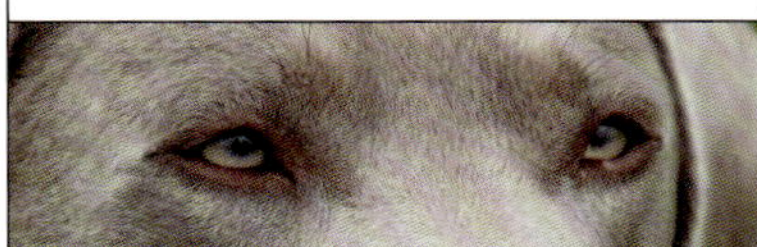	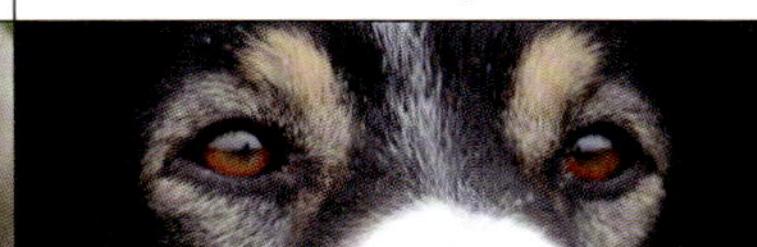	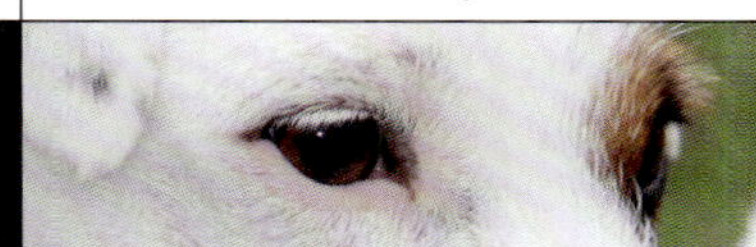
Labrador	Border Collie-Mix	Parson Russel Terrier
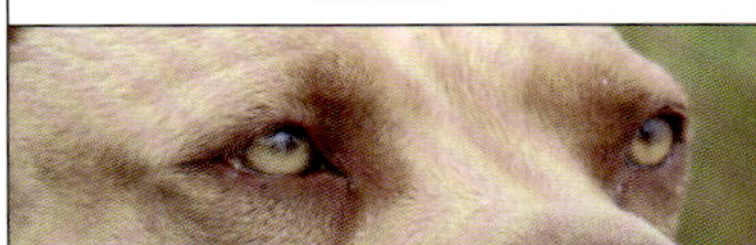		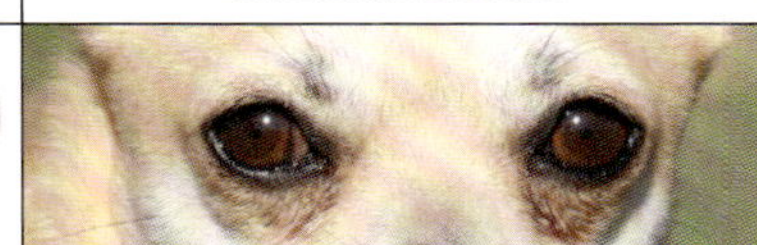
Pit Bull	Mischling	Chihuahua
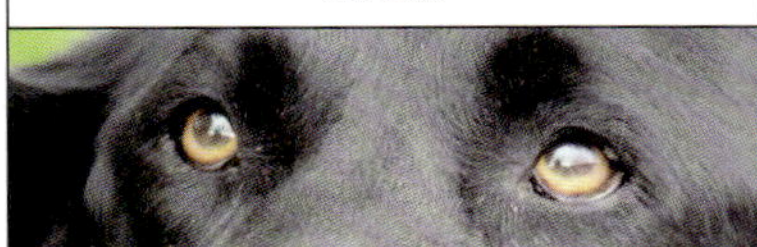	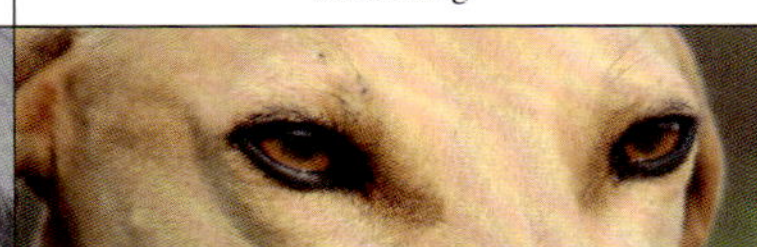	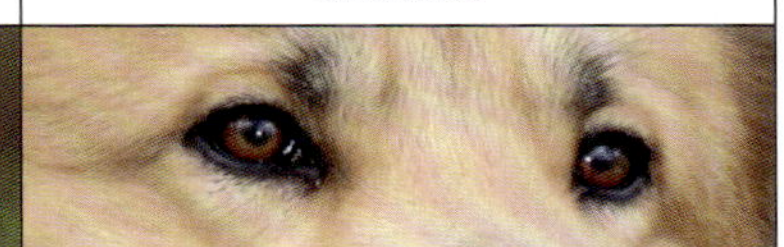
Mischling	Azawakh	Chow Chow-Mix
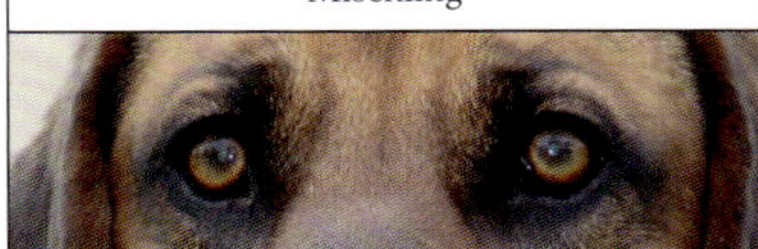	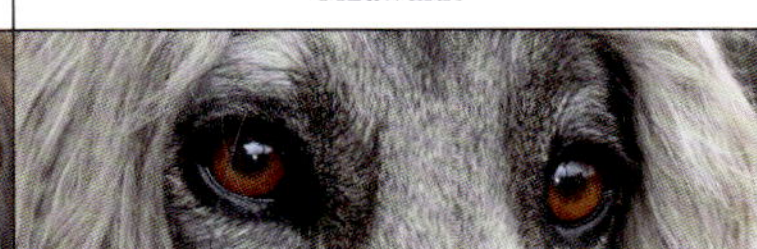	
Schweißhund	Afghane	
	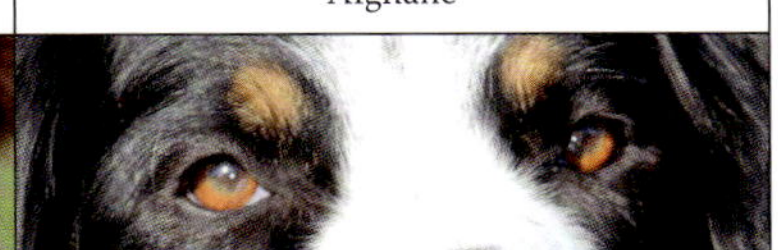	
Border Collie	Berner Sennenhund	
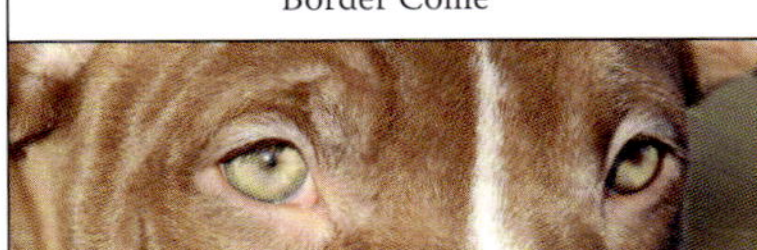		
American Staffordshire Terrier	Deutsch Kurzhaar	

	Border Collie	

Zu den wenigen Rassen mit durchgängig „blauen“ Zungen gehören der Chow Chow und der Shar Pei (junger Chow Chow).

Eurasier können rosa, blau-rosa gefleckte und blaue Zungen haben.

Chow Chow-Border Collie-Mix mit teilweise blau pigmentierter Zunge.

Einzelne Pigmentflecken auf der Zunge kommen bei vielen Rassen sporadisch vor (Europäischer Schlittenhund).

Kapitel 5: Fellfarbe und Gesundheit

Die Pigmentierung eines Hundes kann auf verschiedenen Ebenen Einfluss auf seine Gesundheit nehmen. Pigmente haben vor allem in der Haut schützende Funktionen: Sie schützen die darunter liegenden Zellschichten vor UV-Strahlung (darum intensiviert sich die Pigmentproduktion ja auch bei erhöhter UV-Licht-Exposition). Pigmente in den Haaren haben mehrere Funktionen: Sie ergänzen den UV-Schutz der Haut, sie beeinflussen die Haarqualität (Pigmente verleihen dem Haar mehr „Griff") und sie tragen durch die Bildung bestimmter Zeichnungsmuster zur innerartlichen Kommunikation und zur Tarnung bei (s. S. 21). Pigmente in der Iris schützen den Augenhintergrund vor den UV-Strahlen: je heller die Iris, desto lichtempfindlicher ist ein Hund. Eine Schicht Pigmentzellen in der Netzhaut schwärzt das Augeninnere und verhindert damit Lichtreflexionen.[91]

Viele Extremschecken haben unpigmentierte Lider, was wiederum die Empfindlichkeit für UV-Strahlung erhöht (Parson Russell Terrier).

Hautschäden durch UV-Strahlung

Fehlt die Pigmentproduktion in der Haut und den Haarfollikeln, so besteht an der ensprechenden Stelle kein oder nur ein eingeschränkter UV-Schutz. Je nachdem, wie stark behaart diese Stelle ist, kann das zu einer erhöhten Sonnenbrandgefahr führen. Besonders gefährdet sind sehr kurz bzw. dünn behaarte Bereiche wie Nasenrücken, Ohren, Leisten und der Bauch (man beachte auch das Foto auf S. 149).

Bei starker, andauernder bzw. wiederholter UV-Exposition kann es zu Solardermatitis und aktinischer Keratose kommen.

Im Extremfall kann auch ein bösartiger Tumor wie ein Plattenepithelkarzinom oder Hämangiosarkom die Folge sein.[4] Gefährdet sind sowohl Hunde mit Weißscheckung (bei diesen befinden sich keine Pigmentzellen in der Haut) als auch Albinos (diese haben zwar Pigmentzellen, können jedoch wegen eines Enzymmangels kein oder kaum Melanin synthetisieren). Auch wenn immer mal wieder empfohlen wird, unpigmentierte Hautareale präventiv tätowieren

Unpigmentierte Haut in dünn behaarten Arealen ist besonders sonnenbrandgefährdet (Englische Bulldogge).

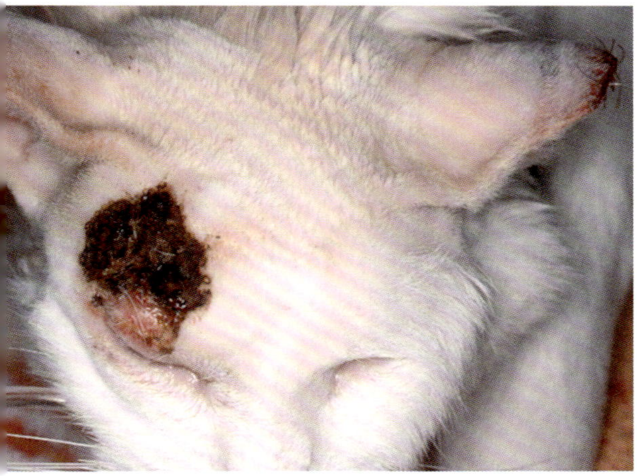
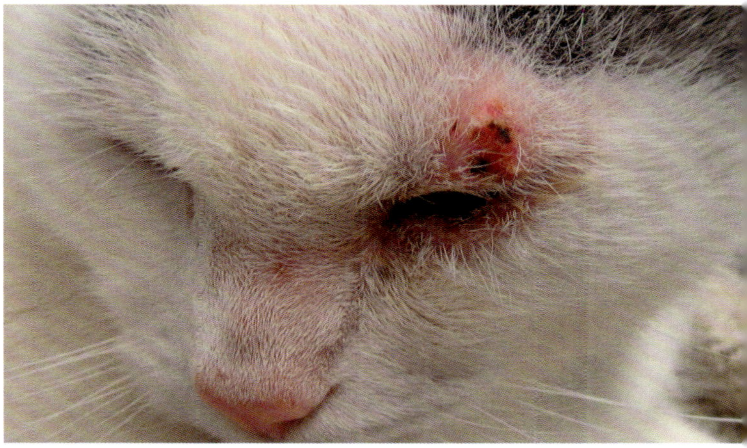

Unpigmentierte Katzen sind besonders anfällig für Plattenepithelkarzinome an den Ohrspitzen, rund um die Augen und an der Nase. (Mit freundl. Genehmigung von Prof. Ralf S. Müller, LMU München.)

zu lassen, sei an dieser Stelle darauf hingewiesen, dass dies wenig sinnvoll ist: Die Tätowierfarbe wird in tiefere Hautbereiche eingebracht, sodass die darüberliegenden Hautzellen auch nach einer Tätowierung der UV-Strahlung ausgesetzt sind.

Melanome und Melanozytome

Hierbei handelt es sich um Tumore der Pigmentzellen (Melanozyten). Als Melanozytome bezeichnet man gutartige, als Melanome bezeichnet man bösartige Pigmentzelltumore. Beide Tumorarten kommen beim Hund relativ häufig vor. Die Ursache ist noch unklar. Da es aber offensichtlich Rassedispositionen für beide Tumorarten gibt, wird eine genetische Komponente vermutet. Eine Rassedisposition für Melanozytome und Melanome wird für folgende Rassen beschrieben: Scotch Terrier, Airedale Terrier, Boston Terrier, Cocker Spaniel, Springer Spaniel, Boxer, Golden Retriever, Irish Setter, Irish Terrier, Zwergschnauzer, Dobermann, Chihuahua und Chow Chow. Für folgende Rassen scheint eine Disposition für Melanome an den Zehen zu bestehen: Schnauzer, Scotch Terrier und Irish Setter.[4] Ein Zusammenhang zwischen der Bildung von Melanozytomen oder Melanomen und der Fellfarbe/Hautfarbe ist für den Hund nicht bekannt (anders als beim Pferd, hier sind Schimmel besonders häufig von Melanozytomen betroffen).[92]

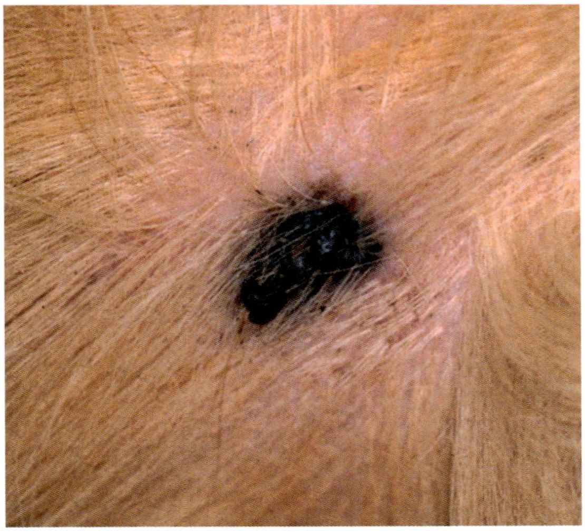

Melanom (Mit freundl. Genehmigung von Prof. Ralf S. Müller, LMU München.)

Zehenkrebs

Sogenannte Plattenepithelkarzinome (eine bösartige Tumorart bestimmter Hautzellen) an den Zehen kommen besonders häufig bei großen Rassen und schwarzen Hunden vor. Rassen mit einem erhöhten Risiko sind Riesenschnauzer, Gordon Setter, Groß- und Zwergpudel, Scotch Terrier, Labrador Retriever, Rottweiler und Dachshund.[4] In einer Studie aus dem Jahr 2013 konnte gezeigt werden, dass bei betroffenen Großpudeln vor allem schwarze Hunde betroffen waren, bei diesen wurde eine Verbindung zu einem bestimmten Gen (KITLG) gezeigt. Interessanterweise konnte dieses Gen auch bei hellen (also Genotyp e/e) Großpudeln gefunden werden, diese hatten jedoch keine Plattenepithelkarzinome. Dies könnte bedeuten, dass an der Entwicklung von Plattenepithelkarzinomen an den Zehen bei Hunden die Prozesse rund um die Einlagerung von Eumelanin in die Kralle (bzw. Haare) beteiligt sind.[93] Interessanterweise wurde im Jahr 2020 in einer Studie ein Zusammenhang zwischen dem Gen KITLG und der Pigmentintensität von Eumelanin hergestellt.[94] In einer weiteren Studie aus dem Jahr 2020 konnte gezeigt werden, dass bei dunkel pigmentierten Hunden (schwarz und black and tan) Plattenepithelkarzinome häufiger vorkommen und aggressiver wachsen als bei hellen Hunden.[95]

Schwarze Hunde bestimmter Rassen sind anfällig für die Entwicklung von Zehenkrebs (siehe Text). Der abgebildete Großpudel ist bereits 12 Jahre alt und ganz gesund.

Daher kann man zunächst annehmen, dass die genetische Veränderung zu e/e, die die Einlagerung von Eumelanin in Haare und Krallen grundsätzlich unterbindet, einen Schutzfaktor darstellt, der somit auch die Ausprägung eines Plattenepithelkazinoms verhindert. Weitere Studien zur Untersuchung der zu Grunde liegenden Prozesse müssen noch zeigen, inwieweit hier genetische Faktoren für Fellfarben auch in der Tumorgenese eine Rolle spielen.

Melanodermie und Alopezie beim Yorkshire Terrier

Melanodermie bedeutet Schwarzfärbung der Haut, Alopezie bedeutet Haarverlust. Beides zusammen kommt hauptsächlich beim Yorkshire Terrier vor und betrifft vor allem den Nasenrücken und die Ohrränder. Auch Kurzhaar- und Rauhharteckel können betroffen sein.

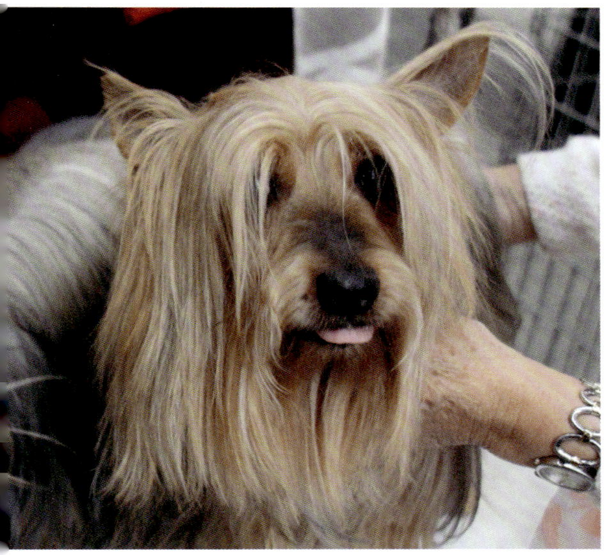

Australian Silky Terrier mit Melanodermie am Nasenrücken.

Rauhaardackel mit Melanodermie am Nasenrücken.

Meist treten die ersten Anzeichen im Alter zwischen sechs Monaten und drei Jahren auf. Diese Erkrankung wird zum Formenkreis der „Canine Pattern Alopecia“ (CPA) gerechnet. Es gibt auch eine so genannte „CPA ventral type“, die vor allem die Unterseite des Körpers (also Kehle, Brust, Bauch und die Innenseiten der Oberschenkel und die Ohrbasis) betrifft. Hier sind vor allem Rassen mit kurzem, feinem Haar betroffen.[96]

Die genetische Ursache ist nicht bekannt. Die CPA darf man nicht mit der CDA verwechseln (s. S. 234 ff.).

Galgo Español mit leichter „CPA ventral type“– nicht zu verwechseln mit CDA.

Weißscheckung und allgemeine Fitness

Inwieweit Weißscheckung sich auf die allgemeine Fitness auswirkt, ist beim Hund nicht wissenschaftlich untersucht. Es gibt lediglich anekdotische Beobachtungen, dass Hunde mit ausgedehnter Piebald-Scheckung gesundheitlich anfälliger seien als durchgehend pigmentierte Hunde. Auch bei anderen Tierarten gibt es Berichte über den Zusammenhang von Weißscheckung und Konstitution. Überliefert ist etwa folgende englische Pferdehändler-Weisheit:

„One white foot, buy him.
Two white feet, try him.
Three white feet, be on the sly.
Four white feet, pass him by."

(Frei übersetzt: *„Ein weißer Fuß, kauf ihn.*
Zwei weiße Füße, probier ihn.
Drei weiße Füße, sei auf der Hut.
Vier weiße Füße, geh an ihm vorbei.")

Bei verschiedenen Nutztierrassen soll eine begrenzte Weißscheckung mit erhöhter Produktivität (etwa Fruchtbarkeit und Milchleistung) verbunden sein, außerdem mit einem ruhigeren Temperament. Große depigmentierte Bereiche jedoch sollen mit schweren neurologischen Problemen in Verbindung stehen. So seien weiße Holstein Milchkühe (also Extremschecken) schwieriger im Umgang und nervöser als solche mit ausgedehnten Farbflecken.[5]

Über weiße Hunde (vermutlich Extremschecken) schrieb DALZIEL bereits im 19. Jhdt. in seinem Buch „British Dogs"[97]: *„White animals have not generally as strong constitutions as dark coloured ones, and are, therefore, much more liable to disease. When bred together they frequently produce „ricketty" or deaf whelps"* (freie Übersetzung: *„Weiße Tiere haben allgemein keine so starke Konstitution wie dunkle, und sind deshalb viel krankheitsanfälliger. Wenn sie miteinander verpaart werden, produzieren sie häufiger „gebrechliche"* (bzw. *„rachitische") oder taube Welpen"*).

Da es allerdings viele weitere Faktoren gibt, die auf die Fitness eines Hundes einwirken, ist es äußerst schwierig, ohne fundierte wissenschafliche Daten eine Aussage zur generellen Fitness extrem gescheckter Hunde zu treffen.

Inwieweit die Pigmentierung sogar Einfluss auf die Lebensdauer eines Hundes hat, ist nicht hinreichend erforscht, auch wenn es bereits eine erste Studie zu dem Thema gibt.[98]

Allerdings werden wichtige Faktoren wie der Inzuchtgrad der untersuchten Hunde in dieser Studie nicht berücksichtigt.

Weißscheckung und Taubheit

Anders liegt der Fall bei der Taubheit: Hierzu gibt es bereits einige wissenschaftliche Untersuchungen, und so ist es mittlerweile allgemein bekannt, dass Weißscheckung mit erblicher Taubheit vergesellschaftet sein kann, vor allem, wenn die unpigmentierten Bereiche sich auch über den Kopf (und hier vor allem den Bereich der Ohren) ausdehnen.

Der Grund: Die Reizübertragung des Gehörs ist unter anderem an das Vorhandensein bestimmter Pigmentzellen im Bereich der so genannten Stria vascularis des Innenohrs gebunden. Wird die Wanderung der Pigmentzellen während der Embryonalentwicklung durch Weißscheckungsfaktoren vorzeitig gestoppt, so können auch diese Pigmentzellen betroffen sein. Extremschecken sind weiß – entweder am ganzen Körper oder mit Ausnahme von ein oder zwei kleinen Farbplatten an Kopf und/oder Rutenansatz.

Gemäß FCI-Rassestandard wird bei einigen Rassen auf Extremscheckung selektiert, hier einige Standardauszüge (die kritischen Passagen jeweils in Fettschrift):

Dalmatiner (FCI-Standard Nr. 153)

Ohren:
(...) Sehr wichtig ist, dass die Ohren getupft sein müssen, d.h. ***die Ohren dürfen nicht ganz schwarz oder braun sein,*** *sondern schwarz oder braun getupft usw. mit Tupfen im Einklang mit der Farbvarietät auf der weißen Unterlage.*
Farbe:
Die Grundfarbe ist rein weiß. *(...) Die Tupfen dürfen nicht ineinander laufen und grössere Flecken bilden.* ***Die Flecken und Farbplatten sind unerwünscht.***
Extra aufmerksam soll die Ohrenbetupfung berücksichtigt werden.
Disqualifizierende Fehler: Monokel (schwarze Flecken an einem oder beiden Augen oder Platten anderswo.

Dogo Argentino (FCI-Standard Nr. 292, englische Fassung)
Entirely white.
Only one black or dark-coloured patch on the skull, but which can also be located on one ear or around one eye. The size of the spot must be in proportion to the size of the head, not exceeding 10% of the latter. Comparing two dogs of equal quality, the whiter should be preferred.

Bull Terrier und Miniature Bull Terrier (FCI-Standards Nr. 11 und 359)
Farbe:
Weiß bedeutet ***ein reinweißes Haarkleid.*** *Hautpigmentierung und Flecken am Kopf sind nicht zu bestrafen.*

Altenglischer Schäferhund (Old English Sheepdog, Bobtail) (FCI-Standard Nr. 16)
Augen:
Gut auseinander stehend, dunkel oder „Wall-Eyes" (Glasaugen). Zwei blaue Augen sind akzeptabel. Helle Augen sind unerwünscht. Pigmentierung der Lidränder wird bevorzugt.
Farbe:
(...) Kopf, Hals Vorderhand und Unterbauch sollten weiß, mit oder ohne Flecken sein.

Parson Russell Terrier (FCI-Standard Nr. 339)
Farbe :
Vollständig weiß oder vorwiegend weiß mit lohfarbigen, gelben oder schwarzen Abzeichen oder jede Kombinationen dieser Farben, vorzugsweise beschränkt auf den Kopf und/oder auf den Ansatz der Rute, aber ein wenig Farbe am Körper ist zulässig.

Sealyham Terrier (FCI-Standard Nr. 74)
Farbe :
Rein Weiß oder Weiß mit gelben, braunen, blauen oder dachsfarbenen Markierungen am Kopf und an den Ohren.

Pyrenäenberghund (FCI-Standard Nr. 137)
Farbe:
Weiß oder Weiß mit grauen (dachsfarbenen oder wolfsgrauen), blassgelben oder orangefarbenen (rostigen) Flecken an Kopf, Ohren und Rutenansatz, manchmal auch auf dem Körper.

Typische extremgescheckte Rassen sind also Dogo Argentino, weißer (Miniatur) Bull Terrier, Sealyham Terrier und Pyrenäenberghund.

Pyrenäenberghund mit cremefarbenem Kopffleck.

Extremschecken bzw. Hunde mit unpigmentierten Köpfen haben ein höheres Risiko für kongenitale Taubheit (Weißer Miniature Bull Terrier).

Der Bobtail nimmt insofern eine Sonderstellung ein, als dass bei ihm die Hinterhand pigmentiert sein soll, der Kopf hingegen weiß und die Augen blau sein dürfen. Auch der Dalmatiner gehört zu den Extremschecken (bei ihm kommt – ebenso wie beim English Setter und beim Australian Cattle Dog, bei denen ebenfalls Extremschecken ohne Farbplatten am Kopf vorkommen) noch ein weiteres Gen für die Tüpfelung dazu (siehe S. 155 ff.). Bei allen Rassen, bei denen auf Extremscheckung ohne Platten am Kopf selektiert wird, ist es nur langsam möglich, niedrigere Taubheitsraten zu erzielen.[99] Eliminieren kann man bei ihnen das Taubheitsrisiko (nach derzeitigem Wissensstand) nicht.

Konsequentes audiometrisches Testen der Zuchttiere scheint aber zumindest eine gewisse Reduktion der Taubheitsrate zu bewirken.[100]

In einer 2004 veröffentlichten Studie analysierte STRAIN den bis dato bekannten Wissensstand.[101] Beim Dalmatiner konnte demnach gezeigt werden, dass das Vorhandensein von „patches“ (also Farbplatten, die bereits bei Geburt sichtbar waren) negativ korreliert mit kongenitaler Taubheit waren. Blaue Augen hingegen waren positiv korreliert mit Taubheit. In einer anderen Studie von SOMMERLAD et al. aus dem Jahr 2012 konnten in Bezug auf Farbplatten entsprechende Rückschlüsse für den Australian Cattle Dog gezogen werden.[102]

Kopfplatten (die die Ohren mit umfassen) reduzieren das Taubheitsrisiko von Extremschecken (links: Australian Cattle Dog mit zwei Kopfplatten, rechts: Australian Cattle Dog ohne Kopfplatten).

Daraus lässt sich ableiten, dass extrem gescheckte Hunde mit Farbplatten ein geringeres Taubheitsrisiko besitzen als extrem gescheckte Hunde ohne Farbplatten. Blaue Augen bei extrem gescheckten Hunden hingegen stehen für ein erhöhtes Taubheitsrisiko, verglichen mit extrem gescheckten Hunden mit braunen Augen. Beim Bobtail, bei dem weiße Köpfe und blaue Augen standargerecht sind, formulierte eine bekannte amerikanische Züchterin folgendes: *„Wer auf weiße Köpfe und blaue Augen selektiert, selektiert auf Taubheit"*.

STRAIN betont die Wichtigkeit der audiometrischen Untersuchung, denn eine einseitige Taubheit ließe sich sonst oft nicht eindeutig diagnostizieren. Gelangten einseitig taube Hunde in die Zucht, würde dies zur Verbreitung von Taubheit beitragen. Auch eine aktuelle Studie aus dem Jahr 2016, in der 1060 Bull Terrier Welpen (49,15 % farbig und 50,85 % weiß mit und ohne „patches") untersucht wurden, ergab ein eindeutiges Ergebnis: 96,29 % der tauben Welpen waren weiß (mit oder ohne „patch"), und 19,29 % der weißen Welpen (mit oder ohne „patch") waren taub.[103] Als Fazit all dieser Untersuchungen mögen folgende Empfehlungen gelten: Die Zucht mit Scheckungsfaktoren sollte besonders sorgfältig erfolgen; es dürfen nur Extremschecken mit (audiometrisch getestetem) beidseits intaktem Hörvermögen zur Zucht gelangen. Extremgescheckte Welpen sollten zudem vor der Vermittlung auf ihr Hörvermögen getestet werden. Es gilt die Faustregel: Befinden sich bei der Geburt sichtbare Farbplatten im Kopfbereich, ist das Taubheitsrisiko niedriger als bei Hunden, die bei der Geburt ganz weiß sind.

Bisher konnte kein separates Gen für die mit Extremscheckung vergesellschaftete Taubheit nachgewiesen werden.

Colour Dilution Alopecia (CDA)

Der Verdünnungsfaktor d führt im reinerbigen Genotyp d/d nicht nur zu einer sehr aparten Fellfarbe (s S. 112 ff.), er kann unter Umständen auch mit der so genannten Farbmutantenalopezie vergesellschaftet sein. Synonyme Bezeichnungen dieser Erkrankung sind Colour Mutant Alopecia (CMA), Blue Dog Disease oder Blue Doberman Syndrome. Man vermutet, dass bei CDA der Transport der Melanosomen über die Dendriten in die Haare und die Keratinozyten gestört ist, sodass die Pigmentkörnchen nicht regulär ins Haar weitertransportiert werden können. In der Folge kommt es zu einer Ansammlung verklumpter „Makromelanosomen" im Haar, der Haarschaft wird überdehnt und es kommt schließlich zum Haarbruch.[4]

Die CDA tritt meist im Laufe des ersten Lebensjahres auf. Es gibt die Beobachtung, dass bei Hunden mit hellerem Grau früher (ab einem Alter von ca. sechs Monaten) Symptome auftreten als bei Hunden mit dunklerem Grau (hier kann es bis zum Alter von zwei bis drei Jahren dauern, bis Symptome auftreten). Starkes Groomen (Kämmen, Bürsten) kann den Prozess beschleunigen[4]). Es kommt zu einem zunehmenden Haarausfall (der nur die farbigen Bereiche und hauptsächlich den Rumpf betrifft; Hunde mit Weißscheckung haben voll behaarte weiße Bezirke und erkrankte farbige Bezirke); die Haut neigt außerdem zu Irritationen und kann sich in extremen Fällen stark entzünden. Es gibt keine Heilung, lediglich die Entzündungen und Hautinfektionen können mit entsprechenden Medikamenten behandelt werden.

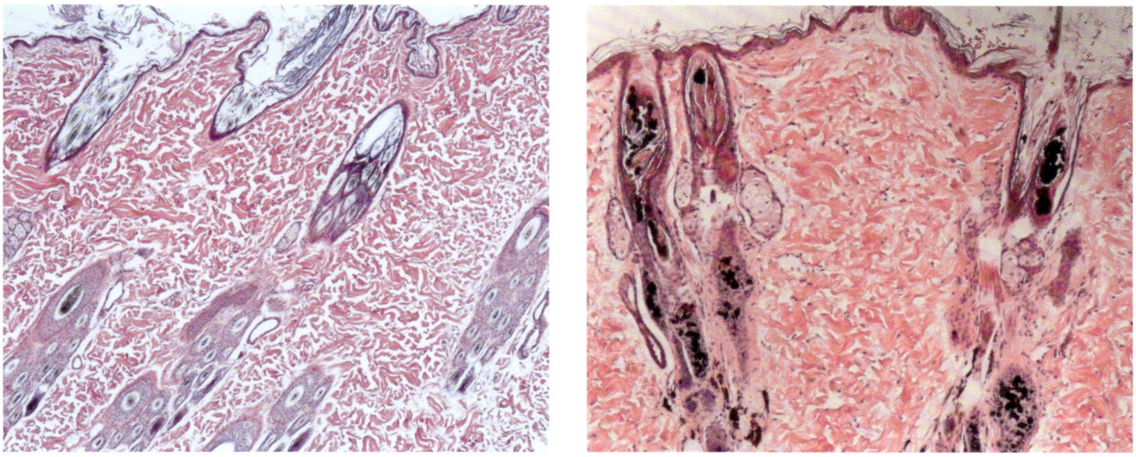

Histologische Schnitte, links: Normale Haut, rechts: CDA

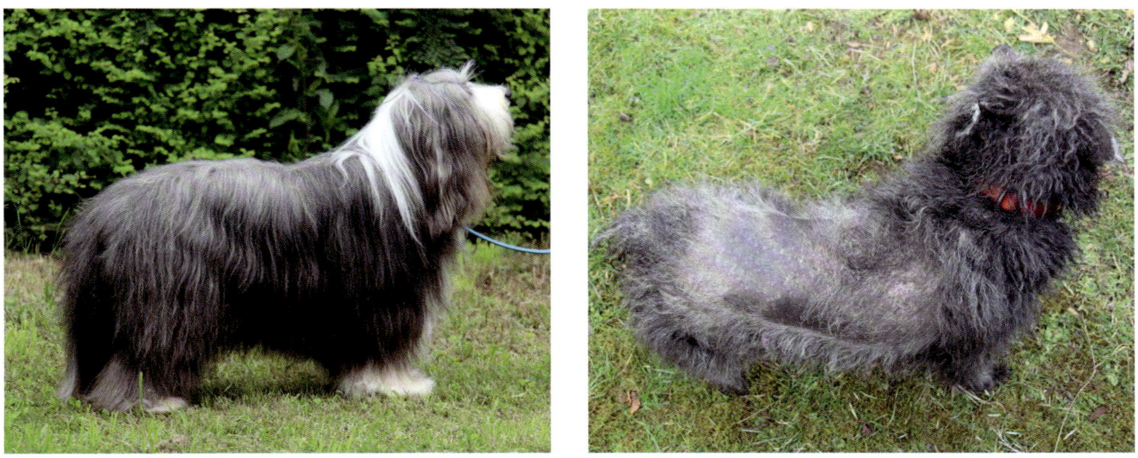

Links: Blauer Bearded Collie (keine CDA), rechts: Blauer Mischling mit CDA

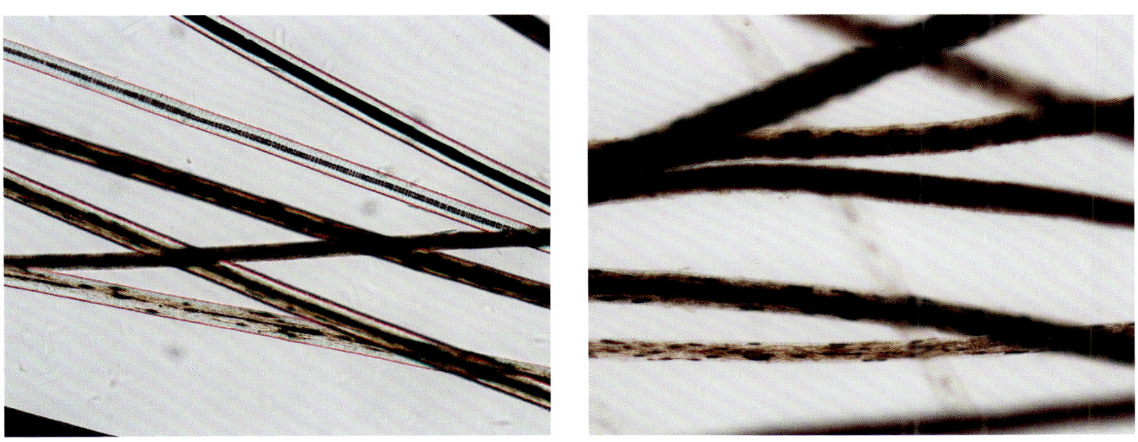

Trichogramme: Lichtmikroskopische Aufnahme der Haare bei 100-facher Vergrößerung. Die „Verklumpung" der Pigmentgranula im Haar-Cortex scheint bei Tieren, die unter CDA leiden, stärker und die Ansammlungen sind größer und unregelmäßiger. Eine Zuordnung ist jedoch nur im direkten Vergleich möglich. Links: Dilution ohne CDA, rechts: CDA

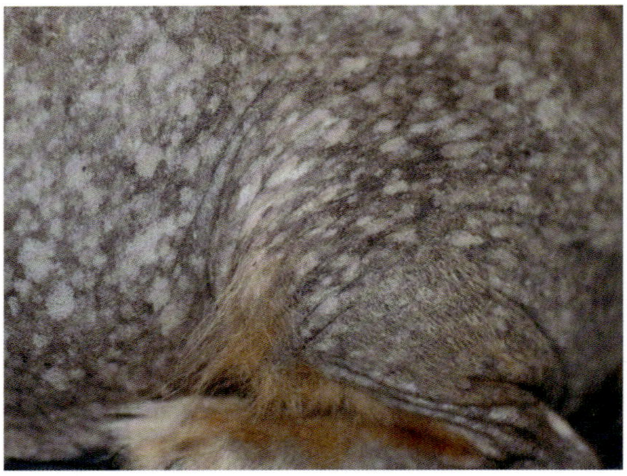

Vernarbte Haut eines Blue and Tan Mischlings mit CDA (beachte die weniger stark betroffenen Haare im Bereich der Tan-Abzeichen). Ganzkörperfoto auf S. 238 unten links.

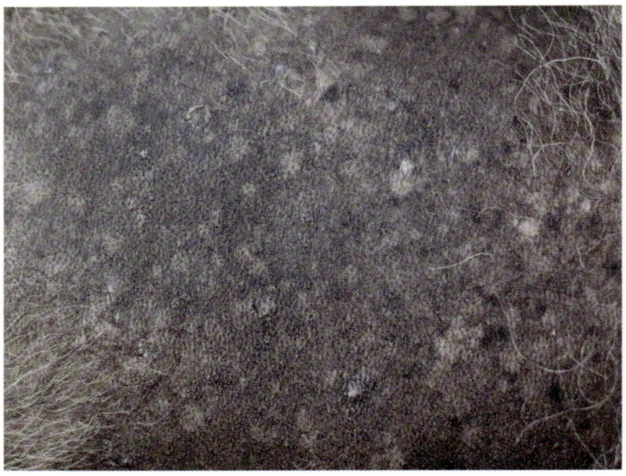

Vernarbte Haut eines blauen Mischlings mit CDA (Ganzkörperfoto auf S. 238 unten rechts).

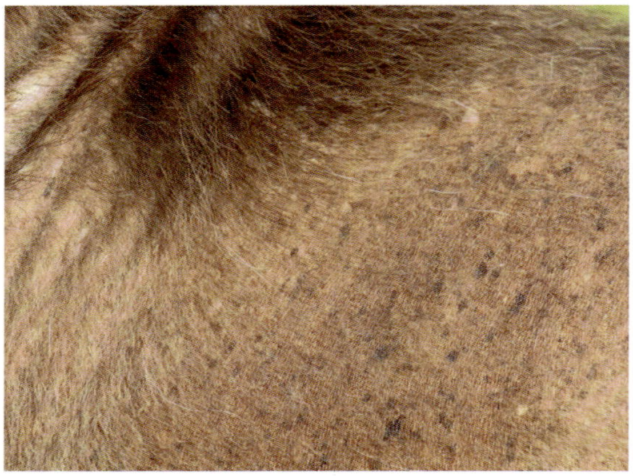

Haut eines lilac („silver") Labradors mit CDA (unten rechts ist derselbe Hund in Ganzkörperaufnahme).

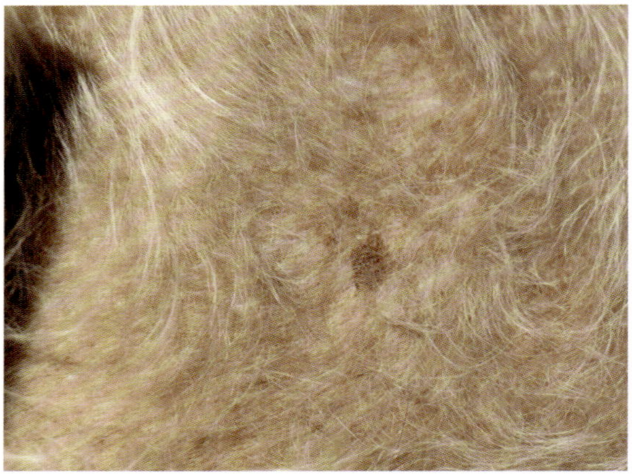

Schütteres Fell eines Slowakischen Rauhbarts. Es ist noch nicht geklärt, ob das schüttere Fell mancher Rassevertreter auf CDA oder auf den Haartyp (kaum Deckhaar) zurückgeht.

Lilac „silver Labrador" ohne CDA

Lilac „silver Labrador" mit CDA

Das Haarwachstum kann in manchen Fällen durch Melatonin wieder angeregt werden[104], eine Behandlung darf jedoch nur nach tierärztlicher Diagnose und Indikation erfolgen.

Zur Zeit läuft eine Studie an der Uni Bern, die die Ursachen der CDA näher erforschen soll. Ziel ist die Entwicklung eines Gentests. Man vermutet, dass entweder ein spezielles Allel auf dem D-Lokus existiert, der zur Ausprägung der Krankheit führt, oder dass es einen farbunabhängigen Faktor an einem anderen Genort gibt, der in Kombination mit dem Genotyp d/d zur CDA führt. Nicht jeder Hund mit der Allelkonstellation d/d leidet an CDA, aber jeder Hund mit CDA hat auch den Genotyp d/d. Da die CDA ausschließlich d/d Hunde betrifft, aber nicht jeder d/d Hund auch aus d/d Vorfahren stammt, ist es schwierig, etwas über den Erbgang zu sagen.

Es gibt Rassen, in denen die Krankheit stark verbreitet ist (aus diesem Grund wurde der blaue Farbschlag beim Dobermann aus dem FCI-Standard gestrichen).

Bei anderen Rassen tritt die CDA hingegen kaum auf, obwohl der blaue Farbschlag beliebt und verbreitet ist (etwa bei der Deutschen Dogge) oder es die Rasse sogar nur mit dem Genotyp d/d gibt (beim Weimaraner). Es wurden schon Fälle von CDA bei folgenden Rassen beschrieben: Dobermann, Dachshund, Deutsche Dogge, Whippet, Italienisches Windspiel, Chow Chow, Pudel, Yorkshire Terrier, Australian Silky Terrier, Chihuahua, Boston Terrier, Saluki, Neufundländer, Deutscher Schäferhund, Schnauzer, Shetland Sheepdog, Schipperke, Berner Sennenhund und Mischlinge.[4] Außerdem gab es schon Fälle beim Barbet. Es wurden auch Fälle bei cream Chow Chows und Irish Settern beschrieben. Das bedeutet, dass möglicherweise auch dilute Phäomelanin betroffen sein kann. Auch beim Weimaraner wurde schon eine Form Follikulärer Dysplasie beschrieben,

Blau-weißer („slate/weiß“) Border Collie mit dünn behaarten Ohrspitzen (bei noch stärkerer Ausprägung spricht man von „Lederohren“).

Im Vergleich dazu: schwarz-weißer Australian Shepherd mit dicht behaarten Ohrspitzen.

Blue and Tan Australian Kelpie mit CDA

die mit Haarausfall und Hautentzündungen am Rumpf einherging, es konnte aber nicht eindeutig nachgewiesen werden, dass es sich um CDA handelte.[105]

Bei der so genannten Black Hair Follicle Dystrophia (BHFD) handelt es sich möglicherweise um die gleiche Erkrankung, mit dem Unterschied, dass bei der BHFD eine Weißscheckung hinzukommt. Da die unpigmentierten (weißen) Areale nicht von den Krankheitssymptomen betroffen sind, kann sich das Erscheinungsbild erheblich von dem einer CDA unterscheiden. Dies ist wohl auch der Grund dafür, dass überhaupt zwischen den beiden Formen unterschieden wird. In der Literatur wird beschrieben, dass die BHFD bereits im Alter von vier Wochen beginnt.[4] Möglicherweise fallen die Symptome früher auf, weil der Unterschied zu den nicht betroffenen weißen Arealen deutlicher ins Auge fällt als bei einem einheitlich pigmentierten Hund. Mikroskopisch lässt sich kein Unterschied zwischen BHFD und CDA feststellen.

Blue and Tan Mischling mit CDA: Beachte den unveränderten Haarwuchs im Bereich des unpigmentierten (weißen) Brustflecks. Detailaufnahme der Haut auf S. 236 oben links

Blauer Mischling mit CDA (Detailaufnahme der Haut auf S. 236 oben rechts).

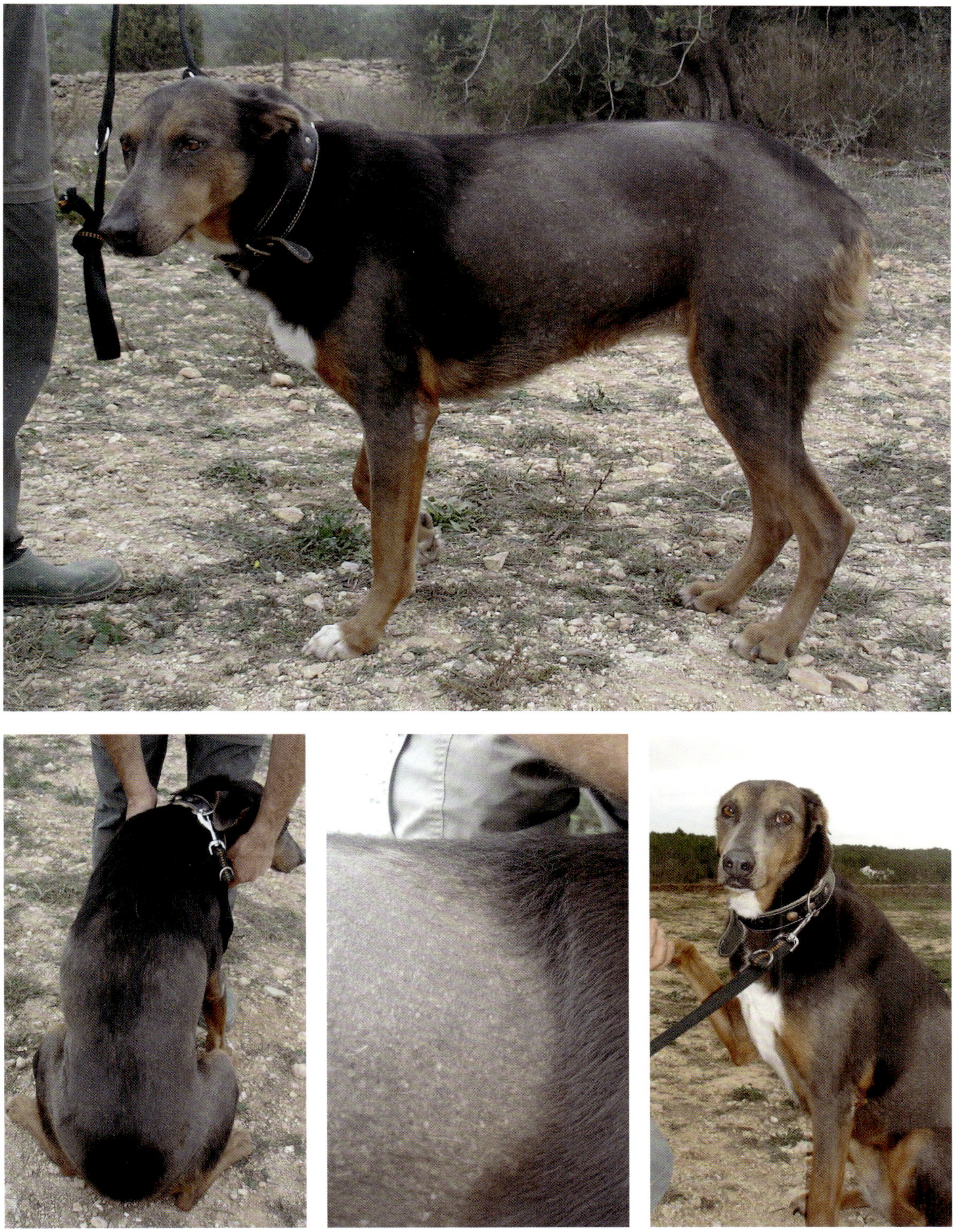

Blue and Tan Dobermann-Mischling mit CDA. Beachte den unveränderten Haarwuchs im Bereich der unpigmentierten Areale (weißer Brustfleck, Tan Abzeichen).

Nicht jeder dilute Hund mit schütterem Fell hat CDA. Im Zweifelsfall kann eine Hautbiopsie Aufschluss bringen (Slowakischer Rauhbart, Detailaufnahme S. 236 Mitte rechts).

Homozygote Merles (z. B. Genotyp M/M, Mh/Mh oder Mh/M) können schwere angeborene Missbildungen der Sinnesorgane zeigen (taube Australian Shepherd-Mix-Hündin mit Mikrophtalmie).

Weißtiger (Double Merles)

Mischerbige Merle-Hunde (z. B. Genotyp M/m) sind lebenstüchtig und leistungsfähig. Viele Arbeitshunde waren früher vor allem in Merle-Farbschlägen beliebt: So gibt es die meisten Britischen Hütehunde in Blue Merle, Australian Shepherds und weitere Treib- und Hütehunderassen aus aller Welt sind häufig merle-farben - auch der heute noch ausschließlich als Arbeitshund gezüchtete Altdeutsche Hütehund, dessen Merle-Farbschlag „Tiger" genannt wird.

Nahezu blinder Weißtiger

Nicht jeder homozygote Merle ist blind oder taub. Dieser homozygote Catahoula Leopard Dog hat außerdem auch einen recht geringen Weiß-Anteil, sodass man ihm nicht unbedingt ansieht, ob er ein homozygoter (M/M) oder heterozygoter (M/m) Merle ist.

Verpaart man zwei merle-farbene Hunde mit dem Genotyp M/m, so können die reinerbigen Weißtiger (auch Double Merles genannt, Genotyp M/M) entstehen. Dieser Genotyp kann mit teilweise gravierenden gesundheitlichen Störungen wie Taubheit, missgebildeten Augen und Blindheit verbunden sein.

Optisch erkennt man Weißtiger oft (aber nicht immer!) an der überwiegend weißen Färbung mit zerrissenen aufgehellten Flecken, die asymmetrisch über den Körper und das Gesicht verteilt sind. Die Augen sind in der Regel blau oder blau-marmoriert, der Nasenspiegel ist meist nicht vollständig pigmentiert. Es gibt aber auch Double Merles, die optisch nicht eindeutig von heterozygoten Merles (z. B. Mh/m) abgrenzbar sind.

Begleitende Varianten am MITF-Gen verstärken möglicherweise die negativen Auswirkungen des Merle-Gens.[50]

In Deutschland fällt die Zucht von Double Merles unter den § 11b Tierschutzgesetz („Qualzuchtparagraph"). So ist es gesetzeswidrig, gezielt z. B. zwei Hunde mit dem Genotyp M/m miteinander oder mit einem Hunde des Genotyps M/M zu verpaaren. Bei manchen Rassen darf innerhalb des VDH Merle nicht einmal mit Sable verpaart werden. Aus der Verpaarung von Sable mit Merle können nämlich Sable Merles entstehen, die man rein äußerlich mit einem Sable verwechseln könnte und so – unabsichtlich – wieder mit einem Blue Merle verpaaren. (siehe Fotos Sable merle S. 127, 128 und 129) Auch die Verpaarung von Merle mit rezessivem Gelb oder Rot (Genotyp e/e) ist bei manchen Zuchtvereinen nicht zulässig:

Diese Hündin hat den Genotyp M/M und ist frei von Piebald-Scheckung (N/N auf dem S-Lokus).

Weißtiger (Welsh Corgi Cardigan) als Welpe…

… und als erwachsener Hund

Die beiden Catahoula Leopard Dogs auf dem oberen und auf dem unteren Foto haben den Genotyp M/Ma (sie tragen also jeweils ein „klassisches“ und ein „atypisches“ Merle-Allel). Eine rein phänotypische Unterscheidung zum „echten“ Double Merle (z. B. Genotyp M/M) ist nicht möglich.

Hieraus könnten rezessiv gelbe/rote Hunde mit dem Genotyp M/m entstehen, die man optisch nicht eindeutig als Merle identifizieren kann. In der weiteren Zuchtverwendung kann es also zur (unbeabsichtigten) Verpaarung von Merle x Merle kommen.

Leider steht Deutschland mit dieser Zuchtlenkung ziemlich alleine da: Im europäischen Ausland und in den USA ist es immer noch gängige Zuchtpraxis, Merle mit Merle zu verpaaren. Hierdurch lässt sich der Anteil merle-farbiger Welpen erhöhen. Verpaart man nämlich einen Weißtiger mit einem non-merle Hund, so fallen nur M/m-Hunde. Bei einer Verpaarung von Merle x Non-merle entstehen laut Statistik hingegen nur 50% M/m-Hunde. In Deutschland wird das Verbot der Merle x Merle Verpaarung aber auch „umschifft“, indem man Weißtiger-Rüden aus dem Ausland zum Decken einsetzt.

Auch die Verpaarung von Ma oder Ma+ mit den längeren Allelen M und Mh kann zu tauben Welpen führen (siehe Grafik Merle-Allele auf S. 243).

Risikoeinschätzung der verschiedenen Merle-Allel-Kombinationen beim Hund

S:	safe, kein Pigment zu Weiß aufgehellt, keine gesundheitlichen Beeinträchtigungen durch Merle
LR*:	vereinzelte Fälle von Pigmentaufhellung zu Weiß bekannt, daher sind Beeinträchtigungen des Gehörsinns zum derzeitigen Stand der Wissenschaft nicht mit Sicherheit auszuschließen
LR:	low risk, Beeinträchtigungen des Gehörsinns könnten auftreten
MR:	medium risk, Beeinträchtigungen des Gehör- und Sehsinnes können auftreten
HR:	high risk, Beeinträchtigungen des Gehör- und Sehsinnes sind wahrscheinlich

	m	Mc	Mc+	Ma	Ma+	M	Mh
m	S	S	S	S	S	S	LR
Mc	S	S	S	S	S	LR*	LR
Mc+	S	S	S	S	LR	LR	MR
Ma	S	S	S	S	LR	LR	HR
Ma+	S	S	LR	LR	MR	HR	HR
M	S	LR*	LR	LR	HR	HR	HR
Mh	LR	LR	MR	HR	HR	HR	HR

Modifiziert durch Laukner, nach: Corinne Benavides (basierend auf Langevin, M., Synkova, H., Jancuskova, T., Pekova, S. (2018) Merle phenotypes in dogs – SILV SINE insertions from Mc to Mh

Albinismus

„Albinismus" (von lat. Albus, dt. weiß) wird als Oberbegriff für eine Gruppe von erblichen Krankheiten verwendet, bei denen die Bildung von Melanin gestört ist.[106] Man unterscheidet zwischen oculokutanem Albinismus (OCA, hier sind Augen und Haut sowie Haare betroffen) und okulärem Albinismus (OA, hier sind nur die Augen betroffen). Je nach Funktion und Schweregrad der jeweiligen Mutation ist die Pigmentsynthese vollkommen verhindert (die betroffenen Individuen sind dann ganz pigmentlos und haben rote Augen (die „Farbe" der Haut und Augen wird also durch die in und unter der Haut verlaufenden Blutgefäße hervorgerufen.)

Albinotischer Pekingese: Die rötlichen Verfärbungen um Nase, Augen und Schnauze stammen von Tränensekret und Speichel (siehe dazu auch S. 200 f.). Anmerkung: Abgesehen vom Albinismus sollte ein Hund mit derart verengten Nasenlöchern und verkürztem Nasenrücken keinesfalls zur Zucht eingesetzt werden.

Bei anderen Formen wird die Pigmentproduktion weniger stark eingeschränkt, es kann also ein „Rest" an Pigment vorhanden sein, der zu einer creme- bis grauweißen Haarfarbe und hellblauen Augen bis hin zu bräunlichem Fell und grün-gelblichen Augen führt. Früher klassifizierte man die verschiedenen Albinismus-Formen (beim Menschen) anhand ihrer äußeren Erscheinungsform. Ab den 1970er Jahren konnte man dann mittels eines Tyrosinas-Haarwurzeltest zwischen „Tyrosinase-positivem" OCA (mit einer Restwirkung der Tyrosinase) und „Tyrosinase-negativem" OCA (ohne jegliche Tyrosinase-Aktivität) unterscheiden. Heute geht man dazu über, die verschiedenen Formen molekulargenetisch zu klassifizieren.

Albinismus gehört zu einer der auffälligsten Farb-„Erscheinungen" beim Hund und wurde darum schon recht früh auch wissenschaftlich beschrieben. Bereits 1918 nennt WRIGHT zwei Allele: C für die volle Intensität der Pigmentierung und c für „imperfekten" Albinismus mit blassgrauem Fell, blauer Iris und roten Pupillen.[107] PEARSON und USHER (1929) nennen diesen Typ, den sie beim Pekingesen und bei Pekingesen-Spitz-Mischlingen untersuchten, „Cornaz". Sie beschrieben bei den gleichen Hunden auch vollständige Albinos, mit weißen Fell und roten Augen, welche sie „Dondos" nannten („Cornaz" bezeichnete wahrscheinlich den „Tyrosinase-positiven" Albinismus und „Dondo" den Tyrosinase-negativen" Albinismus). Ihre Beobachtungen zeigten, dass volle Ausfärbung in der Dominanzfolge über „unvollständigem" Albinismus steht sowie dieser wiederum über „vollständigem" Albinismus.[108] Aber erst 2014 gelang es, Albinismus beim Hund auch molekulargenetisch nachzuweisen.[80] Es handelt sich bei der nachgewiesenen Mutation um eine Form von oculokutanem Albinismus beim Dobermann, die das Gen SLC45a2 betrifft. Diese wird dominant-rezessiv vererbt, wobei die Mutation, wobei die Mutation rezessiv gegenüber der vollen Pigmentierung ist. Die nachgewiesene Mutation ähnelt somit der Cream-Mutation und der Pearl-Mutation beim Pferd.

Es gibt neben der Mutation beim Dobermann noch weitere Albino-Varianten beim Bullmastiff, Pekingesen, Lhasa Apso, Pomeranian, Großspitz und Dackel.[81,82,83,74] Albinismus tritt außerdem sporadisch noch bei vielen anderen Hunderassen und Mischlingen auf. Albinos sind wegen des fehlenden UV-Schutzes anfälliger für Sonnenbrand, vor allem in dünn behaarten Körperarealen (etwa auf dem Nasenrücken). Bösartige Hauttumoren können sich in der Folge entwickeln. Photophobie (Lichtempfindlichkeit) durch die fehlende Schutzwirkung von Melanin in der Iris und im Augenhintergrund ist ebenfalls ein typisches Problem albinotischer Hunde.

Es gibt keine Hunderasse, bei der Albinismus zu den von den großen offiziellen Dachverbänden (also FCI, KC, AKC etc.) anerkannten Fellfarben gehört. In den USA werden albinotische Dobermänner (außerhalb des AKC) gezüchtet und zum Teil auch nach Europa importiert. Bei diesen Dobermännern (und auch bei anderen albinotischen Hunden, die gelegentlich auftreten) sieht man recht unterschiedliche Ausprägungsgrade, vom hellgrauen Hund mit blauen Augen über cremefarbene Tiere mit milchigen Augen bis hin zu schneeweißen Hunden mit rötlichen Augen.

Eine Form von thermolabiler Tyrosinase führt zur Himalaya- oder Siamzeichnung (typisch bei Siamkatzen und Russenkaninchen). Hierbei kann in kühlen Körperregionen Pigment gebildet werden, in wärmeren Körperregionen ist die Pigmentproduktion reduziert. Geboren werden die Tiere aufgrund der warmen Umgebung im Mutterleib pigmentlos. Beim Hund gab es immer mal wieder anekdotische Berichte von „Himalaya"-Zeichnung. Im Jahr 2020 konnte eine ursächliche Variante bei einem betroffenen Dackel nachgewiesen werden.[74] Ein Zusammenhang zwischen Albinismus und Strabismus (Schielen) besteht bei der Siamkatze, außerdem liegen hier abweichende Funktionen des Sehapparates vor, die sich bis in die Sehrinde des Gehirns erstrecken.[109] Beim Hund ist nichts Näheres darüber bekannt.

Bei diesen hellbraunen Großspitzen handelt es sich um oculokutanen Albinismus der Variante OCA2.

Vitiligo

Als Vitiligo bezeichnet man eine Depigmentierung von Haut, Schleimhaut und Haaren durch eine Autoimmunreaktion des Körpers gegen seine eigenen Pigmentzellen. Diese Erkrankung beginnt meist im Bereich der Nase, der Lippen und/oder der Augenlider und breitet sich dann weiter aus, bis in extremen Fällen fast der gesamte Körper depigmentiert ist. Die Hautstruktur wird nicht verändert, Krusten und Entzündungen können aber sekundär durch Sonnenbrand etc. enstehen. Es gibt möglicherweise eine erbliche Form, die bisher beim Tervueren, beim Rottweiler und beim Old English Sheepdog (Bobtail) beschrieben wurde. Außerdem wurde schon von Fällen beim Collie, Dobermann, Riesenschnauzer, Bullmastiff, Neufundländer und Deutschen Schäferhund berichtet. Es gab auch einen Fall bei einem Dackel, der außerdem im erwachsenen Alter an Diabetes mellitus erkrankte.[4] Der Autorin ist ein Fall bei einem Kleinen Münsterländer bekannt, der an einer Fuchsbandwurm-Infektion starb. Möglicherweise wird die Entstehung von Vitiligo in manchen Fällen von einer schweren zugrunde liegenden anderen Erkrankung begünstigt. Bei vielen betroffenen Hunden der Fellfarbe Black and Tan fällt übrigens auf, dass vor allem die Eumelanin-Bereiche depigmentieren, Phäomelanin-Bereiche sind weniger stark bis gar nicht betroffen. Es gibt aber auch Fälle, in denen nur Bereiche mit Phäomelanin betroffen sind. Der Pigmentverlust kann über Monate und (seltener) über Jahre fortschreiten. Er kann bestehen bleiben, oder das Pigment kann wieder zurückkehren. Eine erfolgsversprechende Therapie gibt es derzeit nicht.[4]

Vitiligo bei einer Kleinen Münsterländer-Hündin.

Gray Collie Syndrome

Diese ausgesprochen seltene Erkrankung (auch unter der Bezeichnung Canine zyklische Neutropenie oder Canine zyklische Hämatopoese bekannt) kommt ausschließlich beim Collie vor (möglicherweise gibt oder gab es den Defekt auch in der Shetland Sheepdog-Population[110]). Es handelt sich um einen genetisch bedingten schweren Immunzelldefekt, der immer – bereits von Geburt an – mit einer Farbaufhellung der jeweiligen Fellfarbe verbunden ist (aus Tricolour wird also Grau mit aufgehellten Abzeichen, aus Blue Merle wird ein helles Silbergrau mit grauen Flecken und blassen Abzeichen, und aus Sable wird ein helles Graugelb. Die Nasenfarbe ist immer aufgehellt). Bei diesem Syndrom ist neben der Haarfarbe auch die Bildung von weißen Blutkörperchen und damit die Immunabwehr betroffen. Die Hunde sind in der Regel bereits ab der ersten Lebenswoche kleiner und schwächer als ihre Wurfgeschwister. Mit 8 bis 12 Wochen treten meist die ersten Krankheitssymptome wie Fieber, Durchfall,

Tricolour Collie mit Gray Collie Syndrome. Dieser Rüde war zum Zeitpunkt der Aufnahme bereits 10 Jahre alt – eine spektakuläre Ausnahme, denn üblicherweise überleben Hunde mit dieser Erkrankung die ersten beiden Lebensjahre nicht.

Bindehautentzündung und angeschwollene Lymphknoten auf. Manche Welpen sterben bereits kurz nach der Geburt an Nabel- oder Atemwegsinfektionen. Der Abfall der weißen Blutkörperchen tritt in Zyklen von 10-12 Tagen auf, bis zum Tod der Hunde (der ohne unterstützende Behandlung meist bereits im Alter von sechs Monaten eintritt). Selbst bei optimaler Pflege sterben die meisten Hunde vor ihrem zweiten Geburtstag an Leber- oder Nierenversagen.[4]

Allerdings ist die Erkrankung so selten, dass die meisten Colliezüchter niemals einen solchen Hund zu Gesicht bekommen werden. Beim Menschen existiert übrigens eine entsprechende Erkrankung. Deshalb ist das so seltene Gray-Collie-Syndrome auch recht gut erforscht: Die betroffenen Collies dienen der Humanmedizin als Modell. Dennoch sind der Behandlung Grenzen gesetzt: Die kranken Collies müssen zeitlebens unter nahezu keimfreien Bedingungen gehalten werden, da sie durch ihre Immunschwäche sehr schnell an schweren bakteriellen Infektionen erkranken. Die Therapie besteht unter anderem aus Bluttransfusionen, Knochenmarkstransplantationen und der Behandlung mit sogenannten „Granulozyten stimulierenden Kolonien". In der Humanmedizin sind solche Behandlungen Standard – in der Tiermedizin sind hier oft Grenzen gesetzt, teils aus praktischen, teils aus finanziellen Gründen. Interessanterweise konnte man bei zwei betroffenen Hunden, denen im Rahmen einer Studie Knochenmark gesunder Hunde transplantiert wurde, eine Normalisierung der Fellfarbe in bestimmten Körperarealen beobachten.[111] Die Krankheit vererbt sich rezessiv. Das bedeutet, dass erkrankte Tiere immer reinerbig für den Defekt sind und von beiden Eltern jeweils ein Gen für die Krankheit mitbekommen haben müssen. Da es einen kommerziellen Gentest gibt, kann man gesunde Trägertiere identifizieren. Die Empfehlung an Collie-Züchter lautet also: Ist in einer Linie diese Erkrankung aufgetreten, so empfiehlt es sich, die verwandten Tiere testen zu lassen (also die Geschwister der Erkrankten ebenso wie die Geschwister der Eltern). Den Test der Elterntiere kann man sich sparen, da man bei beiden davon ausgehen kann, dass sie Träger sind. Was die weitere Zuchtplanung angeht, so hat man zwei Möglichkeiten: Entweder nimmt man alle Trägertiere aus der Zucht oder man verpaart die Trägertiere nur mit negativ getesteten Partnern. Aus dieser Verbindung sollte man alle Nachkommen wiederum testen lassen. So bekommen auch die Trägertiere die Möglichkeit, ihre „guten" Gene weiterzugeben und so die genetische Vielfalt der Rasse zu erhalten, ohne dass man das Risiko erkrankter Nachkommen eingeht.

Nicht verwechseln darf man diese Erkrankung mit den so genannten „maltesergrauen" Collies (bei denen es sich um atypisches Merle handelt, s. S. 120 f.), mit der Dilution (s. S. 112 ff.) und mit dem vorübergehenden „fever coat" (wahrscheinlich handelt es sich hierbei um die so genannten „powder puff" Collies, s. S. 181 f.).

Congenital laryngeal Paralysis (CLP), („Wheezer")

Bei der CLP handelt es sich um eine angeborene Kehlkopflähmung, die für die betroffenen Hunde in der Regel zum Tod bzw. zur Euthanasie führt. In einer Studie aus dem Jahr 2018[112] wurde bei der Rasse Alaskan Husky ein Zusammenhang zwischen CLP und blauen Augen und/oder einer ausgedehnten Weißscheckung im Gesicht hergestellt; allerdings wurden nur 25 Tiere untersucht. Bereits seit den 1960er Jahren ist unter Züchtern CLP bei Siberian Huskies und Husky-Kreuzungshunden (also z. B. Alaskan Husky, Europäischer Schlittenhund) bekannt, betroffen sollen überwiegend Hunde mit blauen Augen und Scheckung im Kopfbereich sein.[113] Dies sei auch der Grund dafür, warum erfahrene Züchter üblicherweise keine Hunde dieser Farb-Phänotypen miteinander verpaaren. Ob es tatsächlich einen ursächlichen Zusammenhang zwischen der Depigmentierung und CLP gibt, konnte aber noch nicht wissenschaftlich geklärt werden. Zwar wäre es einerseits vorstellbar, dass im Rahmen der gemeinsamen Genese von Pigmentzellen und Nervenzellen aus der Neuralleiste ein Syndrom entstehen könnte, das sowohl die Kehlkopf-Innervierung als auch die Pigmentierung am Kopf beeinträchtigt, andererseits haben sehr viele Huskies und Husky-Kreuzungen blaue Augen, sodass eine Korrelation nicht unbedingt auch eine Kausalität bedeutet. Somit müssen weitere Forschungsergebnisse abgewartet werden, um einen Zusammenhang bestätigen oder ausschließen zu können.

Kapitel 6: Fellfarbe und Verhalten

Es wird immer wieder ein Zusammenhang zwischen der Fellfarbe eines Hundes und seinem Wesen bzw. seinem Verhalten diskutiert. Es gibt dabei zwei Ansätze:

Erstens: Rückschlüsse aufgrund von parallelen Stoffwechselschritten bei der Synthese des Pigmentes Melanin und der Hormone Adrenalin und Thyroxin.

Zweitens: Analogieschlüsse aufgrund der beobachteten Verhaltensunterschiede unterschiedlich gefärbter/gezeichneter Hunde.

Hunde mit dem Genotyp e/e haben eine Mutation am MC1-Rezeptor – die anderen MCR werden durch diese Mutation nicht beeinflusst (Golden Retriever).

Stoffwechselzusammenhänge

Die Pigmentbildung beginnt im Gehirn, und zwar im Hypophysenmittellappen des Zwischenhirns: Hier wird das MSH (Melanozyten stimulierendes Hormon, auch Melanotropin genannt) gebildet. Dieses dockt an Rezeptoren (Melanocortinrezeptoren, kurz MCR) der Pigmentzellen (Melanozyten) an. Die Rezeptoren an der Zellmembran kann man sich vorstellen wie ein Türschloss: Kommt der passende Schlüssel (in diesem Fall das MSH), so wird ein Mechanismus im Inneren der Zelle in Gang gesetzt (in diesem Fall die Eumelanin-Produktion). Pigmentzellen befinden sich sowohl in der Haut als auch in den Haarfollikeln. Die Pigmentzellen in der Haut und in den Haarfollikeln unterscheiden sich voneinander. So lässt es sich auch erklären, warum durch UV-Strahlung eine vermehrte Eumelanin-Produktion (Bräunung) angeregt wird, jedoch keine vermehrte Eumelanin-Einlagerung ins Haar. Und so lässt es sich auch erklären, warum Hunde, die kein Eumelanin ins Haar einlagern können (Genotyp e/e, z. B. Golden Retriever, siehe Seite 47 ff.), dennoch Eumelanin in der Haut bilden. Es gibt unterschiedliche Formen von MSH

Dominant gelbe und rezessiv gelbe Hunde können sich sehr ähnlich sehen – ihre Fellfarbe wird aber durch unterschiedliche Mutationen ausgelöst. Dunkle Haut haben übrigens beide Farbtypen (Kleinspitze).

(a-MSH, b-MSH, g-MSH), die jeweils andere Rezeptoren ansprechen und unterschiedliche Stoffwechselschritte auslösen. Das für die Pigmentbildung relevante MSH ist das a-MSH. Es gibt außerdem unterschiedliche Arten von Melanocortinrezeptoren. Die Melanocortinrezeptoren an den Pigmentzellen heißen MC1R. Weitere Melanocortinrezeptoren befinden sich in der Nebennierenrinde (MC2R), im Nervensystem (MC3R und MC4R) und in den Talgdrüsen und anderem Gewebe wie Gehirn, Muskeln, Lunge und Nieren (MC5R).[114] Mutationen am MC1R, die Auswirkungen auf die Fellfarbe haben, beeinflussen also nicht automatisch die Stoffwechselvorgänge in anderen Organen bzw. Drüsen, die über andere Melanocortinrezeptoren gesteuert werden.

Das Protein ASIP (s. S. 82 ff.) kann ebenfalls an den MC1R andocken und somit die Bindung von MSH blockieren. Dadurch wird die Bildung von Eumelanin abgeschwächt, es wird vermehrt Phäomelanin produziert, solange sich ASIP am Rezeptor befindet. Die ASIP-Bindung kann zeitlich begrenzt sein (das bewirkt dann z. B. die gebänderten Einzelhaare bei der Wildfärbung (s. S. 87 ff.). Die Eumelanin-Produktion kann aber auch räumlich begrenzt sein, das bewirkt dann eine unterschiedliche Verteilung von Eumelanin und Phäomelanin auf dem Hundekörper, etwa bei der Black and Tan-Zeichnung.

Ist das Signal zur Melaninproduktion an der Zellmembran gegeben, so beginnt im Inneren der Pigmentzelle die Pigmentsynthese. Ausgangsstoff dieser Pigmentproduktion ist die Aminosäure L-Tyrosin. Das kupferhaltige Enzym Tyrosinase katalysiert die Oxidation (also die Reaktion mit Sauerstoff) des L-Tyrosins zu L-Dopa. L-Dopa wird weiter zu Dopachinon oxidiert, und schließlich zu Dopachrom. Mit Hilfe zweier weiterer Enzyme (TYRP1 und TYRP2) wird schließlich Dopachrom zu Melanin umgewandelt.

Der erste Syntheseschritt (also von L-Tyrosin zu L-Dopa) verläuft analog zur Produktion des Stress-Hormons Adrenalin im Nebennierenmark. Die Adrenalin-Produktion wird durch Nervenreize oder durch Hormone ausgelöst und erfolgt – im Unterschied zur Pigmentproduktion – in Sekundenbruchteilen. Aus L-Tyrosin wird außerdem das Schilddrüsenhormon Thyroxin synthetisiert.

Diese Parallelen sind möglicherweise ein phylogenetisches Relikt aus der Zeit der gemeinsamen Vorfahren von Säugetieren, Reptilien und Amphibien, in der tatsächlich innerhalb kürzester Zeit die Hautfarbe den Erregungszustand eines Tieres anzeigte – so wie es heute beispielsweise noch beim Chamäleon der Fall ist. Beim Säugetier hat der aktuelle Erregungszustand keine Auswirkung mehr auf die Hautfarbe (die Haut sieht man ja ohnehin durch das Fell nicht mehr) und schon gar nicht auf die Fellfarbe. Änderungen der Hautfarbe erfolgen etwa durch UV-Strahlung und dauern (wie auch bei uns Menschen) Stunden. Änderungen der Haarfarbe (etwa durch Nährstoffmangel) dauern Wochen bis Monate (in Abhängigkeit vom Haarwachstum). Das Pigment wird in die Haarwurzel eingelagert und wächst sozusagen mit dem Haar mit. Ist das Pigment erst einmal im Haar, verändert es sich nicht mehr durch körperliche Einflüsse, höchstens durch äußere Einflüsse wie UV-Strahlung, Chlorwasser, Speichel etc. (s. S. 199 ff.).

Bei der Weißscheckung wird die Auswanderung der Pigmentzellen in die Haut und/oder Haarfollikel vorzeitig gestoppt (s. S. 136 ff.). In den weiß gescheckten Arealen haben die Hunde also keine Pigmentzellen, somit fehlt ihnen in den betroffenen Hautarealen auch der UV-Schutz. In ihrem Nebennierenmark haben sie dennoch Zellen, die Adrenalin produzieren, und auch in ihrer Schildrüse wird Thyroxin produziert. Zu Verhaltensunterschieden zwischen Silberfüchsen mit und ohne Weißscheckung wird oft eine Langzeitstudie aus Russland zitiert,[115] nach der es einen Zusammenhang zwischen Zahmheit und Weißscheckung bei Silberfüchsen geben soll. Allerdings ist der Begriff „Zahmheit" ethologisch nicht genau definiert. Domestizierte Tiere sind nicht automatisch zahm (das weiß jeder, der Hundewelpen erlebt hat, die ihre ersten Lebenswochen ohne Kontakt zu Menschen verbracht haben). Auch domestizierte Tiere müssen also auf Menschen sozialisiert werden, um Menschen gegenüber ein zutrauliches und nicht ängstliches Verhalten zu zeigen. Es gibt keine ethologische Definition des Begriffes „Zahmheit".[116] Doch zurück zur Fuchsstudie: Im Rahmen dieser Studie wurden auf russischen Pelzfarmen gezielt Füchse für die Weiterzucht ausgewählt, die besonders zahm waren (als „zahm" wurden unter anderem folgende Verhaltensmerkmale definiert: Verringerte Fluchtdistanz, verringerte Aktivität, schnelle Gewöhnung an neue Umgebungen, keine Überreaktion auf neue Reize). In jeder neuen Generation wurden wiederum die besonders zahmen Exemplare ausgewählt. Schon bald machten sich bei den zahmen Tieren auch verschiedene äußerliche Veränderungen bemerkbar, etwa Schlappohren, Ringelruten und Weißscheckung. Weißscheckung (Piebaldismus) ist bei allen domestizierten Säugetierarten weit verbreitet. Auch bei Wildtieren tritt ab und zu Piebaldismus auf, scheint aber einen Nachteil unter dem natürlichen Selektionsdruck darzustellen. Sowohl Jäger als auch Gejagte werden mit Weißscheckung leichter von „Gegner" gesehen und haben somit einen Überlebensnachteil. Unter menschlicher Obhut stellt die Weißscheckung hingegen (je nach den Selektionskriterien) keinen Nachteil dar und kann sich so unter domestizierten Tieren stärker ausbreiten als unter Wildtieren. Ob nun bei den Silberfüchsen aus der besagten Studie ein direkter Zusammenhang zwischen Zahmheit und Weißscheckung besteht, oder ob beides zufällig nebeneinander auftrat, ist nicht mit Sicherheit zu sagen. Die Ausgangspopulation für das Zucht-Experiment bestand aus einer begrenzten Anzahl von Tieren (100 Fähen und 30 Rüden), sodass man einen gewissen „Flaschenhalseffekt" ebenfalls berücksichtigen muss (in dieser Population waren möglicherweise schon mehr Scheckungsgene vorhanden als in der Wildpopulation). Normalerweise werden Silberfüchse in Pelztierfarmen auf ihre Pelzqualität selektiert (allenfalls noch auf eine nicht allzu hohe Stressanfälligkeit, um ein vorzeitiges stressbedingtes Ableben zu vermeiden). Weiß gescheckte Pelze sind wahrscheinlich weniger erwünscht, es wird also ein weiß gescheckter Fuchs von Pelztierzüchtern eher nicht zur Weiterzucht verwendet. Somit ist nicht zu sagen, inwieweit sich Weißscheckung auch unter scheuen Silberfüchsen vermehrt zeigen wür-

Albinismus kann über die erhöhte Lichtempfindlichkeit unter Umständen zu anderem Verhalten (im Vergleich zu Nicht-Albinos) führen (Pekingese).

de, wenn man sie nicht aussortierte. Und umgekehrt gibt es auch zahme Silberfüchse ohne Weißscheckung. Oder anders gesagt: In manchen Varietäten/Rassen einer domestizierten Art (also auch beim Hund) gibt es Weißscheckung, in anderen nicht.[117] Es gibt wildfarbene Hunderassen, die genauso „zahm“ sind wie anders gefärbte Rassen. Weißscheckung tritt also nicht zwingend im Lauf der Domestikation auf und ein „Domestikations-Syndrom“[118] lässt sich nicht ohne Weiteres nachweisen.[117,119] Die Rückschlüsse aus dem „Farm Fox Experiment“ werden in einer 2020 veröffentlichten Studie angezweifelt.[119]

Bei Albinismus (also fehlender oder verminderter Tyrosinase-Aktivität, siehe S. 243 ff.) wird kaum oder gar kein Pigment produziert. Albinos haben zwar Pigmentzellen, in diesen kann aber kein Melanin produziert werden. Albinotischen Hunden fehlt also der UV-Schutz in der Haut, was zu einer erhöhten Hautkrebsneigung vor allem in dünn behaarten Körperbereichen (z. B. auf dem Nasenrücken) führen kann. Die Augen sind zumindest bei Albinos höherer Schweregrade kaum bis gar nicht pigmentiert, was zu einer erhöhten Lichtempfindlichkeit führt. Das Verhalten von albinotischen Tieren kann also – vor allem bei starker Lichtexposition – durchaus vom Verhalten normal pigmentierter Tiere abweichen. Dies ist jedoch eine sekundäre Verhaltensabweichung. Das heißt, sie wird nicht unmittelbar durch den Pigmentmangel, sondern durch die dadurch bedingte Lichtempfindlichkeit ausgelöst.

Auch Albinos produzieren übrigens Adrenalin: In den Melanozyten wird nämlich Tyrosinase (Monopherol-Monooxygenase) benötigt, um Tyrosin zu L-Dopa umzuwandeln. In den Zellen der Nebenniere, die Adrenalin produzieren, wird hingegen Tyrosin-Hydroxylase (Tyrosin-3-Monooxygenase) verwendet, um aus Tyrosin das L-Dopa zu synthetisieren.[120] Dieser feine Unterschied mag auch als Argument dienen, warum ein direkter Zusammenhang zwischen Fellfarbe und Temperament nicht ohne weiteres herzuleiten ist.

Verhaltensbeobachtungen

Wenden wir uns nun den unterschiedlichen Berichten über Verhaltensbeobachtungen unterschiedlich gefärbter Hunde zu. Es handelt sich fast ausschließlich um anekdotische Berichte von Hundezüchtern und -besitzern. Einige wenige wissenschaftliche Veröffentlichungen sind zum Thema bekannt, so etwa eine australische Studie, in der 55 Labrador Retriever untersucht wurden, die in Hinterhöfen („backyards“) gehalten wurden.[121] Unter den 55 Labradoren waren 28 schwarze, 20 gelbe und 8 braune Hunde. Von den gelben Hunden waren 55 % trainiert, von den schwarzen waren es 64% und von den braunen 50%. Das Ziel dieser Studie war, die Wirkung dieser Haltungsform auf das Verhalten der Hunde zu untersuchen. Ein Schluss, den die Autoren dieser Studie aus ihren Beobachtungen zogen, war, dass die gelben Labradore besonders viel Zeit mit „Problemverhalten“ verbrachten (insbesondere wenn sie untrainiert waren). Es wurde die Schlussfolgerung gezogen, dass gelbe Hunde (im Vergleich zu schwarzen oder braunen Hunden) möglicherweise genetisch prädisponiert seien, eine besonders starke Bindung zu ihren Besitzern einzugehen. Daher seien sie ängstlicher, wenn sie isoliert gehalten würden (und würden dann auch mehr Dinge zerkauen).

In diesem Zusammenhang führen die Autoren auch die roten Cocker Spaniel an, die häufiger Aggression zeigen würden als schwarze Cocker. Die Relation von aggressivem Verhalten und der Fellfarben beim English Cocker Spa-

Werden Hunde vorrangig auf „Modefarben" selektiert, so kann dies über verschiedene Faktoren dazu führen, dass solche Hunde Verhaltensauffälligkeiten entwickeln (Französische Bulldoggen in Sable, Lilac and Tan und Blue and Tan).

niel wurde im Rahmen einer anderen Studie untersucht,[122] mit dem Ergebnis, dass einfarbig rote Cocker mehr aggressives Verhalten zeigten als einfarbig schwarze. Die schwarzen wiederum zeigten mehr aggressives Verhalten als gescheckte Cocker.

Beide Studien gehen jedoch nicht auf zwei in diesem Zusammenhang sehr wichtige Faktoren ein: Die Bedeutung der Zuchtwahl innerhalb bestimmter Rassen und den Einfluss von Moden auf die Beliebtheit bestimmter Farbschläge innerhalb einer Rasse. So waren rote Cocker Spaniel zu Beginn der Reinzucht eher selten, verbreitet waren bei der ursprünglich rein jagdlich genutzten Rasse eher die dunklen Fellfarben. Vor allem nach dem Walt Disney-Film „Susi und Strolch" (Erscheinungsjahr: 1955) stieg die Beliebtheit roter Cocker Spaniel sprunghaft an. Daraus resultierte eine vermehrte Zucht roter Cocker, bei denen offenbar zwei ungünstige Faktoren zusammenkamen. Der erste Faktor tritt immer dann auf, wenn eine Rasse bzw. ein Farbschlag schnell in Mode kommt: Vermehrer „springen auf den Zug auf" und produzieren viele Welpen dieser Farbe, und zwar mit möglichst wenig Einsatz (sprich: mangelnder Sozialisierung), um die Gewinnspanne möglichst groß zu halten. Dies traf sicher auch für viele rote Cocker zu, die in den 1960er und 1970er Jahren vermehrt wurden. Der zweite Faktor ist der Zuchteinsatz nur weniger Deckrüden, von denen vor allem ein Hund eine möglicherweise genetisch bedingte oder zumindest genetisch begünstigte Verhaltens-Auffälligkeit, das so genannte „Rage-Syndrom" („Cockerwut") aufwies. Eine genetische Veranlagung (verstärkt durch den „Popular Sire Effekt") in Kombination mit schlechter Sozialisierung kann dazu führen, dass in einer bestimmten Population (in dem Fall unter roten Cockern) Verhaltensauffälligkeiten häufiger auftreten. In Deutschland wurden zu diesem Zeitpunkt bereits die einfarbigen Cocker getrennt von den mehrfarbigen (Schecken und Schimmel) gezüchtet, sodass die genetische Komponente keinen Eingang in die Mehrfarbigen-Population finden konnte.[13]

Verhaltensauffälligkeiten im Sinne eines „Rage-Syndroms“ (das man heute den Zwangsstörungen zuordnet) findet man übrigens auch bei vielen anderen Rassen (und anderer Farben als roten Hunden). Tritt eine solche - genetisch zumindest begünstigte – Wesensauffälligkeit in einer Rasse auf, in der die Farbschläge getrennt gezüchtet werden, so ist die Wahrscheinlichkeit natürlich groß, dass sich die Auffälligkeit nur innerhalb dieses Farbschlages ausbreitet. In dem Fall ist dann die Versuchung groß, eine ursächliche Verbindung zwischen der Fellfar-

Beim Deutsch Kurzhaar (DK) werden seit jeher braune pigmentierte Hunde gezüchtet und jagdlich geführt. Wesensunterschiede zwischen braun und schwarz pigmentierten DK sind keine bekannt (siehe Text).

Aussagekräftige Studien zur Erforschung eines Zusammenhanges zwischen der Fellfarbe und dem Verhalten von Hunden sind fast unmöglich: Man müsste eine große Zahl Welpen, die sich nur in der Farbe unterscheiden, unter identischen Umweltbedingungen aufziehen und beobachten.

Wesensmerkmale sind durchaus genetisch „programmiert“ – eine Kopplung an Farbgene bzw. ein biochemischer Zusammenhang mit bestimmten Fellfarben konnte aber bislang nicht nachgewiesen werden.

be und der Auffälligkeit zu sehen – auch wenn es eine solche überhaupt nicht gibt. In diesem Zusammenhang sei noch darauf hingewiesen, dass Cocker Spaniel gemäß FCI-Standard ein fröhliches, sanftes und anhängliches Wesen haben. Dies ist auch erklärtes Zuchtziel seriöser Züchter – ganz unabhängig vom Farbschlag.

Aktuell sind vor allem blaue, lilac und chocolate (braune) Hunde in Mode. Es häufen sich mittlerweile die anekdotischen Berichte (etwa von Hundetrainern), dass Hunde dieser Farben besonders nervös seien. Hier lässt sich ein ähnliches Muster wie schon in den 1970er Jahren beim roten Cocker beobachten: Manche Welpeninteressenten fragen besonders die „modischen" Farbschläge nach (die übrigens bei manchen Rassen laut FCI-Rassestandards gar nicht anerkannt sind) und suchen einen Welpen gezielt nach dieser Farbe aus. Auch in Rassen, in denen die „Modefarbe" vom FCI-Standard abgedeckt wird, aber erst in letzter Zeit aufgrund der vermehrten Nachfrage häufiger gezüchtet wird (etwa Braun beim Border Collie, Dackel, Deutschen Jagdterrier etc.) kann man unter Umständen ähnliche Beobachtungen machen. Um aber abzuschätzen, ob braune Hunde tatsächlich nervöser sind als schwarze, sollte man Rassen betrachten, in denen der braune Farbschlag schon seit längerer Zeit verbreitet ist und in denen die Farbe kein vorrangiges Selektionskriterium ist, wie etwa den Deutsch Kurzhaar. Hier sind keine Verhaltens-Unterschiede zwischen braunen und schwarzen Hunden bekannt (schriftl. Mitteilung VÖLKER-ENGLER 2016).

Viele seriöse Züchter vergeben ihre Welpen nicht (nur) nach der Fellfarbe, sondern entscheiden je nach den Wesenszügen, welcher Welpe zu welchem Interessenten passt (dies setzt allerdings eine gewisse Erfahrung des Züchters voraus). Im Gegenzug dazu beinhaltet die ausschließliche Auswahl eines Hundes nach der Fellfarbe schon ein gewisses Risiko, dass Hund und Halter nicht optimal zueinander passen werden. Außerdem kann es sein, dass ein Hund, der nur nach seiner Farbe angeschafft wird, eher dekorative Zwecke erfüllen soll, als ein Hund, bei dessen Auswahl sein Wesen als Auswahlkriterium an erster Stelle steht. Welpenkäufern, die ihren Hund nur nach farblichen Merkmalen auswählen, sei unterstellt, dass ihre Prioritäten weniger bei der Hundeerziehung und bei der adäquaten Auslastung ihrer Hunde

Gelbe Hunde haben eine anziehendere und freundlichere Wirkung auf das „Augentier" Mensch als schwarze Hunde (Labrador Retriever).

Man neigt unwillkürlich dazu, schwarze Hunde als gefährlicher einzuschätzen als helle Hunde (Hovawarte).

liegen. Somit wären Verhaltensauffälligkeiten bei Hunden in „Modefarben" zu erklären, ohne dass ein ursächlicher Zusammenhang zwischen der Farbe selbst und dem Verhalten des Hundes bemüht werden muss.

Immer wenn bestimmten Farbschlägen bestimmte Wesensmerkmale zugeschrieben werden, sollte man also auch die Zuchtgeschichte dieser Farbe innerhalb der Rasse beleuchten. In diesem Zusammenhang sei nochmal auf die australische Studie mit den Labradoren verwiesen: Der Labrador Retriever war ursprünglich ein reiner Jagdhund, und wurde als dieser fast ausschließlich in schwarz gezüchtet. Erst als der Labrador sich zunehmend auch als Familienhund etablierte, wurde der gelbe Farbschlag populär.[15] Diese Entwicklungen wurden in der Studie nicht berücksichtigt, ebensowenig wurde beleuchtet, welche Selektionskriterien in den Zwingern, aus denen die Hunde stammten, verfolgt wurden.

Eine seriöse Studie zur Untersuchung von Fellfarbe und Verhalten beim Hund ist eigentlich kaum machbar: Man müsste eine große Zahl an Würfen unterschiedlicher Farben untersuchen, die alle unter identischen Bedingungen gezüchtet und aufwachsen sind. Dies ist praktisch nicht möglich, denn jeder Hund macht unterschiedliche Erfahrungen, die dann wieder in seine Verhaltensentwicklung einfließen.

Auch die Breite und Symmetrie einer weißen Blesse beeinflusst, wie ein Hund auf uns wirkt.

Symmetrische, breite Blessen lassen einen Hund auf das menschliche Auge „gefälliger" wirken.

In diesem Zusammenhang sei auch noch darauf verwiesen, wie unterschiedlich Menschen auf Hunde verschiedener Farben zugehen. Dies beobachten vor allem Züchter und Besitzer, die gleichrassige Hunde unterschiedlicher Farbschläge halten (etwa schwarze und blonde Hovawarts, schwarze und fauve Briards oder schwarze und gelbe Labradore).

Während sich Passanten einem hellen Hund unbefangener nähern, halten sie zu einem dunklen Hund eher Abstand (siehe auch Black Dog Syndrome, siehe Seite 21). Auch dies kann sich auf die Verhaltensentwicklung eines Hundes auswirken. Ein anderes Beispiel sind weiße Blessen: Hunde mit breiter weißer Blesse wirken freundlicher als Hunde ohne oder mit schmaler Blesse, die Menschen gehen unbefangener auf Hunde mit breiter Blesse zu, was sich wiederum auf die Verhaltensentwicklung der so gezeichneten Hunde auswirken kann.[123]

(Siehe Fotos auf Seite 146 f.)

Kapitel 7: Testablauf und Laboruntersuchung in der Praxis

Da der Genotyp jedes Tieres unveränderlich ist, kann ein Gentest unabhängig vom Alter oder vom Gesundheitszustand des Tieres durchgeführt werden. Damit können auch Jungtiere praktisch ab der Geburt getestet werden. Als Probenmaterial für einen genetischen Test auf die Fellfarbanlage eignet sich prinzipiell jedes Untersuchungsmaterial, das kernhaltige Zellen und somit DNA enthält. Gängige Probenmaterialien für genetische Untersuchungen beim Tier sind Blut, Backenabstriche sowie Haare mit Haarwurzel. Beim Hund haben sich EDTA-Blut sowie Backenabstriche für die Durchführung von Gentests besonders bewährt.

Blut

EDTA-Blut ist aufgrund der großen isolierbaren DNA-Menge das optimal geeignete Probenmaterial für DNA-Tests. Andere Gerinnungshemmer, besonders Lithium-Heparin oder Citrat, können bei einem Gentest störend wirken und sind daher nicht zu empfehlen. Gänzlich ungeeignet für einen Gentest ist zellfreies Serum, da die für die DNA-Extraktion notwendigen zellkernhaltigen Leukozyten fehlen. In sehr seltenen Fällen können transportbedingte Einflüsse oder extremer Stress bei der Probenentnahme dazu führen, dass eine Probe nicht analysiert werden kann. Der Anteil nicht auswertbarer Blutproben liegt jedoch bei unter 1%. Die Blutprobe muss von einem Tierarzt entnommen werden, der auch die Identität des Tieres kontrolliert und dokumentiert.

Backenabstriche

Backenabstriche, die missverständlich auch Speichelproben genannt werden, aber Zellmaterial der Mundschleimhaut enthalten müssen, sind ein für Gentests gut geeignetes Probenmaterial. Voraussetzung ist die korrekte Abnahme unter Einhaltung von einigen Grundregeln, wie sie unten aufgeführt sind.

Die aus Schleimhautabstrichen isolierbare DNA-Menge ist im Vergleich zu der aus Blutproben gering. Es gelingt daher nicht immer aus einem Backenabstrich in ausreichendem Maße DNA-Material zu isolieren. In Abhängigkeit von den jeweiligen DNA-Tests und der Labormethode ist der Anteil der Backenabstrichproben, bei denen aufgrund mangelnder Qualität des Abstrichs kein Testergebnis erzielt werden kann, unterschiedlich hoch, aber immer höher als bei Blut. Zur Minimierung der Ausfallsquote sind folgende Regeln zu beachten:

Um Verunreinigung des Abstrichs mit Fremd-DNA zu vermeiden, sollte das Tier etwa 1-2 Stunden vor der Entnahme des Abstrichs nichts gefressen haben bzw. nicht gesäugt worden sein.

Bei der Entnahme des Abstrichs sollte an der Backeninnenseite kräftig gebürstet werden, um eine ausreichende Anzahl von Zellen der Mundschleimhaut mit dem Tupfer aufzunehmen. Speichel allein genügt in der Regel nicht für den Test.

Um Wachstum von Bakterien und Schimmelpilzen mit daraus resultierendem DNA-Abbau zu verhindern, sollten die Bürsten bzw. Tupfer nach der Entnahme 2-4 Stunden an der Luft getrocknet werden. Eine ausreichende Trocknung kann erfolgen, wenn die Tupfer in das Transportröhrchen gegeben werden, der Verschluss der Röhrchen aber erst nach einer Wartezeit von zwei bis vier Stunden erfolgt.

Auch bei der Entnahme eines Backenabstrichs ist es wichtig, dass eine eindeutige Kennzeichnung der Probe erfolgt (z. B. Name des Tieres,

Geburtsdatum oder Chip- Nummer). Eine sorgfältige Identifikation des Tieres sowie die korrekte Eintragung aller Daten in die Begleitformulare und das Beifügen einer Kopie des Stammbaums sind wichtige Beiträge zur Qualitätssicherung.

Testmethoden

Im Labor wird aus dem Untersuchungsmaterial zunächst die Nukleinsäure – in der Regel genomische DNA – isoliert. Im nächsten Schritt wird mittels der Polymerasekettenreaktion (kurz: PCR) ein Abschnitt des für die Untersuchung relevanten Gens millionenfach vervielfältigt, sodass dieser Abschnitt analysiert werden kann.

Der sogenannte TaqMan® SNP Genotyping Assay stellt eine schnelle und effiziente Analysemethode dar und wird heute, wenn technisch möglich, vielfach angewendet, weil die Mutationsanalyse direkt während der PCR erfolgen kann. Der Einsatz dieser Methode ist beschränkt auf bestimmte Mutationen (SNPs, kurze Deletionen und Insertionen). Zudem müssen diese Mutationen in unverwechselbaren Genabschnitten lokalisiert sein. Ausgehend von einem mittels PCR vervielfältigtem DNA-Abschnitt kann eine Mutationsanalyse auch durch Direktsequenzierung nach der Methode von Sanger (auch Kettenabbruch-Synthese genannt) erfolgen. Diese Methode wird angewandt, wenn beispielsweise aufgrund der Mutation ein TaqMan® SNP Genotyping Assay nicht möglich ist.

Vom Gen zum Protein

Hierbei wird zunächst die genetische Information, die in Form des genetischen Codes in der DNA festgeschrieben ist, in RNA (Ribonukleinsäure) umgeschrieben. Diesen Schritt nennt man Transkription. Anschließend wird die Basenabfolge der RNA in Aminosäuren übersetzt. Diesen Schritt nennt man Translation. Abschließend werden die hergestellten Aminosäuren in der entsprechenden Reihenfolge zu einem Protein verknüpft.

Schlusswort

„Is the dog wearing the coat, or is the coat wearing the dog?“

Zitat Richard Beauchamp (aus dem Buch: “Solving the mysteries of Breed Type”)

Gratulation! Sie haben sich durchgearbeitet ... wir hoffen, dass die Lektüre dieses Buches Ihnen einen guten Überblick über die verschiedenen Facetten der Farbgenetik beim Hund bieten konnte. Manche Abschnitte werden Sie vielleicht noch ein paarmal aufschlagen, um bestimmte Themen zu vertiefen oder wieder in Erinnerung zu bringen. Wenn Sie das Gefühl haben, sich im „Dschungel“ der Fellfarben nun etwas besser auszukennen, dann freut uns das sehr. Und wenn Sie nun außerdem noch das Handwerkszeug haben, Hunde zu züchten, die sich „pudelwohl“ in ihrem Fell fühlen, dann hat dieses Buch seinen Zweck mehr als erfüllt. Lassen Sie uns – bei aller Begeisterung für die Farbgenetik – eines nie vergessen: Ein guter Hund hat keine Farbe!

Danksagung

Ich (Anna Laukner) kann leider nicht all die lieben Menschen namentlich aufführen, die Anteil an der Entstehung dieses Buches hatten. Dazu gehören viele, viele Hundebesitzer und -züchter, die uns DNA- und Haarproben ihrer Hunde zur Verfügung stellten, die mich ihre Hunde fotografieren ließen, die uns Fotos ihrer Hunde zur Verfügung stellten, die mir in vielen intensiven Gesprächen und Mails wertvolle Informationen zukommen ließen, Textpassagen gegenlasen und die mit großem Interesse Anteil am Fortschreiten des Buchprojektes nahmen. Stellvertretend möchte ich ein paar Namen nennen: Meine liebe Freundin und Kollegin Katja Herrschke, die mir viele der abgebildeten vierbeinigen Modelle vermittelte und mir ihren Hundeplatz als Kulisse zur Verfügung stellte. Herrn Burkhard Seibel, der mich an seinem großen Erfahrungsschatz und Expertenwissen in Sachen Hundezucht teilhaben ließ. Meine liebe Kollegin Xenia Katzurke vom Tierheim Berlin, die es mir ermöglichte, auch viele Mischlinge mit interessanten Fellfarben zu fotografieren (ich hoffe, alle Modelle haben mittlerweile einen guten Platz gefunden!). Frau Eva-Maria Krämer und Frau Eva Holderegger-Walser stellten uns großzügig Fotos aus ihren Archiven zur Verfügung, vielen Dank dafür! Dem Labor Laboklin danke ich für die tolle Kooperation bei der Untersuchung von Haar- und DNA-Proben. Kay Pieper, Petra Weiler, Ulrike Spieker, Bianka Titus-Langer, Anita Kirsch, Anke Boysen, Reni und Gerolf Bonow, stellvertretend für all die vielen, vielen „Hundeleute“, denen ich Input, Fotomodelle, Fotos und Proben verdanke. Last but not least danke ich dem Kynos Verlag, dass er diesem „Nischenthema“ eine Chance gab (meine Gedanken gehen an dieser Stelle an die Verlagsgründer Dr. Dieter und Helga Fleig, die mich bereits vor 28 Jahren in meiner Begeisterung für Hunde, Tiermedizin und das Schreiben bestärkten und unterstützten). Und auch nicht vergessen möchte ich meine geliebte Familie, die viele Monate lang immer wieder zurückstecken musste, wenn ich am Schreibtisch saß oder mal wieder in Deutschland unterwegs war, um Hunde für das Buch zu fotografieren.

Über die Autoren

Dr. med. vet. Anna Laukner ist Tierärztin und Autorin. Ihr Spezialgebiet sind die Fellfarben beim Hund, deren Vererbung und gesundheitliche Bedeutung. Bereits vor 30 Jahren veröffentlichte sie ihren ersten Artikel zu diesem Thema, über 170 weitere folgten bisher. Ihre Promotion im Jahr 1996 handelte ebenfalls von den Fellfarben beim Hund. Seitdem wurden viele neue Erkenntnisse über die Farbgenetik gewonnen, weshalb sich Anna kontinuierlich und mit größtem Interesse auf diesem Gebiet weiterbildet.

Dr. rer. Nat. Christoph Beitzinger ist promovierter Molekularbiologe und seit 2012 bei LABOKLIN in der Fachabteilung für Genetik tätig. Zu seinem Spezialgebiet der Erbkrankheiten und Fellfarben bei Hunden und Katzen berät er täglich Tierärzte, Züchter und Tierbesitzer zu genetischen Befunden und fachlichen Fragestellungen rund um das Thema Genetik. In enger Kooperation mit Forschungseinrichtungen im In- und Ausland werden dabei auch neue Tests entwickelt und außergewöhnliche Fragestellungen wissenschaftlich diskutiert.

Dr. rer. Nat. Petra Kühnlein ist Diplom-Biologin mit Schwerpunkt Molekularbiologie. Sie ist seit 1996 beim Labor LABOKLIN in Bad Kissingen tätig. Dort hat sie die Abteilung für Molekularbiologie mit den Bereichen Erbkrankheiten, Fellfarb- und Fellstrukturanalyse, Infektionserregerdiagnostik, DNA-Profil sowie deren Anwendungsgebieten Rassezuordnung, Identitätsnachweis, Vaterschafts- und Abstammungsgutachten aufgebaut, die sie seither leitet. Dank eigener Forschung und Vernetzung mit internationalen Forschungseinrichtungen und Universitäten wird hier eine breit gefächerte und innovative molekulare Diagnostik bei verschiedensten Tierarten einer internationalen Klientel von Tierärzten, Züchtern und Tierbesitzern offeriert.

Literaturverzeichnis

1) Promberger, C., in: Gansloßer, U. (s. 75)

2) Anderson, T. M.. et al. (2009) "Molecular and Evolutionary History of Melanism in North American Gray Wolves", in: Science, Vol. 323, Issue 5919, S. 1339-1343.

3) Mecklenburg, L., Linek, M. und Tobin D. J..: Hair Loss Disorders in Domestic Animals. Wiley-Blackwell, Ames, 2009.

4) Miller, W., Griffin, C. und Campbell, K.: Muller and Kirk´s Small Animal Dermatology. Elsevier, St. Louis, 2013.

5) Grandin, T. et al.: Genetics and the Behaviour of Domestic Animals. Academic Press, London, 2014.

6) Wikipedia, URL: https://de.wikipedia.org/wiki/5,6-Dihydroxyindol-2-carbonsäure-Oxidase (aufgerufen am 09.05.2021)

7) Siebel, K.: Analyse genetischer Varianten von Loci für die Fellfarbe und ihre Beziehungen zum Farbphänotyp und zu quantitativen Leistungsmerkmalen beim Schwein, Diss. med. vet., FU Berlin, 2002.

8) Zerbst, M. und Kafka, W.: Seemanns Lexikon der Symbole. Seemann Verlag, Leipzig, 2010.

9) Wimmer, O.: Kennzeichen und Attribute der Heiligen. Tyrolia, Innsbruck, 2008.

10) Schumacher, Y.: Tiermythen und Fabeltiere. Edition Amalia, Bern, 2001.

11) Cohen, H.-Y. und Horton-Bussey, C., "Black-White", in: Dogs Today, Februar 2007, 6-15.

12) Black pearl dogs, URL: http://www.blackpearldogs.com/ (aufgerufen am 09.05.2021)

13) Laukner, A.: Die Fellfarbe beim Hund: Literaturstudie und Zuchtbuchauswertungen, Diss. med. vet., München, 1997.

14) Bede Maxwell, C.: The truth about Sporting Dogs. Howell Book House, New York, 1972.

15) Laukner, A., „Fellfarbe beim Retriever", in: Breeder Special, Heft 4, 2013, 4-17

16) Sims, D. E. und Dawydiak, O.: Livestock protection dogs. OTR, Centreville, 1990.

17) Working Spaniels, URL: http://www.working-cocker.de/?page_id=258 (aufgerufen am 09.05.2021)

18) Goodall, C. and Gasow, J.: The New Complete English Springer Spaniel. Howell Book House, New York, 1987.

19) The Golden Retriever Club of Canada, URL: http://grcc.net/ (aufgerufen am 09.05.2021)

20) Sommerfeld-Stur, I.: Rassehundezucht. Müller-Rüschlikon, Stuttgart, 2016.

21) Laukner, A. (2006) „Fellfarben – Fehlfarben Teil 1", in: Schweizer Hundemagazin 9, 21-28

22) Laukner, A. (2007) „Fellfarben – Fehlfarben Teil 2", in: Schweizer Hundemagazin 1, 33-37

23) Laukner, A., „Die Fellfarbe beim Deutschen Spitz I", in: Schweizer Hundemagazin 8, 2011, 28-31.

24) Laukner, A., „Die Fellfarbe beim Deutschen Spitz II", in: Schweizer Hundemagazin 9, 2011, 32-36.

25) Laukner, A., „Die Fellfarbe beim Deutschen Spitz III", in: Schweizer Hundemagazin 1, 2012, 22-26.

26) Laukner, A., „Die Fellfarbe beim Deutschen Spitz IV“, Schweizer Hundemagazin 2, 2012, 40-42.

27) Denis, B.: Die Haarfarben des Hundes. Eigenverlag des Österreichischen Kynologenverbandes, Wien, 1990.

28) Dürig N., Letko A., Lepori V., Hadji Rasouliha S., Loechel R., Kehl A., Hytönen M.K., Lohi H., Mauri N., Dietrich J., Wiedmer M., Drögemüller M., Jagannathan V., Schmutz S.M., Leeb T. (2018) “Two MC1R loss-of-function alleles in cream-coloured Australian Cattle Dogs and white Huskies”. Anim Genet. Aug;49(4):284-290. doi: 10.1111/age.12660. Epub 2018 Jun 22. PMID: 29932470.

29) Schmutz, S. M. und Dreger, D. L. (2010) „A new mutation in MC1R explains a coat colour phenotype in 2 „old“ breeds: Saluki and Afghan Hound”, in: Journal of Heredity, Vol. 101, Issue 5, 644-649, DOI:10.1093/jhered/esq061

30) Laukner, A. (2018) „Das Zobel-Gen beim Barsoi“, Unsere Windhunde 06, 112-117.

31) Anderson, H., Honkanen, L., Ruotanen, P. et al. (2020) „Comprehensive genetic testing combined with citizen science reveals a recently characterized ancient MC1R mutation associated with partial recessive red phenotypes in dog”. Canine Genet Epidemiol 7, 16. https://doi.org/10.1186/s40575-020-00095-7.

32) Pschyrembel, W. und Dornblüth, O.: Pschyrembel Klinisches Wörterbuch. De Gruyter, Berlin, 261. Auflage, 2007.

33) Bannasch, D. L., Kaelin, C. B., Letko, A., Loechel, R., Hug, P., Jagannathan, V., Henkel, J., Roosje, P., Hytönen, M. K., Lohi, H., Arumilli, M., DoGA consortium, Minor, K. M, Mickelson, J. R., Drögemüller, C., Barsh, G. S., Leeb, T. (2020) “Dog color patterns explained by modular promoters of ancient canid origin”. bioRxiv 2020.12.21.423812; doi: https://doi.org/10.1101/2020.12.21.423812 (preprint 2020).

34) Öffentliches Wissenschaftsportal Epigenome, URL: http://www.epigenome.eu/de/2,48,1016 (aufgerufen am 09.05.2021)

35) Hertie-Institut für klinische Hirnforschung, URL: http://www.eipad.uni-tuebingen.de/hintergrund3.html (aufgerufen am 09.05.2021)

36) Laukner, A. (2020) „Eine neu entdeckte “alte” Farbe: Domino alias Pied beim Beagle“, Beagle Brief 2, 76-79.

37) Schmutz S.M., Berryere T.G., Goldfinch A.D. (2002) “TYRP1 and MC1R genotypes and their effects on coat color in dogs”, in: Mamm Genome. Jul;13(7):380-7. doi: 10.1007/s00335-001-2147-2. PMID: 12140685.

38) Von Stephanitz, M.: Der Deutsche Schäferhund in Wort und Bild. SV-Verlag, München, 1923.

39) Schneider, H.-K., „Die Farben beim Dt.-Pinscher und dem Zwergpinscher“, in: Pinscher und Schnauzer, Februar 2016, 13-14.

40.) Kiener, S., Kehl, A., Loechel, R., Langbein-Detsch, I., Müller, E., Bannasch, D., Jagannathan, V., Leeb, T. (2020) “Novel Brown Coat Color (Cocoa) in French Bulldogs Results from a Nonsense Variant in HPS3”. Genes (Basel). 2020 Jun 9;11(6):636. doi: 10.3390/genes11060636. PMID: 32526956; PMCID: PMC7349258.

41) Phillip, U. et al. (2005) “Polymorphisms within the canine MLPH gene are associated with dilute coat color in dogs”, in: BMC Genetics, Volume 6, S. 34, DOI: 10.1186/1471-2156-6-34.

42) Bauer, A., Kehl, A., Jagannathan, V. and Leeb, T. (2018), “A novel MLPH variant in dogs with coat colour dilution”. Anim Genet, 49: 94-97. https://doi.org/10.1111/age.12632.

43) Van Buren, S.L.; Minor, K.M.; Grahn, R.A.; Mickelson, J.R.; Grahn, J.C.; Malvick, J.; Colangelo, J.R.; Mueller, E.; Kuehnlein, P.; Kehl, A. (2020) “A Third MLPH Variant Causing Coat Color Dilution in Dogs“. Genes 2020, 11, 639. https://doi.org/10.3390/genes11060639

44) Langevin, M., Synkova, H., Jancuskova, T., Pekova, S. (2018) “Merle phenotypes in dogs – SILV SINE insertions from Mc to Mh”, PLoS ONE 13(9): e0198536. https://doi.org/10.1371/journal.pone.0198536.

45) Varga, L. et al. (2020) "Being Merle: The Molecular Genetic Background of the Canine Merle Mutation", Genes 2020, 11, 660; doi:10.3390/genes11060660.

46) Strain, G. M. et al., "Prevalence of Deafness in Dogs Heterozygous or Homozygous for the Merle Allele" (2009): Journal of Veterinary Internal Medicine, Vol. 23, Issue 2, 282-286, DOI: 10.1111/j.1939-1676.2008.0257.x.

47) Langevin, M.: Catahoula Coat Colour Genetics – Painting the Canvas. E-book, Eigenverlag, 2016.

48) Sponenberg, D. P. und Lamoreux, M. L. (1985) "Inheritance of tweed, a modification of merle, in Australian shepherd dogs" Journal of Heredity, Vol. 76, 303-304. DOI: https://doi.org/10.1093/oxfordjournals.jhered.a110097.

49) Clark, L. A. et al. (2011) "A missense mutation in the 20S proteasome β2 subunit of Great Danes having harlequin coat patterning", Genomics, Vol. 97, Issue 4, 244–248.

50) Stritzel, S. et al. (2009) „Multiple Augenmissbildungen bei drei Hütehunden mit homozygoter Merle-Mutation. Mutationsanalyse des SILV-Gens und Assoziationsstudie mittels MITF-assoziierten Markern", Tierärztliche Praxis, Vol. 4, 229-238.

51) Johnston, S. D., Root Kustritz, M. V. und Olson, P. N. S.: Canine and Feline Theriogenology, W. B. Saunders, Philadelphia, 2001.

52) Bartels, T. et al.: Gutachten zur Auslegung von §11b des Tierschutzgesetzes (Verbot von Qualzüchtungen). Eigenverlag Bundesministerium für Ernährung, Landwirtschaft und Forsten, 1999.

53) Allen, J. (1914) "Pattern development in mammals and birds". Anm. Nat. 48, 385-412.

54) Pape, H. (1990) "Inheritance of the piebald spotting pattern and its variation in Holstein-Fresian cattle and Landseer-Newfoundland dogs", Genetica 80, 115-128.

55) Schmutz, S. M., Berryere, T. G. und Dreger, D. L. (2009) "MITF and White Spotting in Dogs: A Population Study", in: Journal of Heredity,Vol. 100, Supplement 1, S66–S74, DOI: https://doi.org/10.1093/jhered/esp029.

56) Kathman, L.: The Equine Tapestry. Blackberry Lane Press, Charlotte, 2014.

57) Pro Dalmatian e.V., URL: http://pro-dalmatian.de/index.php/de/infobereich/fell-und-farbvarianten (aufgerufen am 09.05.2021)

58) https://www.genetics.unibe.ch/research/documents_dogs/white_head_in_whippets/index_eng.html (zuletzt aufgerufen am 25.01.2021).

59) https://canine-whitehead-research.webnode.com (zuletzt aufgerufen am 25.01.2021)

60) Wong, A. K. et al. (2013) "A de novo mutation in KIT causes white spotting in a subpopulation of German Shepherd dogs", in: Animal Genetics, Vol. 44, Issue 3, 305-310, DOI: 10.1111/age.12006.

61) Gerding, W. M., A., Denis A. und Epplen, J. T. (2013) „Spotted Weimaraner dog due to de novo KIT mutation", in: Animal Genetics, Vol. 44, Issue 5, 605-606, DOI: 10.1111/age.12056.

62) Jude, R., Reißmann, M. (2020) „Vererbung und Charakteristik der Pferdefarben: Weißzeichnungen", Pferdespiegel 2020; 23: 116-123.

63) Holderegger-Walser, E.: Australian Cattle Dogs. Eigenverlag (2., überarbeitete Auflage), 2007.

64) Brancalion L, Haase B, Mazrier H, Willet CE, Lindblad-Toh K, Lingaas F, Wade CM. Roan, ticked and clear coat patterns in the canine are associated with three haplotypes near usherin on CFA38. Anim Genet. 2021 Apr;52(2):198-207. doi: 10.1111/age.13040. Epub 2021 Feb 4. PMID: 33539602; PMCID: PMC7986734.

65) Kawakami T, Jensen MK, Slavney A, Deane PE, Milano A, Raghavan V, Ford B, Chu ET, Sams AJ, Boyko AR. R-locus for roaned coat is associated with a tandem duplication in an intronic region of USH2A in dogs and also contributes to Dalmatian spotting. PLoS One. 2021 Mar 23;16(3):e0248233. doi: 10.1371/journal.pone.0248233. PMID: 33755696; PMCID: PMC7987146.

66) Bannasch, D. et al. (2008) „Mutations in the SLC2A9 Gene Cause Hyperuricosuria and Hyperuricemia in the Dog", in: PLoS Genetics (11), http://dx.doi.org/10.1371/journal.pgen.1000246.

67) Clark, R. D. und Stainer, J. R.: Medical & Genetic Aspects of Purebred Dogs. Forum Publ., Fairway, 1994.

68) Schaible, R. H., (1976) "Linkage of a pigmentary trait with a high level of uric acid and excretion in the Dalmatian dog", Genetics, Vol. 83 Suppl. No. 3, S. S68.

69) The Dalmatian Heritage Projekt, URL: http://www.dalmatianheritage.com/ (aufgerufen am 09.05.2021)

70) Laukner, A. (2016) „Fellfarbgenetik beim Deutschen Jagdterrier", in: Nachrichtenblatt 3 des Deutschen Jagdterrier-Clubs, 11-13.

71) Sappo, A. (2010) "What´s What ... Silver-Beige, Café-au-Lait, Blue, Gray, etc.", in: Poodle Variety April-May, 12-14.

72) Dolz, R.: Kynos Trimm- und Pflegefibel. Kynos Verlag, Mürlenbach, 2007.

73) Vanderlip, S.: The Collie: A Veterinary Reference for the Professional Breeder. Eigenverlag, 1984.

74) Bychkova, E., Viktorovskaya, O., Filippova, E., Eliseeva, Z., Barabanova, L., Sotskaya, M., Markov, A. (2020) "Identification of a candidate genetic variant for the Himalayan color pattern in dogs". Gene. 2021 Feb 15; 769:145212. doi: 10.1016/j.gene.2020.145212. Epub 2020 Oct 8. PMID: 33039541

75) Ganslоßer, U. und Sillero-Zubiri, C. (Hrsg.): Wilde Hunde. Filander, Fürth, 2006.

76) Tjebbies, K. und Wriedt, C. (1927) "The Albinofactor in the Samoyed dog", in: Hereditas, Vol. 10, 165-168

77) Robinson, R.: Genetics for Dog Breeders. Butterworth-Heinemann, Oxford, 2. Aufl., 1989.

78) Schmutz, S. M. und Berryere, T. G. (2007) "The Genetics of Cream Coat Colour in Dogs", in: Journal of Heredity, Vol. 98, Issue 5, 544-548, DOI: 10.1093/jhered/esm018.

79) Hédan, B., Cadieu, E., Botherel, N., Dufaure de Citres, C., Letko, A., Rimbault, M., Drögemüller, C., Jagannathan, V., Derrien, T., Schmutz, S., Leeb, T., & André, C. (2019). „Identification of a Missense Variant in MFSD12 Involved in Dilution of Phaeomelanin Leading to White or Cream Coat Color in Dogs". Genes, 10(5), 386. https://doi.org/10.3390/genes10050386

80) Winkler, P. A. et al. (2014) "A Partial Gene Deletion of SLC45A2 Causes Oculocutaneous Albinism in Doberman Pinscher Dogs", in: PLoS One, DOI: 10.1371/journal.pone.0092127.

81) Wijesena H.R., Schmutz S.M. (2015) "A Missense Mutation in SLC45A2 Is Associated with Albinism in Several Small Long Haired Dog Breeds." in: J Hered. May-Jun; 106(3):285-8. doi: 10.1093/jhered/esv008. Epub 2015 Mar 19. PMID: 25790827

82) Caduff M., Bauer A., Jagannathan V., Leeb T. (2017) "OCA2 splice site variant in German Spitz dogs with oculocutaneous albinism". PLoS ONE 12 (10): e0185944. https://doi.org/10.1371/journal. pone.0185944

83) Caduff, M., Bauer, A., Jagannathan, V., Leeb, T. (2017) "A single base deletion in the SLC45A2 gene in a Bullmastiff with oculocutaneous albinism", in: Anim Genet. Oct;48(5):619-621. doi: 10.1111/age.12582. Epub 2017 Jul 24. PMID: 28737247.

84) Morris, J. G., Yu, S. und Rogers, Q. R., (2001) "Effect of low levels of dietary tyrosine on the hair colour of cats", in: Journal of Small Animal Practice, Vol. 42, Issue 4, 176-180.

85) Morris, J. G., Yu, S. und Rogers, Q. R., (2002) "Red hair in black cats is reversed by addition of tyrosine to the diet", in: The Journal of Nutrition, Vol. 132, no. 6, 1646S-1648S

86) Kamphues, J. (Hrsg.): Supplemente zur Tierernährung. M. & H. Schaper Verlag, Hannover, 2014.

87) Dahme, E. und Weiss, E.: Grundriss der speziellen pathologischen Anatomie der Haustiere. Enke Verlag, Stuttgart, 2006.

88) Nicholas, F. W.: Introduction to veterinary genetics. Blackwell, Oxford, 2003.

89) Dreger D. L. und Schmutz, S. M., (2012) "A case of canine chimerism diagnosed using coat color tests", in: Molecular and Cellular Probes, Vol. 26, Issue 6, DOI: 10.1016/j.mcp.2012.03.004.

90) Deane-Coe, P.E., Chu, E.T., Slavney, A., Boyko, A.R., Sams, A.J. (2018) "Direct-to-consumer DNA testing of 6,000 dogs reveals 98.6-kb duplication associated with blue eyes and heterochromia in Siberian Huskies". PLoS Genet 14(10): e1007648. https://doi.org/10.1371/journal.pgen.1007648.

91) Von Engelhardt, W. und Breves, G.: Physiologie der Haustiere. Enke, Stuttgart, 2005.

92) Reißmann, M.: Die Farben der Pferde. Cadmos, Brunsbeck, 2009.

93) Karyadi, D. M. et al. (2013) "A Copy Number Variant at the KITLG Locus Likely Confers Risk for Canine Squamous Cell Carcinoma of the Digit", in: PLOS Genetics, DOI: 10.1371/journal.pgen.1003409.

94) Weich, K.; Affolter, V.; York, D.; Rebhun, R.; Grahn, R.; Kallenberg, A.; Bannasch, D. (2020) "Pigment Intensity in Dogs is Associated with a Copy Number Variant Upstream of KITLG". Genes 2020, 11, 75. https://doi.org/10.3390/genes11010075.

95) Cerezo-Echevarria, A.; Grassinger, J.M.; Beitzinger, C.; Klopfleisch, R.; Aupperle-Lellbach, H. (2021) Evaluating the Histologic Grade of Digital Squamous Cell Carcinomas in Dogs with Dark and Light Haircoat— A Comparative Study of the Invasive Front and Tumor Cell Budding Systems. Vet. Sci. 2021, 8, 3. https://doi.org/10.3390/vetsci8010003.

96) Paradis, M. in: Mecklenburg, Lars (s. 3) S. 165.

97) Dalziel, H.: British Dogs, um 1880. Reprint: Lightning Source.

98) Korec E., Chalupa O., Hančl M., Korcová J., Bydžovská M. (2017) "Longevity of Cane Corso Italiano dog breed and its relationship with hair colour". Open Vet J.;7(2):170-173. doi: 10.4314/ovj.v7i2.15. Epub 2017 Jun 13. PMID: 28652985; PMCID: PMC5475242.

99) Strain, G. M. (2015) "The genetics of deafness in domestic animals", in: Frontiers in Veterinary Science, Vol. 2, Issue 29, DOI: 10.3389/fvets.2015.00029.

100) Lewis, T., Freeman, J., De Risio, L. (2020) "Decline in prevalence of congenital sensorineural deafness in Dalmatian dogs in the United Kingdom". J Vet Intern Med. 2020; 34: 1524–1531. https://doi.org/10.1111/jvim.15776.

101) Strain, G. M. (2004) "Deafness prevalence and pigmentation and gender associations in dog breeds at risk", in: The Veterinary Journal, Vol. 167, Issue 1, 23-32.

102) Sommerlad, S. F. et al. (2012) "Prevalence of congenital hereditary sensorineural deafness in Australian Cattle Dogs and associations with coat characteristics and sex", in: BMC Veterinary Research, Vol. 8, DOI: 10.1186/1746-6148-8-202.

103) De Risio, L., Freeman, J. und Lewis, T. (2016) "Prevalence, heritability and genetic correlations of congenital sensorineural deafness and coat pigmentation phenotype in the English bull terrier", in: BMC Veterinary Research, 12:146, DOI: 10.1186/s12917-016-0777-6.

104) Laukner, A. (2021) „Gesundheitsrelevante Fellfarben beim Hund, Teil 2“. Kleintiermedizin 7: 48 f.

105) Laffort-Dassot, C., Beco, L. und Carlotti, D. N. (2002) “Follicular dysplasia in five Weimaraners”, in: Veterinary Dermatology, Vol. 13, Issue 5, 253–260, DOI: 10.1046/j.1365-3164.2002.00302.x.

106) Lipka, A.: Albinismus: Mutationssuche im TRP-1-Gen, Diss. med., Lübeck, 2004.

107) Wright, S. (1918) “Colour inheritance in Mammals, IX. The dog“, in: Journal of Heredity, Vol. 9, 87-90.

108) Pearson, K. und Usher, H. C., (1929) “Albinism in dogs”, in: Biometrica, Vol. 21, 144-163.

109) Kaas J. H. (2005) “Serendipity and the Siamese Cat: The Discovery That Genes for Coat and Eye Pigment Affect the Brain”, ILAR Journal, Volume 46, Issue 4, 357–363, https://doi.org/10.1093/ilar.46.4.357.

110) Hostetter, K.: The Shetland Sheepdog Pedigree Book. The Shetland Sheepdog Library, Louisville, 1993.

111) Yang, T.-J., (1978) “Recovery of Hair Coat Color in Gray Collie (Cyclic Neutropenia) – Normal Bone Marrow Transplant Chimeras”, in: American Journal of Pathology, Vol. 91, 149-153

112) von Pfeil, D. J. F., Zellner, E., Fritz, M. C., Langohr, I., Griffitts, C., Stanley, B. J. (2018) “Congenital laryngeal paralysis in Alaskan Huskies: 25 cases (2009–2014)”. Journal of the American Veterinary Medical Association 253:8, 1057-1065.

113) O'Brien, J. A. and Hendriks, J. (1986) “Inherited laryngeal paralysis. Analysis in the Husky Cross, Veterinary Quarterly”, 8:4, 301-302, DOI: 10.1080/01652176.1986.9694059.

114) Switonski, M., Mankowska, M. und Salamon, S., (2013) “Family of melanocortin receptor (MCR) genes in mammals – mutations, polymorphisms and phenotypic effects”, in: Journal of Applied Genetics, Vol. 54, 461-472, DOI 10.1007/s13353-013-0163-z.

115) Belyaev, D. K. et al. (1984) “Domestication in the silver fox (Vulpes fulvus desm.) changes in physiological boundaries of the sensitive period of primary socialization”, in: Applied Animal Behaviour Science 13, 359-370.

116) Miklósi, A.: Dog Behaviour, Evolution, and Cognition. Oxford University Press, Oxford, 2015.

117) Sanchez-Villagra, M. R., Geiger, M. und Schneider, R. A. (2016) “The taming of the neural crest: a developmental perspective on the origins of morphological covariation in domesticated mammals”, in: Royal Society Open Science, DOI: 10.1098/rsos.160107.

118) Wilkins, A. S., Wrangham, R. W., Fitch, W. T.. (2014) The “Domestication Syndrome” in Mammals: A Unified Explanation Based on Neural Crest Cell Behavior and Genetics. Genetics, Vol. 197, 795–808.

119) Lord, K. A. et al. (2019) „The History of Farm Foxes Undermines the Animal Domestication Syndrome”. Trends in Ecology & Evolution, Volume 35, Issue 2, 125 – 136.

120) Wikibooks, URL: https://de.wikibooks.org/wiki/Biochemie_und_Pathobiochemie:_Tyrosin-Stoffwechsel (aufgerufen am 09.05.2021)

121) Kobelt, A. J. et al. (2006) “The behaviour of Labrador retrievers in suburban backyards: The relationships between the backyard environment and dog behavior”, in: Applied Animal Behaviour Science, DOI: 10.1016/j.applanim.2006.07.006.

122) Perez Guisado, J., Lopez Rodriguez, R. und Munoz Serrano, A. (2006) “Heritability of dominant–aggressive behaviour in English Cocker Spaniels”, in: Applied Animal Behaviour Science, Vol. 100, 219-227.

123) Laukner, A. (2007) „Fellfarben – Fehlfarben Teil 3“, in: Schweizer Hundemagazin 1, 33-37

Glossar

Aalstrich: dunkler Streifen entlang der Rückenlinie (Foto: s. S. 58 links unten)

Aktinische Keratose: chronische Schädigung der oberen Hautschicht durch UV-Strahlung; kann in Hautkrebs übergehen

Allel: Zustandsform eines Genes auf einem Genort. Beispiel: Auf dem D-Locus gibt es 2 Allele: D und d.

Alopezie: Haarverlust

Aminosäuren: Bausteine der Proteine (Eiweiße)

Base: Baustein der DNA

Belton: Tüpfelung beim English Setter (Fotos: s. S. 156)

Bicolor/bicolour:
1. Weißscheckung auf einfarbiger Grundfarbe
2. Saddle-tan oder Black-and-tan

Blue merle: Schwarz oder black-and-tan mit Merle-Faktor

Brackenabzeichen: Weißer Fang mit Halsring, durchgehende Blesse, weiße Brust, Läufe und Rutenspitze (Foto: s. S. 153)

Brand: Wildfarbigkeitsabzeichen

Breeching/Culottes: Lohfarbe an den Außenseiten der Hinterläufe (English Toy Terrier)

Brindlequin: Stromung mit Merle- und Harlekin-Faktor (Deutsche Dogge)

Buckskin: Gelb mit schwarzer Maske (US-amerikanische Bezeichnung, kommt eigentlich aus der Pferdezucht; wird beim Hund vereinzelt verwendet bei Pit Bull, Black Mouth Cur, Deutsche Dogge)

Buff: creme bis gelbliches Phäomelanin

Calico:
1. dunkle Abzeichen bei Creeping Tan
2. Piebald black-and-tan (Tricolour mit ausgedehnter Weißscheckung). (Foto: s. S. 103 oben rechts)

Bei der Katze bezeichnet Calico Schildpatt mit weiß

Charbonnage: dunkle Haarspitzen bei dominantem creme/gelb/rot

Check: Farbfleck bei Extremschecken

Codon: Basentriplett, Abfolge (Sequenz) von drei Basen (genauer von drei Nukleotiden)

Colour headed white (CHW): Extremschecke mit farbigem Kopf (Bezeichnung wird v. a. bei Collie und Shetland Sheepdog verwendet)

Daumenabdruck:
1. Schwarze Abzeichen in der Mitte des Vordermittelfußes und unter dem Kinn bei black-and-tan
2. Schwarzer Fleck auf Stirn (z. B. Mops)

Decke: schwarzer Mantel am Rumpf

Deletion: Verlust von einigen oder wenigen Basen innerhalb der DNA

Duplikation: Dopplung eines Genabschnitts

Dendrite: Längliche Ausläufer der Melanozyten, die diese mit Hautzellen und den Haarwurzeln verbinden

Depigmentierung: Pigmentverlust oder Pigmentmangel von Haut, Haaren und/oder Iris

Diamant (siehe Raute)

DNA: Desoxyribo**n**ucleic **a**cid (englische Bezeichnung für DNS (siehe dort)

DNS: Desoxyribo**n**uklein**s**äure, aus diesem Molekül setzt sich die Erbinformation der Gene zusammen

Domino: Modifiziertes Black-and-tan mit etwas zurückgedrängtem Eumelanin (Bezeichnung vor allem gebräuchlich beim Afghanen und manchen Nordischen Rassen)

Double dapple: Weißtiger

Double dilute: Weißtiger

Double merle: Weißtiger

Epistasie: Ein bestimmter Genotyp ist epistatisch über die Allele eines anderen Genotyps, wenn er deren Ausprägung unterdrückt (Beispiel: Der Genotyp e/e ist epistatisch über die Gene des K-Lokus)

Ethologie: Lehre der Verhaltensforschung bzw. Verhaltensbiologie

Flammung: Stromung

Genom: Gesamtheit der Erbinformation eines Lebewesens; Erbgut

Genotyp: Allele, die ein Hund besitzt. Nicht alle Allele des Genotyps prägen sich im Phänotyp aus

Granula: Körnchen

Grautiger: Schwarz mit Merle-Faktor (Deutsche Dogge)

Grizzle:
1. siehe Domino (Saluki)
2. Dominantes gelb/rot oder Wildfarben mit dunklen Haarspitzen (Border Terrier)
3. Progressive Ergrauung von schwarz (Bobtail)
4. Stark zurückgedrängtes Eumelanin bei saddle-tan (Lakeland Terrier)

Hämangiosarkom: bösartiger Tumor, der von der Innenauskleidung von Blutgefäßen ausgeht. Kann die inneren Organe, aber auch die Haut oder Unterhaut betreffen

Haplotyp: Die Kombination verschiedener Varianten auf einem Chromosom, die nicht unbedingt eine direkte, ursächliche Wirkung haben.

Harlekin:
1. Harlekin-Faktor bei der Deutschen Dogge
2. Piebald-Scheckung beim Pudel
3. Schwarz oder Black-and-tan mit Merle-Faktor (Beauçeron, Berger des Pyrenées etc.) (siehe Grafik Harlekin auf S. 127)

Heterochromie: Zweifarbige Augen (entweder zwei unterschiedlich gefärbte Augen oder zwei Farben in demselben Auge)

Heterozygot: Mischerbig. Der Genotyp eines Genortes setzt sich aus zwei unterschiedlichen Allelen zusammen, z. B. B/b

Hirschmarke: Tanfarbener Fleck am Oberschenkel (Français Blanc et Noir, Gascon Saintongeois)

Homozygot: Reinerbig. Der Genotyp setzt sich aus zwei gleichen Allelen zusammen, z. B. b/b

Hyperpigmentierung: Übermäßige Pigmenteinlagerung in der Haut.

Hypophyse: Hirnanhangsdrüse (hier wird unter anderem das MSH gebildet)

Hypopigmentierung: siehe Depigmentierung

Insertion: Einfügen von einer oder wenigen Basen in die DNA

Irish pattern: Weißscheckung mit typischer, symmetrischer Verteilung

Keratinozyten: Zellart der obersten Hautschicht

Leukotrichie: Weißwerden der Haare (durch Pigmentverlust)

Laufhundefarben: Typische Farben von Beagle, Foxhound und anderen Laufhunden, z. B. black-and-tan oder saddle-tan mit weißen Abzeichen, rot mit weißen Abzeichen.

Lozenge-Fleck: Farbiger Fleck auf weißem Grund am Oberkopf (Cavalier King Charles Spaniel)

Mantel:
1. dunkler Farbanteil bei Creeping Tan bzw. Saddle Tan)
2. pigmentierter Rumpf bei pseudo-irischer oder Irischer Scheckung) (kann auch kombiniert vorkommen)

Maske:
1. Dunkler Fang durch Schwarzmaskenfaktor
2. Haubenartige Gesichtszeichnung durch Witwenspitz
3. Farbplatten am Kopf bei Piebald-Scheckung
4. Helle Maske bei Creeping Tan oder Urajiro (kann zum Teil auch kombiniert vorkommen)

MCR: Melanocortin-Rezeptoren

Melanin: Pigment, Farbstoff

Melanoblasten: Vorläufer der Melanozyten

Melanodermie: Dunkelfärbung der Haut durch übermäßige Pigmentbildung bzw. -einlagerung

Melanosom: Zellkörperchen innerhalb der Melanozyten, in denen Melanin gelbildet, gelagert und transportiert wird

Melanotropin: s. MSH

Melanozyt: Pigmentzelle

MSH: Melanozyten stimulierendes Hormon

Mikrophtalmie: verminderte Größe und Fehlbildung eines oder beider Augäpfel

Mismarked:
1. Weiße Abzeichen bei einer Rasse, in der diese nicht erwünscht sind (weiß nimmt nicht mehr als 20 % der Körperoberfläche ein)
2. Fehlfarbe

Moles: dunkle Flecken am Ansatz der Sinushaare an den Wangen, treten in Kombination mit dem Schwarzmaskenfaktor auf.

Monokel: Pigmentfleck um das Auge bei Extremschecken (Foto: s. S. 144 oben)

Nukleotid: Baustein der DNA, das aus Zucker, einem Phosphatrest und einer Base besteht

Ontogenese: Individualentwicklung eines Lebewesens ab dem Zeitpunkt der Befruchtung der Eizelle

Onyx: siehe Reverse brindle

Overlay: siehe Charbonnage

Oxidation: Chemische Reaktion mit Sauerstoff

Palomino: (US-amerikanische Bezeichnung, kommt eigentlich aus der Pferdezucht) goldfarbener Körper mit silberweißer Rute (Chinese Crested Hairless Dog)

Pencilling: Schwarze Streifen auf den Zehen bei black-and-tan

Pepper: Black-and-tan mit progressiver Ergrauung (Dandie Dinmont Terrier)

Phantom merle: Fellzeichnung oder -farbe, auf der sich der Merle-Faktor nicht ausprägt

Phänotyp: Äußeres Erscheinungsbild eines Hundes

Phylogenese: Stammesgeschichtliche Entwicklung aller Lebewesen (im Gegensatz zur Individualentwicklung eines einzelnen Lebewesens (siehe Ontogenese)

Photophobie: Lichtempfindlichkeit

Platten: Farbflecke mit konvexem Rand auf weißem Grund

Plattenepithelkarzinom: Bösartiger Tumor, der von Epithelzellen der Haut oder Schleimhaut ausgeht (Epithelzellen bedecken ein Organ und schützen es an der Oberfläche, z. B. Hautepithel, Darmepithel etc.)

Piebald: Unregelmäßig verteilte Farbplatten auf unpigmentiertem Grund

Pied:
1. Weißscheckung (Französische Bulldogge)
2. Fellzeichnung mit dunklen Haarspitzen auf hellerer Basis beim Beagle

Points:
1. Wildfarbigkeitsabzeichen
2. Dunklere Schattierung an Ohren, Rutenspitze, Fang

Porzellantiger: Merle- und Harlekin-Faktor bei blauer, gelber oder gestromter Grundfarbe (früher nur für dilute Harlekin verwendet)

Promotor (Promoter): Ein DNA-Abschnitt außerhalb des Gens, welcher dessen Aktivität beeinflusst.

Pseudo black: black and tan mit Schwarzmaskenfaktor, sodass der Hund fast einfarbig schwarz erscheint (Foto: s. S. 53)

Raute: dunkler Stirnfleck (typisch bei fawn mit dunkler Maske)

Rednose: gelb oder rot mit leberbrauner Nase (Foto: s. S. 210)

Rehfleck (s. Hirschmarke)

Replikation: Vervielfältigung der DNA

Rezeptoren: Bindungsstellen am Äußeren der Zelle, über die bestimmte Aktivitäten im Zellinneren vermittelt werden

Reverse brindle: Stromung mit sehr dichten oder breiten Eumelanin-Streifen (Foto: s. S. 78)

Ruß:
1. Siehe Charbonnage
2. Tüpfelung (unerwünscht, z. B. beim Landseer)

Sattel: Eumelanindecke auf Phäomelaningrund

Seal: unbekannter Aufhellungsfaktor, der bei einem Hund mit KB/- den Genotyp Ay/- durchscheinen läßt

Smut: einfarbig gelb mit schwarzer Maske; teilweise spezifisch für sable mit viel schwarzem Overlay (English Bulldog, Pit Bull)

Solardermatitis: „Sonnenbrand“

Sonde: DNA-Fragment, das an seine komplementäre DNA bindet

Split face: Weißscheckung, die das Gesicht in eine pigmentierte und eine unpigmentierte Seite teilt. (Fotos: s. S. 148)

Tiger:
1. Merle-Zeichnung (Tigerdackel)
2. Merle-Zeichnung mit Harlekin-Faktor („Tigerdogge")
3. Ticking (Deutscher Wachtelhund)

Tricolor/Tricolour: Black-and-tan oder saddletan mit Weißscheckung (mit oder ohne Ticking)

Trim: Abzeichen (Wildfarbigkeitsabzeichen; weiße Abzeichen)

Trindle: Black-and-brindle mit weiß

Tuxedo: (US-amerikanische Bezeichnung) schwarz (oder andere dunkle Grundfarbe) mit weißer Brust und weißen Pfoten, ggf. weißer Bauch (Pudel, American Rat Terrier)

Urajiro: Aufhellung an charakteristischen Körperstellen, typisch bei Akita Inu und Shiba Inu (s. S. 191 ff.)

Verbrämung: Kombination von schwarzer Maske und weißer Blesse (Foto: s. S. 52)

Watermarked/Watermarkings: dunkle Umrandung von sable oder brindle Flecken auf unpigmentiertem Grund, meist bei Hunden mit Schwarzmaskenfaktor (Fotos: s. S. 12 und 58)

Weißtiger: Ein Hund, der reinerbig für Merle-Allele hoher Basenpaare ist und hierdurch bedingt ausgedehntere weiße Bereiche hat (z. B. M/M, Mh/M oder Mh/Mh).

Witwenspitz/Haube: dunkle haubenartige Zeichnung am Oberkopf (s. Tabelle 6 auf S. 65)

Index

E

F

G

H

Das könnte Sie auch interessieren

Sabine König & Sonja Umbach

Praxisbuch Hundezucht
Wegweiser für Züchter und Deckrüdenbesitzer

Dieses zeitgemäße Kompendium deckt von Ernährung bis hin zu rechtlichen Fragestellungen alles ab, was für eine erfolgreiche Hundezucht an Wissen gebraucht wird und ist ein hilfreicher Begleiter sowohl für Neueinsteiger als auch für erfahrene Züchter.
Angefangen mit der Frage, mit welchen Hunden man überhaupt züchten sollte (und welchen nicht) über Zyklus der Hündin, Bestimmung des Deckzeitpunktes, Trächtigkeit, Welpenentwicklung vor und nach der Geburt sowie Abgabe an die neuen Besitzer werden alle wichtigen Themen behandelt. Auch die Deckrüdenbesitzer kommen mit einem eigenen ausführlichen Kapitel über Zuchtzulassung, Zusammenarbeit mit Züchtern, Nachzuchtförderung und Rechtsfragen nicht zu kurz.

Hardcover, 328 Seiten, durchgehend farbig
ISBN 978-3-95464-165-9
Preis: 49,95 EUR

Piet & Roel Beute-Faber

Atlas der Hunde-Anatomie

Der Hund von außen, von innen und in der Bewegung

Seit Jahrzehnten als Standardwerk in der Ausbildung von Zuchtrichtern etabliert, liegt dieser Klassiker nun in überarbeiteter Neuauflage vor. Alle Fachbegriffe und Strukturen rund um Exterieur, Exterieurbeurteilung, Sinnesorgane und Bewegung werden anhand verschiedener Rassen in Detailzeichnungen und knappen Textbeschreibungen erklärt; im Teil „Das Innere“ schließt sich eine Beschreibung der wichtigsten anatomischen Strukturen vom Skelett über Muskeln, Sehnen und Bänder bis zu den Blutgefäßen und inneren Organen an.

Hardcover, Großformat, 188 Seiten, über 1.000 Farbillustrationen
ISBN 978-3-95464-209-0
Preis: 49,95 EUR

Kynos